建筑领域碳达峰碳中和
实施路径研究

住房和城乡建设部科技与产业化发展中心
（住房和城乡建设部住宅产业化促进中心） 主编

中国建筑工业出版社

图书在版编目（CIP）数据

建筑领域碳达峰碳中和实施路径研究/住房和城乡
建设部科技与产业化发展中心（住房和城乡建设部住宅产
业化促进中心）主编. —北京：中国建筑工业出版社，
2021.9（2022.12重印）
ISBN 978-7-112-26518-3

Ⅰ.①建… Ⅱ.①住… Ⅲ.①建筑工程—二氧化碳—
排污交易—研究 Ⅳ.①TU

中国版本图书馆 CIP 数据核字（2021）第 177016 号

责任编辑：张文胜
责任校对：张惠雯

建筑领域碳达峰碳中和实施路径研究
住房和城乡建设部科技与产业化发展中心
（住房和城乡建设部住宅产业化促进中心） 主编

*

中国建筑工业出版社出版、发行（北京海淀三里河路 9 号）
各地新华书店、建筑书店经销
北京科地亚盟排版公司制版
北京建筑工业印刷厂印刷

*

开本：787 毫米×1092 毫米 1/16 印张：13¼ 字数：324 千字
2021 年 9 月第一版 2022 年 12 月第四次印刷
定价：**55.00** 元
ISBN 978-7-112-26518-3
（37945）

编 委 会

主　　编：梁俊强

副 主 编：丁洪涛　戚仁广

编 写 组：（以姓氏笔画为序）

丁洪涛　凡培红　白　泉　刘　珊　谷立静

邹　瑜　吴景山　张建国　张时聪　杨芯岩

郁　聪　荣雅静　姚春妮　徐　伟　戚仁广

梁传志　梁俊强　谢骆乐

审稿专家：江　亿　朱　能　郝　军

主编单位：住房和城乡建设部科技与产业化发展中心

（住房和城乡建设部住宅产业化促进中心）

参编单位：中国建筑节能协会

中国建筑科学研究院有限公司

国家发展和改革委员会能源研究所

前　言

2020年9月22日，国家主席习近平在第七十五届联合国大会一般性辩论上发表重要讲话时指出，中国将提高国家自主贡献力度，采取更加有力的政策和措施，二氧化碳排放力争于2030年前达到峰值，努力争取2060年前实现碳中和。同时，根据国家发展改革委、国家能源局印发的《能源生产和消费革命战略（2016—2030）》，到2030年，我国能源消费总量要控制在60亿tce以内。可见，实施能源消费、碳排放总量和强度"双控"不仅势在必行，而且迫在眉睫。

建筑领域是实施能源消费、碳排放总量和强度"双控"的重要领域。近年来，我国建筑用能和碳排放总量增长迅猛。研究表明，2018年我国建筑用能总量9.93亿tce、碳排放总量21.26亿t，比2009年分别增长了76.7%和57%。未来随着我国经济发展和人们生活水平不断提高，以及新型城镇化建设的深入推进，建筑用能和碳排放总量还将进一步增加，建筑领域节能减排形势十分严峻。

建筑用能、碳排放总量和强度"双控"对缓解我国资源、环境、碳排放压力，促进国民经济发展和社会全面进步具有极其重要的意义，是我国建设生态文明、实现可持续发展的必然选择。目前建筑领域尚未开展建筑用能、碳排放总量和强度"双控"工作。本书研究的出发点是以建筑用能、碳排放总量和强度"双控"为主线，研究建筑领域碳达峰碳中和背景下节能、绿色建筑及低碳发展中长期目标设定和实施路径，在满足人民日益增长的美好生活需要的同时，合理约束建筑用能和碳排放增长速度，着力提高我国建筑节能、绿色建筑及低碳发展的战略谋划和综合研判能力，推动建筑领域二氧化碳排放2030年前达到峰值，2060年前实现碳中和。

本书通过建立建筑领域碳达峰碳中和约束性目标指标体系，指引我国建筑节能、绿色建筑及低碳中长期的发展；通过构建政策、标准、技术、数据统计支撑体系，系统性保障建筑领域绿色发展；通过建立绩效评价和政绩考核体系，建立绩效评价和政绩考核方法，落实奖惩措施，将目标指标落到实处。

全书共分7章，第1章介绍了研究背景、研究内容和技术路线；第2章分析了建筑用能和碳排放现状，按照基础和总量控制两种情景分析预测建筑用能和碳排放中长期发展目标，并将目标分解落实到具体专项工作中；第3章梳理分析政策法规体系现状和发展形势，研究提出中长期政策法规体系构建、实施路径和实施建议；第4章梳理分析标准体系现状，按照标准化工作改革方向，研究提出中长期标准体系构建、实施路径和实施建议；第5章梳理分析技术体系现状，研究提出中长期技术体系构建、实施路径和实施建议；第6章梳理分析数据信息体系现状，研究提出中长期数据信息体系构建、实施路径和实施建议；第7章梳理分析绩效评价和考核体系现状，研究提出中长期绩效评价和考核体系构建、实施路径和实施建议。

参加本书撰写的有：第1章丁洪涛、戚仁广；第2章梁俊强、丁洪涛、戚仁广、凡培红、姚春妮、梁传志；第3章梁传志；第4章吴景山、谢骆乐、荣雅静；第5章刘珊、徐伟、邹瑜、张时聪、杨芯岩；第6章凡培红、丁洪涛；第7章谷立静、郁聪、张建国、白泉。本书由丁洪涛、戚仁广、凡培红统稿，梁俊强、戚仁广审查并提出修改意见。

本书是住房和城乡建设部科技与产业化发展中心牵头承担的住房和城乡建设部课题"建筑领域能源消费总量及碳排放控制目标及分阶段路线图研究"和能源基金会课题"我国建筑节能、绿色建筑及低碳发展中长期实施路径"的重要成果。中国建筑节能协会、中国建筑科学研究院有限公司、国家发展和改革委员会能源研究所、清华大学等多家单位参加了课题研究。课题自立项以来，编写组先后召开专题研讨会、专家论证会、汇报会近30场，期间得到了住房和城乡建设部相关司局领导的大力支持，建筑节能与科技司苏蕴山司长、标准定额司倪江波一级巡视员、林岚岚处长、孟光调研员多次听取课题进展情况汇报，参与课题研究讨论和验收。2020年9月9日，住房和城乡建设部标准定额司在北京组织召开了课题验收会，以住房和城乡建设部标准定额研究所李铮副所长为组长的专家组对课题成果给予了高度评价，认为项目研究思路清晰、研究内容全面翔实、研究方法科学合理、创新性强，成果填补了我国建筑领域能源消费总量和强度"双控"中长期实施路径研究的空白，为建筑节能与绿色建筑"十四五"规划编制提供有力参考，为建筑领域实施能源消耗总量和强度"双控"及低碳发展提供有力支撑，研究成果达到国内领先水平。项目验收后，清华大学江亿院士、天津大学朱能教授、中国城市建设研究院有限公司郝军总工程师对课题报告进行了审查，并提出了修改意见。对于上述单位及领导、专家的悉心指导，在此表示诚挚的感谢。

尽管我们已倾尽全力投入本书的撰写，但本书的主题战略性强、体系性高、时间跨度大，涉及的内容广，需要的专业多、数据多，难度大，加之时间紧张、编写水平有限，书中仍然存在不少疏漏和不足之处，比如在中长期目标预测模型构建、建筑用能的拆分方法、直接和间接碳排放计算方法、不同气候区适宜性技术分析、"十四五"目标设定等方面都不同程度上留下遗憾。恳请广大读者批评指正，共同推动我国建筑领域碳达峰碳中和目标早日实现。

本书编写组
2021年6月

目　　录

第 1 章 研究背景

1.1 项目研究背景

1.1.1 全球能源消费现状

工业革命以来，人类用能与碳排放飞速增长，引发了一系列与能源消耗相关的问题。在 1800 年以前，人类用能一直以生物质能与牲畜能为主，化石能源（主要为煤炭）使用占比不足 20%。工业革命以后，机器大规模使用，化石能源由此登上人类历史舞台。近一百年来，伴随科技的飞速发展，居民生活质量有了显著提升，能源消耗也迅速增加。

自 20 世纪 60 年代以来，全球经济发展带动着能源需求持续增长。根据《BP 世界能源统计》，2019 年全球能源消费总量已经达到 199.2 亿 tce（图 1-1）。

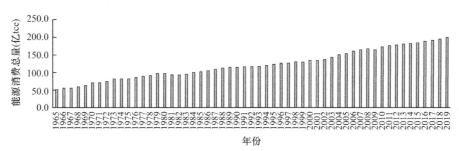

图 1-1　1965～2019 年全球能源消费总量❶

化石能源使用的飞速增长会迅速增加二氧化碳排放量，进而加剧温室效应。当平均温升达到 2℃ 以上时，气候变化就会对人类、经济和生态系统等产生相当大的影响，如生态系统的不可逆转换、极端天气的显著增加等。因此，能耗需求的持续增长不仅带来了持续的能源压力，也是导致全球变暖的最主要原因。

环境污染也与能源消耗有关。从燃煤造成的大雾，到阳光与汽车尾气形成的光化学烟雾，再到与化石燃料燃烧密切相关的 PM2.5，由能源系统导致的空气污染自工业革命起便一直存在。同时，各种类型能源的开采利用也是造成水体污染、生态破坏、重金属污染等的重要因素。

---

❶　根据 BP 能源统计数据整理。

总的来说，全球性的能源系统危机，包括持续的用能压力以及由用能产生的全球变暖与环境污染问题，已经成为全人类不可忽视的重要议题。

1.1.2 我国能源消费现状

我国作为能源消耗与碳排放大国，节能减排工作尤显重要。相对于发达国家，我国居民生活水平还存在较大提升空间、经济发展也有着较大增长需求，因此，我国绿色低碳发展路径存在较大的特殊性，需要结合我国实际开展研究。

从能源使用部门来看，一般将能源消耗分为工业用能、交通用能与建筑用能。其中，建筑用能占总用能量的20%以上，建筑领域的节能减排工作对于全球的节能减排工作具有重要意义。我国正处在城镇化的快速发展时期，居民生活水平迅速提升，建筑总量持续增长，能源消耗量也不断增加。

随着经济发展和人们生活水平的提升，我国人民群众改善生活居住条件的需求也进一步凸显，城镇住宅和农村住宅的用能需求不断增长。对于城镇住宅，改善冬夏室内环境的需求不断提升，夏热冬冷地区供暖、空调、生活热水的用能需求快速增长；对于农村住宅，随着农村生活水平的提升，各项终端用能需求快速增长。同时，随着我国经济结构快速转型升级，服务业快速发展，公共服务建筑，如学校、医院、体育场馆等的规模将有所增加，大量新建高能耗强度的商业办公楼、商业综合体，将导致公共建筑用能需求大幅增长。

建筑节能对缓解我国资源、环境、碳排放压力，促进国民经济发展和社会全面进步具有极其重要的意义，是我国国民经济发展的一项长期战略任务，同时也是实现可持续发展的必然选择。开展建筑节能工作，是我国的能源及环境的严峻形势所决定的，也是我国节能减排的重点工作之一。

建筑节能工作包括政策法规体系设计、技术路径规划、标准规范制定、运行管理完善、财税金融激励和市场机制引导等内容，涉及住房城乡建设、发展改革、能源、财政、金融等诸多主管部门以及房地产开发商、设备厂商、设计单位、施工单位、运行管理者、业主和使用者等诸多利益相关者，需要全面系统考虑。总体来看，目前的一些建筑节能工作的效果并没有完全反映到建筑能源消耗总量的下降上，我国建筑运行的能耗除了北方集中供暖能耗以外，能耗总量和能耗强度均不断上升。

我国建筑领域所面临的能耗总量和强度快速上升的趋势将会给未来的全社会用能总量控制和碳排放达峰带来巨大挑战，需要对实际建筑运行用能快速增长进行深入剖析，通过思辨和辨析指明我国建筑节能工作所面临的主要矛盾和发展方向，这样才能更好地指导下一阶段建筑节能工作。

归纳目前在建筑节能工作中出现的问题，大致可以分为以下四类：一是"节能目标"不明确。我国建筑节能工作的目标到底是追求各项节能技术、节能措施的推广，还是使实际建筑能源消耗量降低？二是"节能建筑"不节能。许多采用了大量高效、节能技术的建筑其实际能耗并没有降低。三是"节能技术"能耗高。一些建筑采用的节能技术没有实现节约用能效果，其能耗甚至高于没有采用节能技术的建筑。四是"高服务品质建筑"不舒适。一些建筑盲目追求室内环境"高标准""高服务"，其实并未提高使用者的满意度与舒适度。

　　以上这些问题，反映出我国建筑节能工作还存在许多问题，如节能目标、建筑设计理念等需要进一步讨论，这些问题会直接影响建筑领域碳达峰碳中和目标实现，亟需展开相关研究。

1.2　项目研究内容与技术路线

　　本项目研究对象涉及我国建筑节能、绿色建筑及低碳发展三个方面。建筑节能是指建筑规划、设计、施工和运行维护过程中，在满足规定的建筑功能要求和室内环境质量的前提下，通过采取技术措施和管理手段，提高能源利用效率、降低运行能耗的活动。建筑节能包括广义和狭义的建筑节能两种。广义的建筑节能指的是在建筑材料的生产及选择、建筑的设计、施工建造及使用的过程中，合理使用和有效利用能源，以便在满足建筑舒适性的条件下，尽可能降低能源的消耗。狭义的建筑节能指的是建筑在使用过程中提高能源在建筑中的利用率，主要指节约供暖、空调、热水供应、照明、炊事、家用及办公电器等方面的能源消耗。通常意义上所说建筑节能指的就是狭义的建筑节能，本项目研究的建筑节能也是在狭义上研究建筑在使用过程中的节约能源。绿色建筑指的是在全寿命期内，节约资源、保护环境、减少污染，为人们提供健康、适用、高效的使用空间，最大限度地实现人与自然和谐共生的高质量建筑。建筑低碳发展是指在建筑材料与设备制造、施工建造和建筑物使用的整个生命周期内，减少化石能源的使用，提高能效，降低二氧化碳排放量。

　　建筑节能、绿色建筑及低碳发展三者之间既有区别又有联系。从区别上看，三者的内容和依据不同，建筑节能主要内容是通过提高能源使用效率实现建筑使用过程中的能耗节约，依据是《民用建筑节能条例》，属于法律法规强制性要求；绿色建筑的主要内容是在建筑节能的基础上，进一步提高建筑性能要求，满足人民日益增长的美好生活需要，最大限度地实现人与自然和谐共生，属于引导性的要求；低碳发展的主要内容是实现建筑低碳化，最大限度降低建筑碳排放，属于引导性的要求。从联系上看，建筑节能是绿色建筑和低碳发展的基础；绿色建筑是建筑节能的扩展，绿色建筑必须是节能建筑，在生命周期内对建筑的性能要求更高，对环境的影响也更低、更绿色；低碳发展是建筑节能、绿色建筑在碳排放方面的必然结果，节能是"因"，低碳是"果"，建筑越节能、越绿色，消耗的能源越少，建筑越低碳。

　　2014 年 6 月国务院办公厅印发的《能源发展战略行动计划（2014—2020 年）》，提出"到 2020 年，一次能源消费总量控制在 48 亿 tce 左右，煤炭消费总量控制在 42 亿 t 左右"。"十三五"时期，国家在"十一五""十二五"时期节能工作的基础上，实施能耗总量和强度"双控"，明确要求到 2020 年单位国内生产总值（GDP）能耗比 2015 年降低 15%，能源消费总量控制在 50 亿 tce 以内。国务院将全国"双控"目标分解到了各地区，对"双控"工作进行了全面部署。但目前国家尚未给出建筑领域能源消耗总量和强度控制的"双控"目标。2020 年 9 月 22 日，习近平主席在第七十五届联合国大会一般性辩论上发表重要讲话时强调：中国将提高国家自主贡献力度，采取更加有力的政策和措施，二氧化碳排放力争 2030 年前达到峰值，努力争取 2060 年前实现碳中和。尽管已有研究机构着手对未来建筑领域能耗碳排放总量进行研究，但大多是基于建筑自身出发，围绕当前的能耗水平以及未来的技术进步、产品设备能效、政策法规与激励措施支撑力度、节能能力等进行的预测，还未有针对建筑领域"双控"目标方面进行系统全面的分析研究。从当前节能减排形势看，建筑领域尽快制定与国家能源供应和碳减排相衔接的能耗和碳排放总量和强度"双控"目标迫在眉睫。

本项目研究内容是以建筑用能、碳排放的总量及强度"双控"目标为主线的建筑领域碳达峰碳中和实施路径，在满足人民日益增长的美好生活需要的同时，合理约束建筑用能及碳排放增长速度，着力提高我国建筑节能、绿色建筑及低碳发展的战略谋划和综合研判能力，推动建筑领域二氧化碳排放 2030 年前达到峰值，2060 年前实现碳中和。本项目围绕建筑用能、碳排放中长期总量和强度的量化目标指标体系构建和落地，重点研究并提出了政策、技术、标准、数据、绩效评价等方面的实施路径。

本项目总体思路是坚持碳达峰碳中和目标引领和问题导向，加快建立和完善以绿色低碳为导向的建筑节能、绿色建筑及低碳发展中长期实施路径，开展政策体系的顶层设计研究，按照明确发展目标—构建保障机制—强化实施路径与评价考核的总体工作思路，从目标指标体系、政策体系、标准体系、技术支撑体系、数据信息体系、绩效评价和政绩考核体系六个方面系统性开展研究工作。通过建立建筑领域碳达峰碳中和约束性目标和指标体系，指引我国建筑节能、绿色建筑及低碳的中长期发展；通过构建政策、标准、技术、信息统计支撑体系，系统性保障建筑领域绿色发展；通过建立绩效评价和政绩考核体系，明确量化分解指标和实施路径，建立绩效评价和政绩考核方法，落实奖惩措施，将目标指标落到实处。

根据项目研究技术路线（图 1-2），本研究的内容包括：

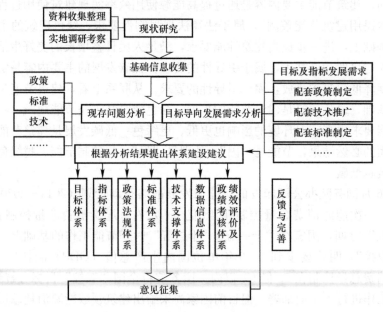

图 1-2　项目研究技术路线图

1. 目标指标体系

在归纳总结我国建筑节能、绿色建筑及低碳发展现状和系统梳理国内外相关研究成果的基础上，结合我国 2030 年前二氧化碳排放达峰、全国能源消费总量控制等国家需求，研究我国建筑用能总量及二氧化碳排放现状及趋势，采用"自上而下"和"自下而上"两种途径提出建筑用能及碳排放中长期总量和强度控制目标以及总量和强度约束下的定量指标体系。

2. 政策法规体系

系统梳理现有的相关政策法规，结合建筑领域碳达峰碳中和中长期发展目标体系的研究成果，开展建筑领域碳达峰碳中和背景下节能、绿色建筑及低碳发展政策法规体系的前瞻性研究，建立健全政策法规体系的顶层设计；总结研究部分省市建筑节能、绿色建筑及低碳发展先行立法的经验，推动立法基础研究工作，为国家层面制定相关法律法规提供参考；完善配套政策法规体系，研究各类强制实施政策以及鼓励激励政策的实施效果，开展财政、税收、金融、土地、规划、产业等方面的配套政策研究，建立由"法律法规＋部门规章＋规范性文件"构成的政策法规体系，发挥对建筑节能、绿色建筑及低碳发展引领和规范作用，逐步建立和形成协调互补的长效机制。

3. 标准体系

系统梳理建筑节能与绿色建筑相关标准，按照标准改革要求，提出相应的设计、施工、验收、检测、评价、运行、改造维护等标准制（修）订清单，建立建筑节能、绿色建筑、低碳发展标准体系；研究基于"双控"目标的建筑用能和碳排放计算标准，制定切实可行的各类建筑的建筑能耗定额标准；开展将现行标准中成熟可靠的技术要求和指标纳入强制性标准或技术法规的可行性研究；提出建筑节能、绿色建筑、低碳发展标准体系实施政策建议。

4. 技术支撑体系

系统梳理现有建筑节能与绿色低碳技术，明确技术空白和短板，研究技术发展路径，制定建筑领域碳达峰碳中和技术路线图；研究建立技术公告、技术目录机制，及时将适宜技术纳入技术公告和目录；研究探索由企业、高校、科研院所等组成的建筑节能、绿色低碳技术创新工作机制，开展满足建筑节能与绿色低碳发展需求的新设备、新材料、新技术、新产品、新装置的研发；推动国家有关部门设立相关专项科技项目，促进领域内重大关键技术突破；开展关键节能技术的建筑能耗潜力分析研究，为技术的推广应用提供支撑。

5. 数据信息体系

梳理细化相应的统计指标体系，构建完整的数据指标体系。逐步建立并完善"民用建筑能源资源统计制度""绿色建筑统计制度""绿色建材应用统计制度"等相应的统计制度，建立持续畅通的数据收集工作的体系；研究统计工作的政策保障机制，通过修订《民用建筑节能条例》等相关法律法规和相应的配套措施为支撑条件，明确民用建筑能耗计量、统计和信息公开要求，研究房管局、统计局、电力公司、燃气公司等建筑能耗相关部门和单位定期报送建筑能耗数据的可行性，破除目前跨部门获取数据的障碍；逐步解决数据孤岛现象，研究建立数据共建共享机制，推动公共建筑能耗监测、建筑能效测评标识、房屋建筑概况统计等相关统计监测数据信息的深度融合，构建建筑能耗能效数据库，并实现与国家统计部门数据相互检验，充分发挥大数据在建筑领域碳达峰碳中和决策中的支撑作用；推动数据应用和公示制度研究，采用公共建筑能耗信息服务平台和能耗信息公示等手段，提高建筑能耗数据的透明度，逐步推动能耗数据公开，建立用数据说话、用数据决策的新机制。

6. 绩效评价与考核体系

基于我国建筑领域碳达峰碳中和目标要求，综合应用"自下而上"和"自下而上"两种途径，研究构建建筑用能及碳排放总量分解目标和量化指标体系；充分借鉴现有工作基础，通过不同技术措施的选择进行情景分析和预测，识别重点工作领域，实施分类指导的建筑用能及碳排放总量及强度控制，综合考虑各地区经济发展水平、资源环境承载能力、工作基础、节能潜力等因素，将建筑用能及碳排放总量及强度约束、能效提升目标体系，科学分解到不同建筑类型，分别提出新建建筑节能、绿色建筑、既有建筑改造、可再生能源建筑规模化应用、农村居住建筑节能等重点领域能效提升目标；以建筑节能低碳发展政策落地为最终目标，研究制定绩效评价体系，建立形成省部级目标联控机制；研究制定可操作的建筑领域绿色低碳发展评价考核体系，探索将建筑用能及碳排放总量及强度约束、能效提升目标体系完成情况和相关措施落实情况纳入地方政府和建设主管部门目标责任考核体系以及将其纳入生态文明建设考核体系的可行性。

第 2 章 目标指标体系

2.1 研究内容与技术路线

目前我国应对能源问题、气候变化以及环境污染的压力较大，建筑作为主要用能领域之一，其节能减排工作也面临巨大挑战。同时，我国建筑节能工作的目标、理念等还存在许多不清晰之处，需要结合我国节能减排的宏观状况以及建筑节能的关键问题展开深入研究。

因此，本研究结合我国碳达峰碳中和宏观目标及需求，分析我国建筑用能及二氧化碳排放现状及趋势，在此基础上提出建筑领域碳达峰碳中和中长期目标体系。

具体来说，本章的内容主要包括：

1. 我国节能减排宏观目标与需求研究

基于全球与我国能源、气候变化与环境污染现状，梳理相关研究成果，分析我国节能减排的宏观目标与需求，以及我国开展节能减排工作的总体规划，为我国后续建筑节能的发展方向确定提供宏观依据。

2. 我国建筑节能及低碳发展现状与趋势分析

系统梳理我国建筑节能低碳发展的相关研究成果，包括我国建筑用能与碳排放现状与特征、建筑节能工作的开展情况等关键问题，对我国建筑节能及低碳发展现状及其中长期发展趋势进行分析。

3. 建筑领域碳达峰碳中和中长期总量和强度目标分析

基于我国建筑用能及碳排放现状与发展趋势，结合我国能源与碳排放相关的整体目标约束，结合建筑节能专项工作，采用情景分析方法，对我国建筑领域中长期用能与碳排放进行分析，提出我国建筑领域碳达峰碳中和中长期的总量和强度目标。

4. 基于总量和强度约束的建筑节能低碳发展目标指标体系分解

基于我国建筑领域碳达峰碳中和中长期总量和强度目标，结合建筑节能专项工作，提出我国建筑领域北方城镇供暖、城镇住宅（除北方城镇供暖）、公共建筑（除北方城镇供暖）、农村住宅四个用能分项的总量与强度目标值分解。

2.2 我国节能减排目标及建筑节能现状

2.2.1 我国节能减排宏观目标

2.2.1.1 生态文明建设及能耗"双控"的提出

2012年党的十八大将"生态文明建设"纳入"五位一体"的总体发展布局，强调了资源环境保护的重要性，并将其写入党章作为行动纲领。之后，国家先后发布《关于加快推进生态文明建设的意见》《生态文明建设目标评价考核办法》《绿色发展指标体系》等政策文件。通过这些政策的实施，生态文明建设全方位融入了我国的建设目标之中。

能源的合理使用是生态文明建设的重要组成部分之一。近年的多项规划文件都对我国能源的合理使用提出要求。党的十八大报告提出要"推动能源生产和消费革命，控制能源消费总量，加强节能降耗"；十八届五中全会进一步提出了能源消耗"总量与强度双控"，并在《加快推进生态文明建设的意见》中，提出要"设定并严守资源消耗上限"，"全面节约和高效利用资源"。2014年6月，习近平总书记在中央财经工作领导小组第六次会议上提出的能源革命包括了四个革命（生产革命、消费革命、技术革命、体制革命）和一个合作（国际合作），这些内容基本涵盖了能源发展的各方面理念与目标。《能源生产和消费革命战略（2016—2030年）》要求"坚决控制能源消费总量""以控制能源消费总量和强度为核心，完善措施、强化手段，建立健全用能权制度，形成全社会共同治理的能源总量管理体系"。

2.2.1.2 总体规划与发展趋势

我国国民经济和社会发展"十三五"规划纲要提出到2020年"单位国内生产总值（GDP）能耗下降15%"作为约束性指标。2017年《政府工作报告》提出2017年国内单位GDP能耗要下降3.4%以上。《能源生产和消费革命战略（2016—2030年）》《"十三五"节能减排综合工作方案》进一步提出2020年能耗总量50亿tce以内的目标。综合各项相关规划与文件，总结得到我国关于能耗总量的核心约束性指标或目标主要包括：

（1）全社会能源消费总量：2020年小于50亿tce，2030年小于60亿tce。

（2）非化石能源占能源消费总量比重：2020年达到15%，2030年达到20%左右；其中，非化石能源发电量比重在2020年达到15%，2030年力争达到50%。

（3）二氧化碳排放2030年前达到峰值，2060年前实现碳中和。

基于生态文明建设理念，结合能源革命的相关规划以及气候变化的应对目标，我国已经提出了到2030年的主要节能目标。要达到这些目标，需要我国各部门协同并进，共同开展节能减排工作。具体来说，需要各部门落实能源消费革命理念，明确总量与强度控制目标，并落实总体发展路线。

近年来，建筑部门的节能减排工作也逐渐从以措施控制为主转向以措施控制、总量与强度控制并重，如图2-1所示。2008年起，住房和城乡建设部逐步推进建筑能耗监测平台。截至2016年年年底，已实施能耗在线监测建筑达1.1万余栋。2016年，住房和城乡建设部发布《民用建筑能耗标准》GB/T 51161—2016，这是我国第一部以建筑实际用能量为评价指标的国家标准，可以作为我国建筑节能推进中建筑用能总量与强度目标制定的重要依据。近年来，已有许多地区推出了相应地方标准，用以作为制定建筑节能政策措施的数据支撑。此外，部分省份的《"十三五"绿色建筑与建筑节能发展规划》也提出了建筑部门的能耗总量控制目标。比如，《北京市"十三五"时期民用建筑节能发展规划》中提出，到 2020 年，城镇民用建筑面积为 10 亿 m^2，民用建筑能源消费总量控制在 4100 万 tce，新建城镇居住建筑单位面积能耗与"十二五"末相比平均下降 25%。

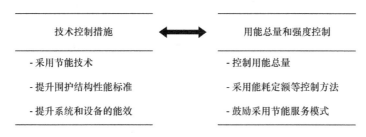

图 2-1　建筑部门节能工作的转变

2.2.2　我国建筑用能及碳排放现状与趋势

2.2.2.1　我国能源消费情况

近三十年来，我国能源消费不断增长（图 2-2）。从能源结构来看，煤炭依然是我国的主要能源种类，但煤炭消耗与其所占总能耗的比例近年来不断下降，水电、核电与风电近年来快速增长。

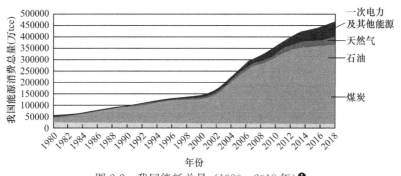

图 2-2　我国能耗总量（1980—2018 年）❶

从全球范围来看，我国能源消耗的全球占比近年来也增长迅速。2009 年，我国成为全球能源消耗总量最大的国家。根据 BP 能源统计，2019 年我国能源消耗总量已经占全球能源消耗总量的 24.3%（图 2-3）。

2.2.2.2　我国建筑用能及二氧化碳排放现状

根据我国建筑用能特点，一般将建筑运行用能分为公共建筑用能、城镇居住建筑用能、农村住宅用能和集中供热用能四个模块。四个模块的建筑能耗强度、建筑面积和建筑用能总量表示如图 2-4 所示。

---

❶　数据来源：中国能源统计年鉴。

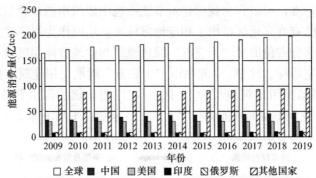

图 2-3　世界一次能源消费量（2009—2019 年）❶

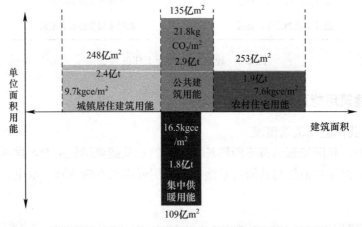

图 2-4　2018 年我国建筑运行用能❷

从 2009 年到 2018 年，我国建筑面积总量持续增长（图 2-5），建筑能耗总量也保持快速增长态势（图 2-6）。2018 年，我国建筑规模总量约 636 亿 m²，建筑领域商品能耗 9.93 亿 tce，二氧化碳排放总量 21.26 亿 t。

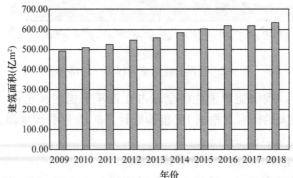

图 2-5　我国建筑面积存量总量（2009—2018 年）❸

---

❶ 根据 BP 能源统计数据整理。
❷ 数据来源：根据中国能源统计年鉴、中国城乡建设统计年鉴、电力工业统计年鉴等资料整理计算得到。
❸ 数据来源：根据中国统计年鉴、中国城乡建设统计年鉴资料整理计算得到。

10

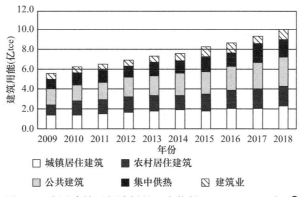

图 2-6　我国建筑运行消耗的一次能耗（2009—2018 年）❶

　　根据历年发电量中水电、火电、核电等占比情况测算出历年电力综合排放因子，根据集中供热中燃煤热电联产、燃气热电联产、燃煤锅炉、燃气锅炉、空气源热泵等占比情况测算历年集中供热碳排放因子，同时结合公开发布的原煤、天然气、液化石油气等化石燃料二氧化碳排放因子，与建筑能源结构耦合计算 2009—2018 年我国建筑领域二氧化碳排放量（图 2-7）。我国建筑领域二氧化碳排放总量从 2009 年的 13.54 亿 tce 增长到 2018 年的 21.26 亿 tce，增长约 57.02%，建筑领域用能形势严峻。

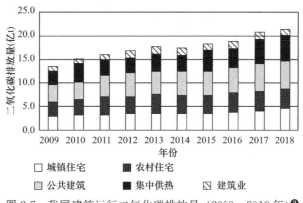

图 2-7　我国建筑运行二氧化碳排放量（2009—2018 年）❷

2.2.3　现有建筑用能预测研究基础

　　截至目前，多家研究机构对我国建筑用能增长趋势进行了预测。在 IEA 技术展望的情景分析中，6 度情景下，工业能耗 2030 年为 2013 年的 1.2 倍，货运交通能耗为 1.6 倍，客运交通为 2.4 倍，建筑运行为 1.2 倍。美国劳伦斯伯克利实验室（LBNL）的研究认为，与 2005 年相比，到 2030 年，在正常情景下，住宅能耗增长 1 倍，公共建筑能耗增长近 4 倍，工业增长 1 倍，交通增长 2.6 倍；在改善情景下，住宅能耗增长 50%，公共建筑能耗增长 2 倍，工业增长 80%，交通增长 2.5 倍。麦肯锡公司以 2011 年为基年的研究认为，

❶　数据来源：根据中国能源统计年鉴、中国城乡建设统计年鉴、电力工业统计年鉴等资料整理计算得到。

❷　数据来源：根据能源排放因子及分品种能源消费总量测算得到，其中电力和集中供热归入间接排放。

到 2030 年，工业用能将增长约 30％，交通用能增长约 60％，建筑运行用能增长约 40％。

国务院发展研究中心发布的《2050 中国能源和碳排放报告》认为，在低碳情景下，与 2010 年相比，到 2030 年，工业部门用能增长在 10％以内，服务业用能增加 2 倍以上，居民用能增加近 1 倍，交通用能增加 1 倍多。中国工程院《中国能源中长期（2030、2050）发展战略研究》认为，在 2030 年，交通用能约为 2005 年的 3 倍，居民用能约为 2.3 倍，服务业用能约为 5 倍，工业用能约为 1.5 倍。中国能源研究会发布的《中国能源展望 2030》认为，工业用能需求将有所放缓并回落，第三产业与居民生活用能则会显著增加。中国石油经济技术研究院发布的《2050 年世界与中国能源展望》认为，2030 年，建筑和交通用能均约为 2010 年的 2 倍，工业用能约为 1.5 倍。

建筑领域能源预测汇总如下：

（1）清华大学建筑节能研究中心利用情景分析方法对建筑部门用能和碳排放进行预测，结果表明 2025 年建筑部门用能 11.5 亿 tce，对应直接碳排放 9 亿 t；2030 年我国建筑面积达到 700 亿 m^2，建筑一次能源消耗将达到 12 亿 tce 峰值，对应碳排放 18 亿 t。

（2）国家发展和改革委员会能源所《重塑能源中国》认为，在参考情景下，2050 年建筑面积达到 860 亿 m^2，建筑部门一次能源消耗量将达到 24.1 亿 tce，对应二氧化碳排放量 39 亿 t；重塑情景下，2050 年一次能耗为 10.6 亿 tce，较参考情景下降 56％，对应二氧化碳排放量为 10 亿 t。

（3）国家应对气候变化战略研究和国际合作中心利用中国低碳战略分析模型（SACC）的技术核算方法，以 2015 年为基年，通过"自上而下"和"自下而上"核算相结合，得出了 2030 年前建筑领域能源消耗总量为 9.8 亿 tce，碳排放为 25.4 亿 t，不含电力口径下碳排放为 12.4 亿 t。

（4）国家电力规划研究中心《我国中长期发电能力及电力需求发展报告》指出，到 2030 年全国需电量将达到 10 万亿～11 万亿 kWh，到 2050 年全国需电量将达到 12 万亿～15 万亿 kWh。三产用电比重将由现在的 10.9％逐步上升到 33％左右，居民生活用电比重将由现在的 12.0％逐步上升至 20％以上，人均居民生活用电量将达到 2000kWh/（人·a）。

综合以上研究成果，可以看出各研究机构对建筑领域的用能水平预测各不相同，但都认为建筑领域能耗将快速增长，在全国总能耗中的占比也将有所增长，耗电量增长至 2.5 万亿～4 万亿 kWh，约为当前水平的 2～3 倍；总能耗增长至 11 亿～19 亿 tce，与当前水平相比增长 20％至一倍。总的来说，人均建筑能耗量预测结果都低于目前绝大部分发达国家的水平。可见，我国建筑领域的用能发展必然要走一条与现有发达国家不同的道路，需要制定一条基于我国国情的建筑节能发展路径。

2.3 研究思路及建筑规模预测

2.3.1 研究思路

本研究主要考虑建筑节能、绿色建筑等专项工作对未来建筑用能的影响，因此基础情景根据我国建筑规模、人口、城镇化率、人均住房面积、人均用电量等外生变量为主要驱动力，结合我国近年建筑规模预测以及经济发展模式，分别测算城镇居住建筑、公共建筑、农村住宅和集中供暖四个领域未来用能需求，得到基础情景下建筑用能总量曲线和建筑碳排放曲线。

根据目前建筑节能、绿色建筑等专项工作开展情况，预测 2020—2060 年各专项工作目标并测算不同时间节点节能量。基础情景下用能总量扣除各专项工作节能潜力，就是总量控制情景的建筑用能总量，即可得到碳达峰碳中和总量控制情景下的建筑用能总量和碳排放总量曲线。

因此，对于建筑领域碳达峰碳中和背景下的能耗总量预测，需要从基础情景下建筑用能和专项工作设定两方面开展测算研究。

2.3.2　情景设定及外生变量

2.3.2.1　情景设定

1. 基础情景(BAU)

基础情景下，假定我国建筑规模、用能强度基本维持近年来的增长水平，人均能耗到 2050 年将趋于日本、英国、德国、法国、意大利等相对节能的发达国家水平。在这一情景下，人均建筑面积向日本和欧洲各国靠拢，人均住宅面积与人均公共建筑面积都还有较为显著的增加，各项建筑节能政策基本以现有力度持续推进。

2. 总量控制情景(CAP)

总量控制情景下，国家制定建筑能源消耗总量与强度约束政策，各项节能技术稳定发展、用能效率显著提升，能耗总量在现有基础上有小幅上涨，建筑规模与用能强度的增长水平逐渐下降。预计这一模式下的人均能耗会低于绝大部分发达国家现在的水平。总量控制情景将是我国的建筑节能发展路径。在这一情景下，各项建筑节能政策以较强的力度全面推进，城乡居民生活方式更加绿色低碳。

2.3.2.2　外生变量

建筑用能受到多方面因素共同影响。要对建筑用能趋势进行分析、确定能耗总量与强度发展目标，首先需要对各种用能因素进行分析与讨论。

建筑领域的各种能源消耗，最终都是为建筑中的人提供服务。因此，人的需求的多少，是建筑领域用能的最根本驱动力。人口是决定因素之一。人越多，就意味着服务的需求越大，建筑领域的能源消耗也会增加。随着经济发展，居民对生活水平的要求不断提升，室内服务水平也会有所增长，从而增加建筑用能。同时，经济发展到一定水平后，产业结构会逐渐由第二产业为主转为第三产业为主，第三产业的能源消耗主要发生在公共建筑与商业建筑之中，也归为建筑用能。此外，我国目前还在城镇化建设阶段，还存在一定的城乡差异，但随着城镇化水平的提升，居民用能习惯的改变，也会对能源消耗产生较大影响。

建筑用能，尤其是空调供暖用能，也受到室外气候的影响。近年来，气候变化日益明显，导致气温升高、极端天气增加，会影响建筑用能以及建筑与设备系统设计。相关数据显示，我国多个地区的冬季温度升高，供暖度日数下降，供暖能耗有所降低。同时，随着近年来极端天气的增加，北方许多地区出现夏季高温高湿，供冷需求显著增加，许多家庭因此购置空调设备，制冷能耗有所上升。

建筑用能与碳排放的多少以及用能特征也很大程度上受到能源供应侧的影响。农村地区要推行"煤改气""煤改电"，一方面需要推广相关用能设备，另一方面也需要保证农村电力与天然气的供应，如果电力与天然气供应不足，则无法保证清洁供暖的持续推进。电力是建筑领域的主要用能种类，电力结构，或者说电力的清洁度直接影响建筑领域整体碳排放的多少，即电力结构也是影响建筑领域节能低碳发展的因素之一。

建筑用能包含建筑中所有设备系统的能耗，因此，各种设备的用能效率都会直接影响用能的多少。近年来，国家推进家电能效标识政策，许多家电设备，如电视、冰箱等效率显著提升，很大程度上缓解了这一部分能耗的增长。在下一阶段，这些设备能效的持续提升与旧设备更新，也会对建筑用能产生极大的影响。

2.3.3 建筑规模预测

本研究根据情景设定以及外生变量外部驱动力，预测我国城镇居住建筑、公共建筑、农村住宅、集中供热四个模块建筑面积规模，从而得到未来我国建筑规模总量情况。

2.3.3.1 情景设定

建筑为城镇居民、农村居民的日常生活提供场所，因此人的需求是建筑领域用能的核心驱动力，人口总量越多需要建筑提供的服务越多。同时，随着经济发展和居民生活条件的改善，人们对建筑服务水平的要求在不断提升。因此，从建筑面积驱动因素上看，影响因素主要有人口总量、城镇化率、人均 GDP、人均面积、集中供热覆盖率等关键参数。考虑到未来建筑服务水平，设定低情景、中等情景和高情景三种情景开展建筑面积预测。

低情景下，我国人口峰值低且达峰早，城镇化率较低，人均建筑面积略低于欧洲发达国家水平；中等情景下，我国人口峰值略高且达峰时间略晚，城镇化率达到欧洲平均水平，人均建筑面积达到欧洲发达国家水平；高情景下，我国人口峰值高且达峰晚，城镇化率达到欧洲较发达国家水平，人均建筑面积达到欧洲国家中较高水平。

2.3.3.2 重要参数设定

1. 人口总量

结合国际经验和相关专家预测，生育率降低、人口负增长和人口老龄化是未来一段时间我国人口的突出特征。根据联合国中等方案预测[1]，中国人口将在 2029 年达到峰值14.42 亿人，从 2030 年开始进入持续的负增长，2050 年减少到 13.64 亿人，2065 年减少到 12.48 亿人，即缩减到 1996 年的规模。如果生育率总和一直保持在 1.6 的水平，人口负增长将提前到 2027 年出现，2065 年人口减少到 11.72 亿人，相当于 1990 年的规模。中国人民大学人口与发展研究中心崔振武团队分 1.1、1.3、1.6、1.8、2.1 五种生育水平情景对我国进行预测，其中生育率为 1.6 情景下人口达峰时间为 2027 年，峰值为 14.14 亿人；生育率为 1.8 情景下峰值后移到 2029 年左右，与联合国中等方案人口预测结果一致；在生育率为 1.3 条件下，人口峰值更低并更早出现。

通过比对权威的预测结果，选取生育率为 1.3、1.6、1.8 三种情景下人口预测结果作为低情景、中等情景和高情景的人口预测（表 2-1）。

---

❶ 《人口与劳动绿皮书：中国人口与劳动问题报告》。

不同情景人口预测及对应峰值、达峰时间（单位：亿人）　　　表 2-1

情景	2020 年	2025 年	2030 年	2035 年	2050 年	2060 年	峰值	达峰时间
低情景	14.02	14.08	14.03	13.89	12.85	11.66	14.08	2025 年
中等情景	14.04	14.14	14.13	14.03	13.21	12.40	14.15	2027 年
高情景	14.05	14.28	14.42	14.36	13.64	12.81	14.42	2029 年

2. 城镇化率

按照国际经验，人口城镇化进程可以划分为前期、中期和后期三个发展阶段。城镇化率低于 50％是前期阶段，50％～70％为中期阶段，70％～80％是后期阶段。2019 年我国的人口城镇化水平可以达到 60.6％，表明我国城镇化进程已进入中期阶段的后半期。

根据联合国的估计，2015 年发达国家人口城镇化的平均水平为 78.1％，高收入国家的平均水平为 80.9％。相关资料对中国未来城镇人口分高、中、低三种情景进行预测，对应 2030 年城镇化率分别为 69％、69.9％、70.1％，2050 年的城镇化率分别为 74％、75％、78％。考虑到我国幅员辽阔、人口众多，存在少部分地区发展不充分的问题，因此设定 2060 年我国低、中、高三种情景城镇化率分别为 75％、78％、80％，基本达到发达国家水平。

3. 人均 GDP

《中国经济增长十年展望（2018—2027 年）》显示我国人均 GDP 稳步增长，到 2027 年达到约 1.25 万美元。中国社会科学院经济研究所预测[1]，到 2033 年，中国人均 GDP 将达到 2.4 万美元，2050 年将达到 4.1 万美元，中国将成为现代化强国。整体而言，我国GDP 自 2019 年突破 1 万美元后还会稳步提升，城镇化进程进一步推进，居民生活水平也会得到大幅提升。

4. 人均面积

人均城镇居住建筑与国家经济水平和居民的居住习惯都有关。从各国人均住宅面积比较来看（图 2-8），美国人均住宅面积大大高出世界其他国家水平，法国、德国、英国和日本等经济强国人均住宅面积为 40～45m²，我国人均住宅面积约为 30m²，相比欧洲国家差距较大。有关数据显示，2018 年我国城镇人均居住建筑面积为 30m²/人[2]，随着我国经济水平发展和人们日益增长的生活水平需求，同时考虑全球温室气体排放达峰的压力和全球环境压力，预测 2060 年低、中、高三种情景下我国人均城镇居住面积分别为 38m²/人、40m²/人、42m²/人。

公共建筑方面，美国人均建筑面积约为 25m²/人，德国、日本、法国、英国人均建筑面积为 13～20m²/人，目前我国还不足 10m²/人，未来提升空间很大。公共建筑主要包括学校、医院、办公楼、商场、宾馆、饭店、交通枢纽等，这类建筑主要服务第三产业活动，随着居民生活水平提高，公共服务水平质量要求会更高，因此公共建筑面积会增长迅

---

[1]　《宏观经济蓝皮书：中国经济增长报告（2019—2020）》。

[2]　城镇人均居住建筑面积是针对常住人口而言的，因为目前城镇化率数据口径也是针对常住人口而言的。国家统计局发布的 2018 年城镇人均居住建筑面积为 39m²/人，数据来源于全国 16 万户户籍人口抽样调查，是针对户籍人口而言的，正因为数据口径不同导致数值存在差异。

15

速，基于此预测 2060 年低、中、高三种情景下我国人均公共建筑面积分别为 16m²/人、18m²/人、20m²/人。

2017 年，我国农村住宅建筑 44m²/人，我国农村建筑面积发展不均衡现象明显，江苏等经济发达地区农村人均面积已经达到了 60m²/人并基本稳定，而甘肃农村人均居住建筑面积仅 32m²/人。综合考虑我国农村地区发展不均衡性，预测 2060 年低、中、高三种情景下我国农村人均居住建筑面积分别为 50m²/人、53m²/人、55m²/人。

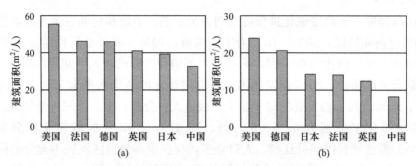

图 2-8 中国与部分国家人均建筑面积对比❶

(a) 住宅建筑；(b) 公共建筑

5. 集中供暖覆盖率

根据城乡建设统计年鉴数据测算我国北方城镇地区集中供暖面积和供暖覆盖率（图2-9），可以看出随着人们生活水平的提高，北方地区供暖覆盖率从 2009 年的 38% 增长到 2017 年的 58%。考虑未来北方城镇居民对生活水平要求更高，同时考虑部分公共建筑自供暖，设定未来低、中、高三种情景下我国北方城镇地区集中供暖覆盖率为 85% 并保持稳定。

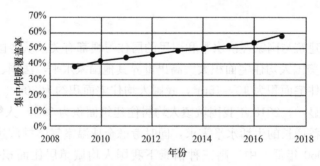

图 2-9 城镇集中供暖覆盖率现状（2009—2017 年）❷

2.3.3.3 建筑规模预测

根据宏观建筑面积预测结果（图 2-10），在低情景下，建筑面积峰值为 789 亿 m²，达峰时间为 2034 年，之后逐步下降到 2060 年的 665 亿 m²；在中等情景下，建筑面积峰值为 844 亿 m²，达峰时间为 2038 年，之后逐步下降到 2060 年的 754 亿 m²；在高情景下，建筑面积峰值为 916 亿 m²，达峰时间为 2041 年，之后逐步下降到 2060 年的 828 亿 m²。

---

❶ 来源：清华大学建筑节能研究中心《中国建筑节能年度发展研究报告 2018》。
❷ 数据来源：根据城镇集中供热面积和城镇建筑总面积数据测算。

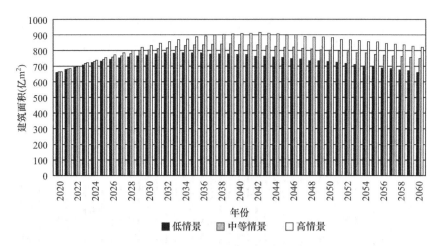

图 2-10 三种情景下我国建筑面积预测

中等情景下,不同时间节点各类建筑面积见表 2-2。

不同时间节点中等情景下建筑面积情况 表 2-2

年份	城镇居住建筑(亿 m²)	公共建筑(亿 m²)	农村住宅(亿 m²)	集中供暖(亿 m²)	总量(亿 m²)
2025	324	238	187	187	749
2030	371	219	219	229	809
2035	404	196	239	250	839
2050	387	145	223	237	754
2060	324	238	187	187	749

如图 2-11 所示,城镇居住建筑面积在低情景下峰值为 384 亿 m²,达峰时间为 2040 年,之后逐步下降到 2060 年的 332 亿 m²;在中等情景下,城镇居住建筑面积峰值为 419 亿 m²,达峰时间为 2042 年,之后逐步下降到 2060 年的 387 亿 m²;在高情景下,城镇居住建筑面积峰值为 458 亿 m²,达峰时间为 2044 年,之后逐步下降到 2060 年的 431 亿 m²。

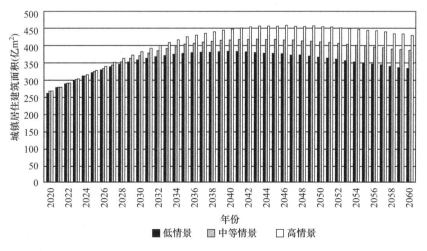

图 2-11 三种情景下我国城镇居住建筑面积预测

如图 2-12 所示，公共建筑面积在低情景下峰值为 221 亿 m²，达峰时间为 2037 年，之后逐步下降到 2060 年的 187 亿 m²；在中等情景下，公共建筑面积峰值为 247 亿 m²，达峰时间为 2040 年，之后逐步下降到 2060 年的 223 亿 m²；在高情景下，公共建筑面积峰值为 281 亿 m²，达峰时间为 2042 年，之后逐步下降到 2060 年的 256 亿 m²。

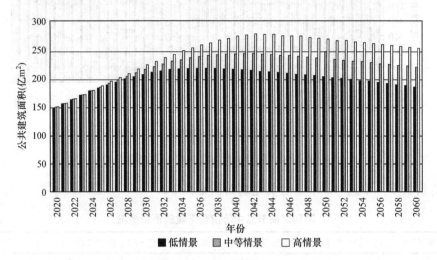

图 2-12　三种情景下我国公共建筑面积预测

如图 2-13 所示，由于城镇化快速推进，农村人口在逐年减少，因此三种情景下农村住宅建筑面积峰值均为 2020 年，峰值为 251 亿 m²。设定的低情景下城镇化率较低，因此农村人口较多，同时设定人均建筑面积较低，因此受这几种因素影响，低情景下农村建筑面积下降速度先快后慢，至 2060 年三种情景下农村住宅建筑面积基本一致，为 145 亿 m² 左右。

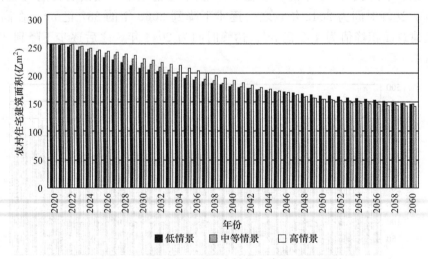

图 2-13　三种情景下我国农村住宅建筑面积预测

如图 2-14 所示，在低情景下，北方城镇地区集中供热面积峰值为 234 亿 m²，达峰时间为 2037 年，之后逐步下降到 2060 年的 202 亿 m²；在中等情景下，集中供热面积峰值为 259 亿 m²，达峰时间为 2041 年，之后逐步下降到 2060 年的 237 亿 m²；在高情景下，集中供热面积峰值为 288 亿 m²，达峰时间为 2043 年，之后逐步下降到 2060 年的 267 亿 m²。

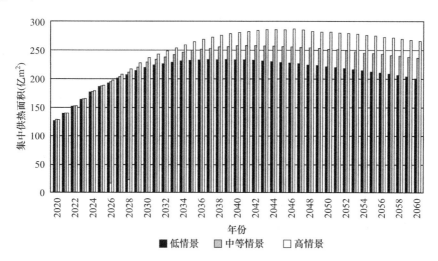

图 2-14　三种情景下北方采暖地区集中供热面积预测

2.4　基础情景建筑用能预测

2.4.1　居住建筑用能

2.4.1.1　用电预测

城镇居住建筑用电量特指城镇居民生活用电量。城镇居民生活用电是指城镇居民照明用电和家用电器用电。

（1）大家电（使用年限 7～10a）通常为家庭必需品，最终的渗透率较高，如冰箱、洗衣机等传统白色家电。而部分小家电（使用年限 3～5a）通常为可选品，其最终渗透率相对较低，如料理机等厨房小家电。

（2）空调是具备一户多机属性的必需品，品类保有量仍有翻番空间，后续销量仍可能稳定增长。2014 年日本空调、电视每百户保有量分别为 272 台、216 台，市场容量较大。对比我国 2015 年每百户（城镇/农村加权平均）空调、电视保有量为 87 台、120 台，我国保有量提升空间依然存在。

（3）烟机、灶具等必需类厨房家电、吸尘器等必需类生活电器处在相对较快的增长阶段。2014 年日本冰箱、洗衣机、微波炉、烟机、灶具、电饭煲等每百户保有量基本为 100 台。对比我国，保有量接近 90 台，品类渗透基本完成。但油烟机每百户保有量不到 50 台，品类渗透仍有较大空间。2014 年日本吸尘器每百户保有量为 142 台，对比我国吸尘器保有量仅有 12 台，未来行业成长空间巨大。

（4）洗碗机、干衣机、空气净化器等可选消费品最终渗透率相对较低，但仍有大空间，目前处于高速普及阶段。不同国家略有差异，以洗碗机为例，美国、日本每百户保有量分别为 60 台、31 台，日本空气净化器每百户保有量为 55 台，美国干衣机每百户保有量近 80 台。这些品类在我国刚刚开始普及，处于保有量基数低、销量增速快的普及阶段。

2019 年我国城镇居民年均生活用电量约为 732kWh/人，美国为 4367.5kWh/人，是我国的 6 倍；丹麦、英国、德国、日本等人均年用电量❶维持在 1700～2200kWh，是我国的 2～3 倍。根据 2020 年中国电力企业联合会发布的《中国电气化发展报告 2019》，预计到 2035 年，我国全社会用电量达到 11.6 万亿～12.1 万亿 kWh，人均生活用电量达到 1700～1900kWh/人（其中基础情景为 1700kWh/人，电气化加速情景下为 1900kWh/人）。根据国家电力规划研究中心发布的《我国中长期发电能力及电力需求发展预测》，未来我国居民生活用电比重将由现在的 12.0% 逐步上升至 20% 以上，人均居民生活用电量将达到 2000kWh/人，基本达到世界发达国家居民生活用电水平。

目前我国北京和上海居民人均生活用电量均突破 1000kWh/人。从北京和上海居民家电设备看，智能马桶、洗碗机、吸尘器等智能家电设备逐步普及，销量猛增（例如 2017 年洗碗机销售增长 140% 等）。如果设定我国未来向德国、英国等欧洲国家用能水平发展，预测 2035 年我国城镇居住建筑人均年用电量 1700kWh/（人·a），之后基本维持不变。2035 年后城镇居住建筑用电量达到 1.7 万亿 kWh（图 2-15、图 2-16）。

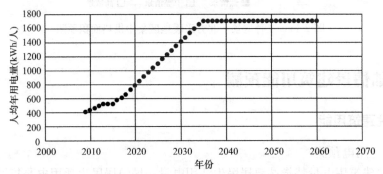

图 2-15　城镇居民人均年用电量历史及预测（至 2060 年）❷

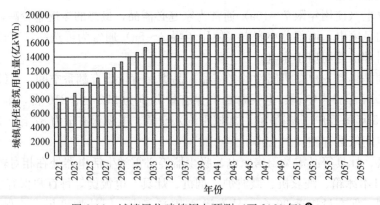

图 2-16　城镇居住建筑用电预测（至 2060 年）❸

---

❶　2016 年日本人均生活用电量 2121kWh/人，德国人均生活用电量 1549kWh/人；2014 年丹麦人均生活用电量 1799kWh/人，英国人均生活用电量 1687kWh/人。考虑到我国电气化还不完全，我们认为至 2035 年，我国城镇居住建筑用电量达到这些地区平均水平 1700kWh/人。

❷　数据来源：根据我国家电保有量、我国城镇居民人均用电现状、中国电力企业联合会、国家电力规划研究中心等部门电力规划以及欧洲人均居住建筑电力情况综合评估判断，预测我国居住建筑人均电力发展情况。

❸　数据来源：根据城镇人均电力消费量、城镇人口计算得到。

2.4.1.2　城镇居住建筑用气

2017 年 5 月，国家发展和改革委员会和国家能源局印发的《中长期油气管网规划》明确提出："随着大气污染防治工作持续推进，重点区域天然气替代步伐加快，天然气发电、供热、调峰等规模将持续扩大。"同时，城镇化带动用气人口加速增加，需求层次不断提升。到 2030 年，全国油气管网基础设施较为完善，普遍服务能力进一步提升，天然气利用逐步覆盖至小城市、城郊、乡镇和农村地区，基本建成现代油气管网体系。资料显示，过去 10 年天然气管道长度复合增速 17%，用气人口数复合增速 15%，城市天然气供应量复合增速 17.5%。

根据《城乡建设统计年鉴》测算，2017 年城镇人口燃气普及率约为 85%，随着城镇化进程燃气普及率稳步提升，2025 年基本实现城镇地区全覆盖。城镇燃气包括天然气、人工煤气和液化石油气，根据《城乡建设统计年鉴》，测算城镇燃气消费量约为 234kgce/户❶；城镇居住建筑人口和户数预测已有多项研究成果，这里不再赘述。通过城镇户数乘以户均燃气消费得到城镇居住建筑燃气消费量，按照一定比例拆分得到天然气、液化石油气消费量❷（图 2-17、图 2-18）。

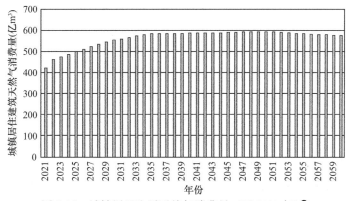

图 2-17　城镇居民生活天然气消费量（至 2060 年）❸

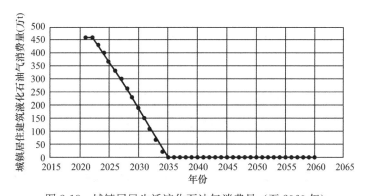

图 2-18　城镇居民生活液化石油气消费量（至 2060 年）

---

❶　数据来源：根据《城乡建设统计年鉴》中天然气、人工煤气、液化石油气家庭用量以及户数测算，并折成标准煤耗。

❷　根据《城乡建设年鉴》测算，2017 我国城镇燃气消费中，天然气占比 83.3%，并逐年递增；液化石油气占比 15.8%，且实际消费量逐年递减，被天然气替代；人工煤气占比不足 1%，且实际消费量逐年递减。预计 2035 年天然气实现城市燃气供应全覆盖。

❸　数据来源：根据城镇人口、户均人口数量、户均用气量以及燃气普及率、天然气占比情况综合计算得到。

2.4.1.3 城镇居住建筑用煤

目前我国散煤消费主要包括民用生活燃煤、小锅炉燃煤、工业锅炉燃煤和其他燃煤。如图 2-19 所示，2015 年散煤消费量分别为 2.34 亿 t、2.2 亿 t、2.36 亿 t 和 0.6 亿 t。基于建筑运行能耗的研究范围考虑，本节主要研究民用生活燃煤，小锅炉燃煤归到集中供热部分研究。

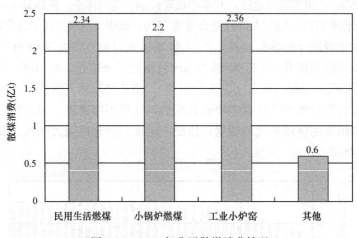

图 2-19　2015 年我国散煤消费情况

根据《中国能源统计年鉴》整理测算，各类建筑生活用煤量（图 2-20）。其中 2015 年用煤总量为 1.31 亿 tce，折合散煤约为 1.83 亿 t。2009—2012 年民用建筑生活用煤❶逐步增大，然后随着我国散煤替代工作开展，用煤总量逐步减小，2017 年用煤总量为 1.25 亿 tce，并且平均每年替代约 360 万 tce，城镇地区随着燃气和集中供热的普及，燃煤快速减少；农村地区因为地区发展不平衡和收入水平限制，煤炭使用量逐步减少，预计到 2050 年降低至 3800 万吨煤消费量，2060 年低于 2000 万 t。预测结果见图 2-21。

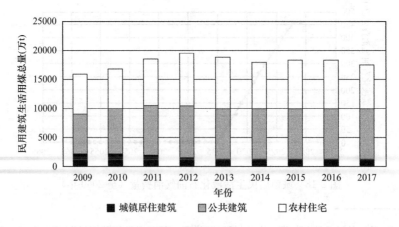

图 2-20　民用建筑生活用煤总量（2009—2017 年）

---

❶ 数据来源：根据《中国能源统计年鉴》、中国煤炭工业协会发布数据综合计算得到。

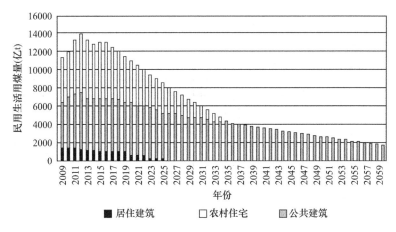

图 2-21　民用生活用煤量预测（至 2060 年）

2.4.2　公共建筑用能

2.4.2.1　公共建筑用电

公共建筑用电指的是办公建筑、商业建筑、旅游建筑、科教文卫建筑、通信建筑、交通运输类建筑等用电量。由于我国电力统计按照《民用经济行业分类》开展，公共建筑用电量对应第三产业用电量。随着新基建的发展，5G 基站和数据中心用电量猛增，同时新能源汽车发展迅速，这些都影响第三产业用电量。

公共建筑用电与公共建筑面积高度相关，公共建筑包含学校、医院、办公建筑、交通枢纽建筑等类型，是第三产业实施经营活动的主要场所，未来我国公共建筑规模与第三产业发展需求高度相关。资料显示，北美洲的美国、欧洲的英国、法国、德国、亚洲的日本等发达国家第三产业占比主要集中在 70%～80% 区间。2019 年我国第三产业比重为51.6%，预测我国在 2060 年实现第三产业占比 75% 的目标。

北京公共建筑单位面积用电能耗约为 110kWh/(m^2·a)，上海市为 101kWh/(m^2·a)，而北京和上海第三产业占比分别为 87.8% 和 72.7%。综合考虑《民用建筑能耗标准》中对公共建筑约束值，设定 2060 年第三产业占比 75% 对应的单位面积年平均用电量为90kWh/(m^2·a)。

根据预测，城镇公共建筑用电量从 2019 年的 0.81 万亿 kWh 增长到 2060 年的1.83 万亿 kWh，增长约 2.2 倍（图 2-22）。

2.4.2.2　公共建筑用气

根据相关的统计数据，目前我国液化石油气的消费主要集中在两个领域：分别是燃料消费，占比 53%；化工领域消费，占比 37%。其中燃料消费中又可以分为工业燃料消费、城镇居民燃料消费、餐饮消费和农村燃料消费，这四项占总的燃料消费百分比分别为：5%、23%、34% 和 38%。可见公共建筑液化石油气消费主要为餐饮消费，餐饮行业发展直接关系到未来公共建筑燃气消费量。

我国餐饮业营业收入近年来保持 10% 以上的增长速度，受此影响，餐饮领域 LPG 消费保持年均 2.26% 的增长速度。基于此，设定公共建筑燃气消费量以 2.26% 的增长速度持续增长，得到公共建筑 2060 年燃气消费量约为 4646 万 tce（图 2-23）。

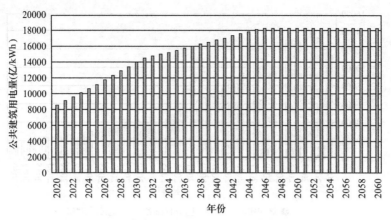

图 2-22 公共建筑用电量预测（至 2060 年）❶

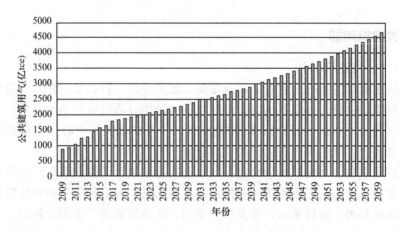

图 2-23 公共建筑燃气消费量（至 2060 年）

2.4.3 农村住宅用能

2.4.3.1 农村住宅用电

农村住宅电力消费与城市类似，主要为照明、炊事、电视机、空调等家用电器用电。随着农村清洁取暖开展，北方采暖地区空气源热泵等形式"煤改电"逐步实施，农村用电量稳步提升。根据《北京市统计年鉴》，2018 年北京市农村居民生活用电量平均为 1573kWh/人，已超过北京城镇居民生活用电量（1130kWh/人）；2018 年北京市农村居民平均百户电气拥有量：空调 65.2%、热水器 68.7%、排油烟机 26%、计算机26.9%，相对城镇地区（188.7%、98.6%、92.9%、95%）还有较大差距，未来农村地区家电持有量会稳步提升并达到城市平均水平。随着农村地区电供暖和电炊事不断普及，人均用电量会快速提升，预计 2035 年人均年电力消耗量为 2000kWh/（人·a），之后保持平稳发展。根据农村地区人口，预测得到农村地区电耗情况（图 2-24、图 2-25）。随着城镇化进程，农村人口逐步减少，人均用电稳步提升并于 2035 年后保持平稳，用

---

❶ 数据来源：公共建筑用电量为公共建筑面积与单位面积电耗乘积得到。

电总量从 2019 年的 0.438 亿 kWh 增长到 2035 年的 0.834 万亿 kWh，之后稳步减少至
2050 年的 0.68 万亿 kWh。

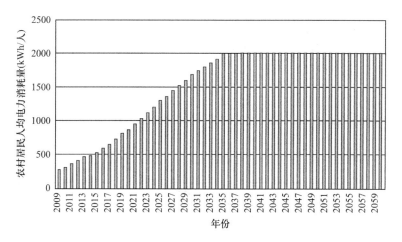

图 2-24 农村居民人均电力消耗量（至 2060 年）

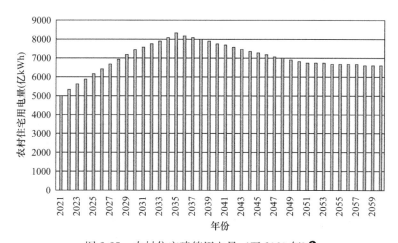

图 2-25 农村住宅建筑用电量（至 2060 年）❶

2.4.3.2 农村用气

农村燃料消费和餐饮燃料消费是液化石油气的刚性需求领域。在农村，由于环保政策
影响，液化石油气成为农村"煤改气"的首选能源。液化石油气是清洁能源，硫化物和氮
氧化物排放量与天然气接近，是煤炭的 0.4‰和 6‰。液化石油气在农村地区可不依赖管
道等大规模的基础设施投入，灵活配送到边远地区。此外，农村液化石油气经济性明显优
于天然气。按照中国城市燃气协会的统计数据，60 户/km² 是天然气与 LPG 经济性（有国
家和地方补贴）的人口密度临界值，我国广大农村地区人口密度低，LPG 是农村"煤改
气"和农村"气化"的良好气源。

经测算，2017 年，农村燃气消费总量为 1412 万 tce，其中液化石油气 1377 万 tce，占

---

❶ 数据来源：农村住宅建筑用电量数据为人均用电量与农村人口的乘积，通过发电煤耗折算为标准煤耗值。

比 97.5%。根据《中国能源统计年鉴》和《城乡建设统计年鉴》中农村地区液化石油气消费，测算得到户均液化石油气消费量为 127kg/(户·a)，与测算得到的城市液化石油气户均消费量 132kg/(户·a) 相差不大。基于以上情况综合考虑，与城镇居住建筑天然气计算类似，根据农村地区户数和燃气普及率测算农村地区液化石油气消费量（图 2-26、图 2-27）。农村地区液化石油气消费从 2017 年的 800 万 t 提升到 2039 年的 1631 万 t，达到峰值，之后逐步下降到 2050 年的 1415 万 t。

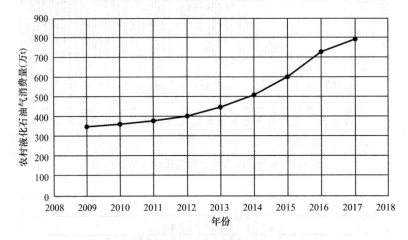

图 2-26　农村地区液化石油气历史消费量（2009—2017 年）

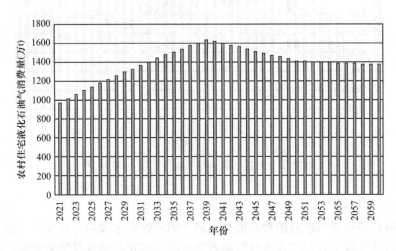

图 2-27　农村住宅用气总量预测（至 2060 年）

2.4.4　集中供热用能

基于《城乡建设统计年鉴》数据测算，2017 年我国集中供暖面积 97.7 亿 m²，热力消费量 50 亿 GJ，单位面积供暖能耗为 0.54GJ/m²，较 2000 年之前的 1.19GJ/m² 提升显著（图 2-28、图 2-29）。随着城镇旧房屋拆除和新房屋建设，北方采暖地区执行节能标准建筑比例逐步增大，建筑单位面积供暖用能会继续下降。结合《民用建筑能耗标准》，设定我国集中供热单位面积能耗进一步提升至 2035 年的 0.51kgce/m²。耦合集中供暖面积预测我国供暖用能逐渐增大，到 2050 年增至 85.7 亿 GJ 左右（图 2-30）。

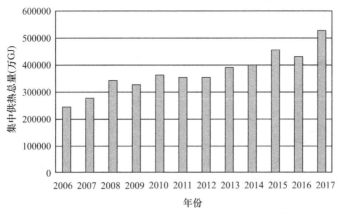

图 2-28 城镇集中供热总量（2006—2017 年）❶

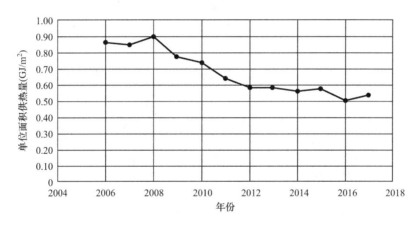

图 2-29 城镇集中供热单位面积能耗（2006—2017 年）❶

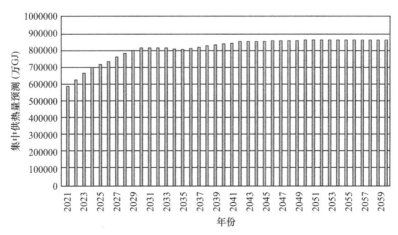

图 2-30 供暖用能总量预测（至 2060 年）

❶ 数据来源：根据《城乡建设统计年鉴》中集中供热部分数据整理得到。

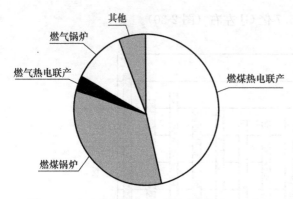

图 2-31　北方城镇地区供暖热源结构（2016 年）

从供热热源结构上看，我国北方供热以燃煤供暖为主，占比 78%，其中燃煤热电联产面积占比 45%，燃煤锅炉占比 32%；其次为燃气供暖，占比 15%，其中燃气锅炉占比 11%，燃气壁挂炉供暖占比 4%；另外还有电锅炉、各类电热泵（空气源、地源、污水源）、工业余热、燃油、太阳能、生物质等热源形式，占比约 5%（图 2-31）。因此在本节计算北方集中供热能源中主要计算燃气和燃煤能源消耗量。

考虑到我国天然气对外依存度较高（2018 年为 45.3%），且部分地区出现用气荒现象，未来我国天然气在集中供热中的角色不会发生较大变化，维持在 15%；空气源热泵等比例略有提升；未来集中供热更多体现在燃煤锅炉和燃气锅炉向更高效率的燃煤热电联产和燃气热电联产转变。预测得到我国未来集中供热用燃气和燃煤量❶（图 2-32）。

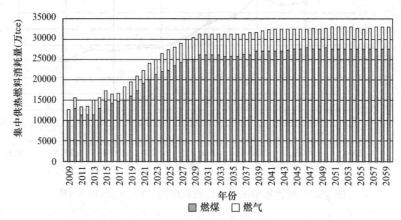

图 2-32　北方城镇地区集中供暖一次能源消耗量（至 2060 年）❷

2.4.5　建筑用能碳排放测算

2.4.5.1　我国温室气体排放基本情况

碳排放是关于温室气体排放的总称或简称。温室气体指任何会吸收和释放红外线辐射并存在大气中的气体。《京都议定书》中规定控制的 6 种温室气体为：二氧化碳（CO_2）、甲烷（CH_4）、氧化亚氮（N_2O）、氢氟碳化合物（HFCS）、全氟碳化合物（PFCS）、六氟化硫（SF_6）。

资料显示，2016 年，我国的碳排放量仍约占全球总量的 20%，净排放量达 160 亿吨二氧化碳当量，其中二氧化碳排放量占温室气体总排放量的 62%，甲烷占 30%，其他占

---

❶ 此外能源消耗量为一次能源消耗，将供热量按照锅炉及热电联产热效率折算为一次能源消耗。

❷ 数据按照现有供热方式，并且热电联产按照好处归电法拆分，与电力部分分摊方法保持统一。

8%。除建筑消费电力碳排放外，建筑还排放约 6 亿 tCO_2，占总 CO_2 排放量的 6%，占温室气体排放量的 3.75%。从温室气体类型上看，建筑排放均为燃料燃烧产生的 CO_2 排放，不包含甲烷等其他温室气体排放。所以，在建筑领域温室气体排放指的就是 CO_2 排放。

2.4.5.2 建筑二氧化碳排放量计算

1. 计算方法

化石能源的主要成分是碳化合物，燃烧产生 CO_2，同时释放热量。化石能源燃烧产生的 CO_2 排放量主要取决于燃料的碳含量，燃烧条件相对不重要。因此，源于燃烧的 CO_2 排放可以基于燃烧的能源总量和能源中的平均碳含量进行相当精确的估算。建筑碳排放是建筑运行过程中直接（煤、油、天然气）或间接（热力）消费的各类化石能源排放的 CO_2 之和，其计算方法如式（2-1）所示：

$$BCE = \sum BE_i EF_i \tag{2-1}$$

式中　BCE——建筑碳排放量；

　　　BE_i——建筑运行过程中第 i 类能源的消费量；

　　　EF_i——第 i 类能源的碳排放因子。

因此，建筑碳排放量的计算重点在于分类能源消费量和分类能源碳排放因子测算。

2. 碳排放因子

（1）化石燃料碳排放因子

根据建筑领域用能情况可知，建筑领域化石能源的消耗主要集中在煤炭、天然气、液化石油气、人工煤气，基于能源品种消费量和单位能源二氧化碳排放量计算建筑化石燃料燃烧二氧化碳排放量。化石燃料碳排放因子如表 2-3 所示。

化石燃料碳排放因子[1]　　　　　　　　　　　　　　　　表 2-3

能源名称	平均低位发热量（kJ/kg）	折标煤系数（kgce/kg）	单位热值含碳量（吨碳/TJ）	碳氧化率	二氧化碳排放系数（kgCO₂/kg）
原煤	20908	0.7143	26.37	0.94	1.9003
焦炭	28435	0.9714	29.5	0.93	2.8604
原油	41816	1.4286	20.1	0.98	3.0202
燃料油	41816	1.4286	21.1	0.98	3.1705
汽油	43070	1.4714	18.9	0.98	2.9251
煤油	43070	1.4714	19.5	0.98	3.0179
柴油	42652	1.4571	20.2	0.98	3.0959
液化石油气	50179	1.7143	17.2	0.98	3.1013
炼厂干气	46055	1.5714	18.2	0.98	3.0119
天然气	38931	1.3300	15.3	0.99	2.1622

（2）电力碳排放因子

电能作为一种二次能源，与能源结构密切相关。火电发电比例越高，单位电能产生的 CO_2 排放量越大。如在日本每度电约排放 0.533kg CO_2，但是在 99% 电能为水力发电的挪

---

❶　数据来源：根据公开发布数据整理。

威，使用电能基本不排放 CO_2。因此，这里仅考虑火力发电因化石能源消耗而引起的排放。火力发电需要的能源主要有煤炭、焦炉煤气、原油、汽油、柴油、燃料油和天然气，电力二氧化碳排放因子即为火力发电化石燃料产生二氧化碳总量除以总发电量（总发电量包含水电、太阳能、核电、生物质发电等可再生电力部分）❶。2008—2018 年我国电力碳排放因子呈现出逐年下降趋势（图 2-33）

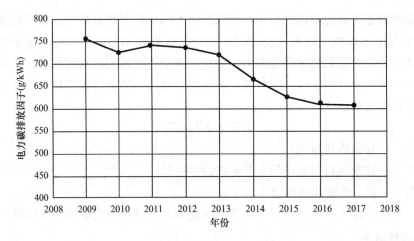

图 2-33　基于《中国能源统计年鉴》的电力二氧化碳排放因子

根据 2020 年 5 月中国电力企业联合会发布的《中国电气化发展报告 2019》，电力行业以更加积极的姿态应对气候变化，通过发展非化石能源、提高清洁能源发电量、多措并举降低供电煤耗，有效缓解了电力二氧化碳排放总量增长压力，电力二氧化碳排放强度稳步下降。在大力发展非化石能源发电的同时，火电领域对降低单位发电量二氧化碳排放强度作出了卓越贡献。截至 2019 年年底，全国累计完成煤电节能改造超过 6 亿 kW，2019 年全国 6000kW 及以上火电厂平均供电标准煤耗降至 306.9g/kWh。以 2005 年为基准年，2006—2018 年，电力行业累计减少二氧化碳排放约 136.8 亿 t。其中，供电煤耗降低对电力行业二氧化碳减排贡献率 44%，非化石能源发展贡献率 54%。

电力二氧化碳排放因子降低得益于火力发电单位发电量二氧化碳排放强度的降低和可再生能源的应用。因此在预测电力二氧化碳排放因子时，主要考虑以上两个因素，其计算公式如下：

电力二氧化碳排放因子（g/kWh）＝火力发电二氧化碳排放因子×火力发电占比

根据《煤炭发电企业碳排放指标》等地方标准，火力发电二氧化碳排放因子与发电机组设备及参数密切相关，在 770～890g/kWh 之间。资料显示，申能安徽平山二期 1×1350MW 高低位布置超超临界二次再热机组，预期供电煤耗低于 247g/kWh，碳排放强度低于 692g/kWh。所以火力发电机组能效还有进一步提升空间，设定 2035 年火力发电二氧化碳排放因子提升至 800g/kWh，2050 年提升至 760g/kWh。

可再生能源占比随着太阳能等成本的降低会大幅提升。2019 年，可再生能源发电量占总发电量比重达到 33%，根据《我国中长期发电能力及电力需求发展预测》，预计 2035

---

❶　数据来源：通过《中国能源统计年鉴》数据整理测算。

年达到 42%，2050 年达到 50%。

综上测算得到，2035 年电力二氧化碳排放因子为 478g/kWh，2050 年为 412g/kWh（图 2-34）。

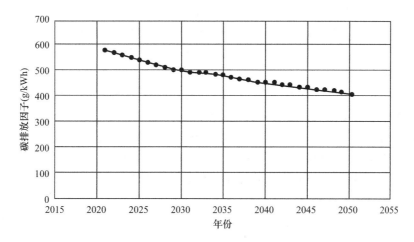

图 2-34　二氧化碳排放因子预测（至 2050 年）

（3）集中供热二氧化碳排放因子

在实际应用中，集中供热归入直接碳排放还是间接碳排放还没有统一的说法。具体来说，中国建筑节能协会发布的《中国建筑能耗研究报告 2018》指出集中供热归入间接碳排放范畴，2016 年全国建筑碳排放总量中，电力碳排放占比 46%，是建筑碳排放的最大来源，北方地区供暖碳排放占比 25%，煤和天然气等化石燃料排放占比 28%。清华大学建筑节能中心发布的《中国建筑节能年度发展研究报告 2020》指出，集中供热碳排放拆分成两部分，其中锅炉房供热碳排放部分纳入直接碳排放，热电联产相关间接碳排放纳入间接碳排放范畴，报告显示 2018 年建筑运行相关二氧化碳直接碳排放占 50%，电力相关间接碳排放占 42%，热电联产热力相关间接碳排放占 8%。国家应对气候变化战略研究和国际合作中心的相关报告中只将电力纳入间接碳排放，集中供热全部归入直接碳排放范畴。

直接排放是指化石燃料燃烧、工业生产过程和废弃物处理中直接产生的排放。间接排放是指由于电力等二次能源消耗所隐含的化石燃料燃烧导致的排放。由此可以看出，蒸汽和热水均属于二次能源应归入间接排放的范畴，但是目前热力和电力拆分方法不统一，本研究采用集中供热中热电联产供热归入间接排放，锅炉房供热归入直接排放。

集中供热的形式主要包括燃煤热电联产、燃气热电联产、燃煤锅炉房、燃气锅炉房和部分空气热源，其中热电联产和锅炉房还是最主要的集中供热形式。燃煤锅炉和燃气锅炉只需要通过燃料排放因子和锅炉房热效率即可得到其集中供热的二氧化碳排放因子，而集中供热中热电联产以其更高的综合能效备受关注并且不断推广应用。相关统计数据显示，2016 年，热电联产覆盖比例达到 50%，在集中供热中发挥越来越大的作用。相对于常规的锅炉房集中供热，热电联产是一个更加复杂的供热方式，热力和电力耗煤量如何拆分，如何计算热电联产二氧化碳排放因子是一个值得研究的问题。

燃煤锅炉主要分为两种炉型：①循环流化床锅炉（国家鼓励使用），效率可达 90% 以上，且低氮环保，媲美燃气锅炉，是大型集中供热、热电联产的主力设备；②链条式锅炉

（国家鼓励大容量链条层燃式锅炉使用），效率在85％左右，锅炉设备投资较低，是一直以来应用最广的燃煤锅炉炉型。燃煤锅炉房的效率选用85％计算。资料显示大多数燃气锅炉房的效率高于90％，因此选用燃气锅炉房效率为90％计算。计算得到燃煤锅炉的二氧化碳排放因子为3.13kgCO$_2$/kgce、燃气锅炉为1.81kgCO$_2$/kgce。

热电联产实现了能源阶梯利用，高品位能用于发电，低品位能用于供热，因此能源利用率高，是我国集中供热的主热源。热电联产中供热二氧化碳排放因子计算涉及电力和热力耗用标准煤拆分。

中国电力企业联合会《电力行业统计调查制度》对热电联产相关指标进行统计，在电力企业统计指标解释中，对热电联产的电力和热力耗用标准煤进行拆分，具体如下：

发电耗用标准煤量＝发电、供热耗用标准煤量－供热耗用标准煤量

式中"供热耗用标准煤量"的计算，根据不同的供热方式，采用不同的计算方法：

1）由供热式汽轮机组供热，可将发电、供热耗用的标准煤总量，按照发电、供热消耗的热量比重划分计算，计算公式为：

供热耗用标准煤量＝发电、供热耗用标准煤总量×供热量/发电供热总耗热量

2）由锅炉直接供热，计算公式为：

供热耗用标准煤＝锅炉供热量（kJ）/锅炉房效率/29308（kJ/kg）

根据以上内容分析，目前电力系统使用的方法中，热电联产的供热煤耗分摊等同于大型燃煤锅炉房的产热煤耗。为了保持与电力行业统一，避免交叉重复计算，热电联产供热按照锅炉房供热方式计算二氧化碳排放因子。

2.4.6 基础情景建筑用能情况

2.4.6.1 基础情景建筑用能总量

2017年我国建筑用能总量8.6亿tce，根据预测，在基础情景下2020年建筑用能总量预计达到10.5亿tce，2030年16.3亿tce，2035年17.9亿tce，2050年之后预计18.5亿tce（图2-35）。不同时间节点预测见表2-4。

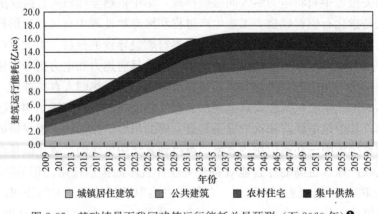

图2-35 基础情景下我国建筑运行能耗总量预测（至2060年）❶

___

❶ 数据来源：住房和城乡建设部科技与产业化发展中心《民用建筑能耗预测分析报告》，其中电力采用发电煤耗法测算得到标准煤耗。

基础情景下重要时间节点建筑用能预测❶　　　　　　　　表 2-4

年份	城镇居住建筑 （亿 tce）	公共建筑 （亿 tce）	农村住宅 （亿 tce）	集中供暖 （亿 tce）	总量 （亿 tce）
2017	2.2	2.8	1.9	1.8	8.6
2020	2.8	3.3	2.2	2.3	10.5
2025	3.9	4.0	2.6	3.1	13.6
2030	5.1	4.7	3.0	3.6	16.7
2035	6.0	5.0	3.2	3.8	17.9
2050	6.0	5.9	2.6	4.0	18.5
2060	6.0	5.9	2.6	4.0	18.5

2.4.6.2　基础情景建筑碳排放

根据预测，在基础情景下我国建筑运行 CO_2 排放到 2035 年达峰，峰值为 30.8 亿 t。达峰后 CO_2 排放量平稳下降，到 2060 年将下降到 25.4 亿 t（图 2-36、图 2-37、表 2-5）。

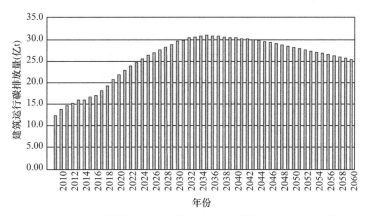

图 2-36　基础情景下我国建筑运行 CO_2 排放（至 2060 年)❷

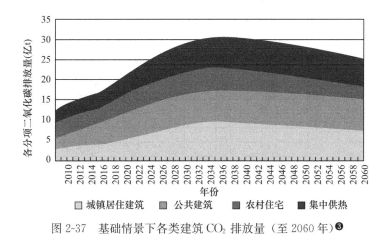

图 2-37　基础情景下各类建筑 CO_2 排放量（至 2060 年)❸

---

❶　数据来源：住房和城乡建设部科技与产业化发展中心《民用建筑能耗预测分析报告》。

❷　数据来源：住房和城乡建设部科技与产业化发展中心《民用建筑能耗预测分析报告》。

❸　数据来源：住房和城乡建设部科技与产业化发展中心《民用建筑能耗预测分析报告》。

年份	城镇居住建筑（亿t）	公共建筑（亿t）	农村住宅（亿t）	集中供暖（亿t）	总量（亿t）
2017	4.15	5.76	4.14	4.28	18.3
2020	5.27	6.70	4.63	5.23	21.8
2025	6.93	7.37	5.15	6.79	26.2
2030	8.41	7.96	5.46	7.73	29.6
2035	9.52	8.00	5.63	7.64	30.8
2050	8.43	8.16	3.97	7.60	28.2
2060	8.43	8.16	3.97	7.23	25.4

基础情景下重要时间节点 CO_2 排放量　　表 2-5

2.4.6.3 基础情景建筑用能结构

根据预测，随着电气化水平提升，电力占比从 2017 年的 55％提升到 2035 年的 72％；随着用能清洁化，煤炭占比从 2017 年的 31％降低到 2035 年的 18％（图 2-38、图 2-39）。不同类型建筑能源结构见图 2-40。

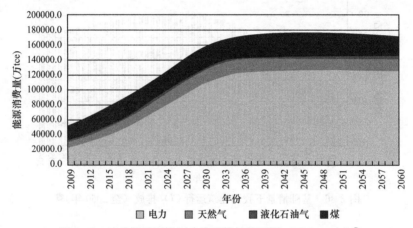

图 2-38　基础情景下我国建筑用能结构预测（至 2060 年）❶

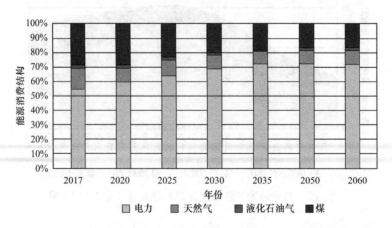

图 2-39　基础情景下重要时间节点建筑运行用能结构（至 2060 年）❶

---

❶　数据来源：住房和城乡建设部科技与产业化发展中心《民用建筑能耗预测分析报告》。

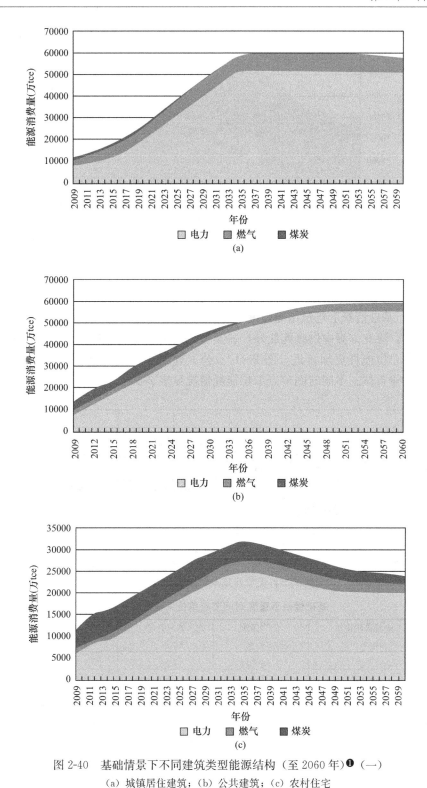

图 2-40 基础情景下不同建筑类型能源结构（至 2060 年）❶（一）

（a）城镇居住建筑；（b）公共建筑；（c）农村住宅

❶ 数据来源：住房和城乡建设部科技与产业化发展中心《民用建筑能耗预测分析报告》。

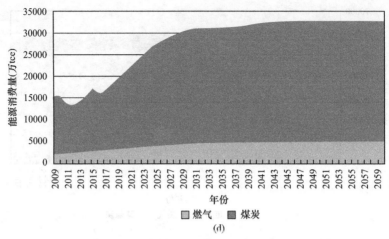

图 2-40　基础情景下不同建筑类型能源结构（至 2060 年）❶（二）

（d）集中供暖

2.4.6.4　基础情景下建筑用能强度

根据预测，除北方集中供暖能耗外，各类型建筑单位面积能耗稳步提升，城镇居住建筑和农村住宅单位能耗更加接近（图 2-41）。公共建筑单位面积能耗依然高于居住建筑，在单位能耗中排首位。不同时间节点单位能耗情况见表 2-6。

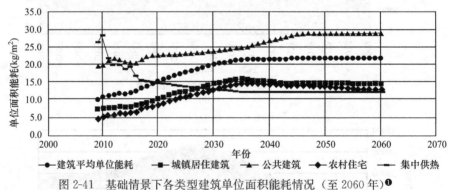

图 2-41　基础情景下各类型建筑单位面积能耗情况（至 2060 年）❶

基础情景下重要时间节点单位面积能耗预测

表 2-6

年份	城镇居住建筑（kgce/m²）	公共建筑（kgce/m²）	农村住宅（kgce/m²）	集中供暖（kgce/m²）	平均（kgce/m²）
2017	9.1	21.6	7.5	18.3	13.9
2020	10.5	22.8	8.8	18.0	16.0
2025	12.7	23.2	11.0	17.5	18.9
2030	14.6	23.9	13.1	17.0	21.2
2035	16.2	25.0	14.8	17.0	22.8
2050	14.9	28.9	13.7	17.0	23.3
2060	14.9	28.9	13.7	17.0	23.3

---

❶　数据来源：住房和城乡建设部科技与产业化发展中心《民用建筑能耗预测分析报告》。

2.5　专项工作节能量预测

建筑节能专项工作是实现建筑节能、绿色和低碳总量控制目标的基础，专项工作节能量与不同时间节点总量控制目标直接挂钩，是目标指标制定的核心基础。根据历年专项工作实施经验，将建筑节能、绿色和低碳专项工作分为城镇居住建筑、公共建筑、农村住宅和可再生能源四个大类，细分为新建城镇居住建筑、既有城镇居住建筑改造、新建公共建筑、既有公共建筑改造、农村住宅、太阳能光热、太阳能光伏、空气热源、浅层地热 9 个子类（图 2-42）。

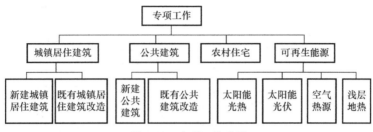

图 2-42　专项工作分类

专项工作预测总体思路：根据我国人口、城镇化、经济发展、生活水平提升、设备效率提升等多重影响因素，预测基础情景下我国建筑用能总量；根据不同时间节点专项工作目标得到未来可以通过专项工作实现的总量控制情景下的用能总量。

专项工作节能目标预测根据专项工作不同，分为新建城镇居住建筑节能量、既有城镇居住建筑改造节能量、新建公共建筑节能量、公共建筑运行能效提升节能量、农村住宅节能量、可再生能源替代量，不同时间节点专项工作节能量或者替代量的加和即为专项工作节能目标。同时，总结提炼专项工作预测模型如图 2-43 所示。

2.5.1　新建城镇居住建筑

新建城镇居住建筑专项工作目标测算思路：新建建筑主要通过建筑节能标准不断提升来提高能效，计算思路为以不同气候区现有节能设计标准为基准线，通过更高能效要求的建筑节能设计标准的发布和推广带来新建建筑的节能量（图 2-44）。

2.5.1.1　历年竣工面积情况

根据《中国统计年鉴》得到城镇居住建筑竣工面积，自 2005 年开始呈现增长的趋势，2014 年达到最大约 11 亿 m²，之后有缓慢下降趋势（图 2-45）。

2.5.1.2　竣工面积预测

城镇新竣工居住建筑面积是存量面积的年度增加量与年度拆除面积的总和，根据住房和城乡建设部统计数据，每年拆除面积约为存量面积的 0.5%，所以城镇居住建筑拆除面积按照存量面积 0.5% 计算预测。2020—2025 年为城镇化高速发展阶段，同时我国总人口也处于稳步增长阶段，对城镇居住建筑面积需求量较大，相应的竣工面积也较大；2026—2030 年我国总人口增加缓慢，城镇化进程相对较快，对城镇居住建筑需求量旺盛，对应的竣工面积基本维持现有水平（9 亿～10 亿 m²）；2031—2040 年，我国总人口于 2030 年达峰后逐年减少，城镇化率低速发展，城镇居住建筑需求量降低，竣工面积维持在 6 亿 m² 水平；2040 年后城镇居住面积存量稳定在 400 亿 m² 左右，新竣工面积更多表现为既有存量的更新（图 2-46）。

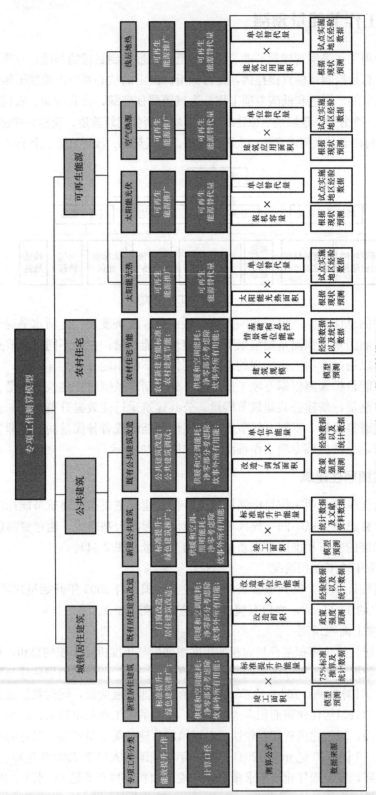

图2-43 专项工作测算模型

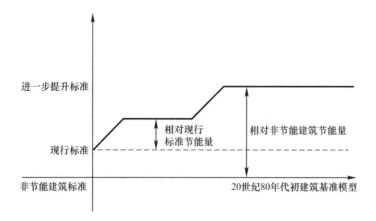

图 2-44　新建城镇居住建筑节能量计算思路

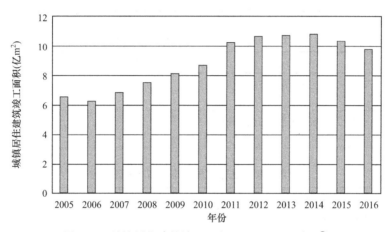

图 2-45　城镇居住建筑竣工面积（2005—2016 年）❶

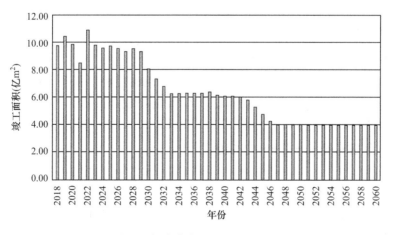

图 2-46　城镇居住建筑竣工面积预测（至 2060 年）

2.5.1.3　单位面积节能量预测

1. 现有标准情况

各气候区城镇居住建筑节能设计标准如表2-7～表2-9所示。

严寒及寒冷地区城镇居住建筑标准提升历程　　　　　表 2-7

阶段	名称	节能标准	施行日期	废止日期
第一阶段	《民用建筑节能设计标准（采暖居住建筑部分）》JGJ 26—86	30%	1986 年 8 月 1 日	1996 年 7 月 1 日
第二阶段	《民用建筑节能设计标准（采暖居住建筑部分）》JGJ 26—95	50%	1996 年 7 月 1 日	2010 年 8 月 1 日
第三阶段	《严寒和寒冷地区居住建筑节能设计标准》JGJ 26—2010	65%	2010 年 8 月 1 日	2019 年 8 月 1 日
第四阶段	《严寒和寒冷地区居住建筑节能设计标准》JGJ 26—2018	75%	2019 年 8 月 1 日	—

夏热冬冷地区城镇居住建筑标准提升历程　　　　　表 2-8

阶段	名称	节能标准	施行日期	废止日期
第一阶段	《夏热冬冷地区居住建筑节能设计标准》JGJ 134—2001	30%	2001 年 10 月 1 日	2010 年 8 月 1 日
第二阶段	《夏热冬冷地区居住建筑节能设计标准》JGJ 134—2010	50%	2010 年 8 月 1 日	—

夏热冬暖地区城镇居住建筑标准提升历程　　　　　表 2-9

阶段	名称	节能标准	施行日期	废止日期
第一阶段	《夏热冬暖地区居住建筑节能设计标准》JGJ 75—2003	30%	2003 年 10 月 1 日	2013 年 4 月 1 日
第二阶段	《夏热冬暖地区居住建筑节能设计标准》JGJ 75—2012	50%	2013 年 4 月 1 日	—

建筑节能设计标准是新建建筑必须执行的标准，通过建筑节能设计标准的修编执行不断提升建筑本体节能水平，提升建筑能效。通过对不同气候区建筑节能设计标准梳理可以看出，严寒和寒冷地区建筑节能设计标准按照30%的速度稳步提升，目前执行75%节能标准。夏热冬冷地区和夏热冬暖地区建筑节能设计标准也是按照30%的速度稳步提升，目前执行50%节能标准。

2. 不同气候区不同标准提升的节能量

现有标准按照30%的速度提升建筑能效，同时标准对于建筑能效数据口径有明确规定。严寒和寒冷地区指建筑供暖用能，夏热冬冷地区和夏热冬暖地区指建筑供暖和空调用能。因此计算标准提升带来的节能量时需要与现有标准口径保持一致。

采用标准中数据计算节能量是否与实际有偏差是一个值得考虑的问题。根据文献资料❶，在严寒和寒冷地区，标准100%基准值与实际集中供暖能耗符合；在夏热冬冷和夏

---

❶ 杨秀，张声远，齐晔，江亿. 建筑节能设计标准与节能量估算 [J]. 城市发展研究. 2011 (10)：7-13.

热冬暖地区城镇住宅建筑由于"部分空间、部分时间"生活方式与标准假定的差别，100%基准值远高于实际能耗的调查结果。因此在本研究中，严寒和寒冷地区采用标准和实际节能量相结合的方式❶，夏热冬冷地区和夏热冬暖地区主要采用实际运行能耗为主❷。

根据《严寒和寒冷地区居住建筑节能设计标准》JGJ 26—2018（75%标准）中典型地区供暖数据，得到严寒地区供暖能耗为 9.8kgce/m²，寒冷地区供暖能耗为 6.4kgce/m²（与民用建筑能耗统计数据基本一致，误差在 5%以内）。以此为基准计算严寒和寒冷地区83%标准节能量净零能耗节能量。根据能耗统计数据并结合文献资料，夏热冬冷地区空调和供暖占比约为 39%，夏热冬暖地区供暖空调能耗占比约为 30%，计算得到夏热冬冷地区和夏热冬暖地区不同标准下的节能量，结果如表 2-10 所示。

标准能效提升节能量表　　　　　　　　　　表 2-10

标准提升节能量	建筑运行用能（建筑全部用能）（kgce/m²）				能效提升贡献量（相对现有节能标准）（kgce/m²）				节能量（相对非节能建筑）（kgce/m²）			
	严寒地区	寒冷地区	夏热冬冷地区	夏热冬暖地区	严寒地区	寒冷地区	夏热冬冷地区	夏热冬暖地区	严寒地区	寒冷地区	夏热冬冷地区	夏热冬暖地区
65%标准	—	—	6.75	7.48	—	—	0.90	0.75	—	—	5.16	4.31
75%标准	16.79	13.5	6.13	7.00	—	—	1.52	1.27	—	—	5.79	4.83
83%标准	13.86	11.58	—	—	2.93	1.93	—	—	33.07	21.77	—	—
90%标准	11.8	10.23	—	—	4.99	3.28	—	—	35.12	23.12	—	—
净零能耗	0	0	0	0	16.79	13.51	7.65	8.23	46.92	33.35	11.92	11.83

2.5.1.4　绿色建筑节能量计算处理方法

新建建筑在建筑节能设计标准提升、绿色建筑推广两方面政策驱动下都可实现能效提升。两者在范围上很容易出现重复，在计算中应该如何处理呢？本部分主要介绍绿色建筑节能量计算处理方法。

绿色建筑中基本级必须满足建筑节能标准要求，其中一星级、二星级、三星级绿色建筑供暖空调负荷分别降低 5%、10%和 15%；而供暖空调能耗占建筑本体能耗的 60%～80%，所以选取二星级及以上（高星级）绿色建筑节能标准比普通节能建筑提升 10%。值得注意的是，高星级绿色建筑对于节能率提升 10%是相对当前年度执行标准而言的，也就是随着建筑节能标准的不断提升，新建建筑中高星级绿色建筑的节能效果相对当年度执行标准而言差距逐步缩小，高星级绿色建筑主要体现在舒适度提升等方面（表 2-11）。

另外，当地方标准执行比国家标准更高的新建建筑标准时，一般都会提升 20%～30%的节能率，要高于高星级绿色建筑节能率（10%），因此假设地方执行更高标准的新建建筑均为绿色建筑，这部分建筑的节能量已计入标准提升带来的节能量，不在高星级绿色建筑方面体现。

---

❶　严寒和寒冷地区 50%标准和 75%标准中包含不同地区的供暖能耗，通过地区面积加权平均测算出对应标准在严寒和寒冷地区的建筑供暖能耗，然后反推出 100%基准值供暖能耗。同时，根据民用建筑能耗统计数据测算得到执行 50%节能标准的严寒和寒冷地区供暖能耗。将两个标准测算值与实际运行测算值对比，综合得到严寒和寒冷地区100%基准值。

❷　夏热冬冷地区和夏热冬暖地区基于民用建筑能耗统计数据测算执行 50%节能标准的建筑总能耗。资料显示，供暖和空调占比分别为 39%和 30%，测算得到执行 50%标准对应的供暖和空调能耗，进一步测算 100%基准能耗。

以 2025 年新建建筑中高星级绿色建筑计算为例，2025 年目标设定为 100％新建建筑执行绿色建筑国家标准，其中二星级及以上（高星级）占比 40％，即高星级绿色建筑占新建建筑的 32％、基本级和一星级绿色建筑占全部新建建筑的 68％。在计算中将基本级和一星级（68％）计入新建建筑节能设计标准节能量；将高星级绿色建筑（共 32％）中的 30％计入地方执行节能设计标准高于绿色建筑国家标准的高星级绿色建筑，归口入新建建筑节能设计标准节能量；高星级绿色建筑中的 3％计入高星级绿色建筑。经计算，高星级绿色建筑节能量很少，2025 年为 11 万 tce，而 2025 年建筑节能设计标准节能量为 893 万 tce，归口入高星级绿色建筑节能量相对新建建筑节能设计标准节能量可忽略。综上所述，在计算新建建筑节能量时，绿色建筑的节能量暂不考虑。

高星级绿色建筑节能量　　　　表 2-11

类别	节能量计算方法	归口
执行绿色建筑国家标准基础级、一星级的绿色建筑	按照新建节能设计标准计算	新建建筑节能设计标准节能量
执行绿色建筑国家标准二星级、三星级的高星级绿色建筑	按照能效提升 10％计入高星级绿色建筑节能量	高星级绿色建筑节能量，节能量相对较小，可忽略
地方执行节能设计标准高于绿色建筑国家标准的高星级绿色建筑	按照能效提升 20％～30％计入地方节能设计标准节能量	新建建筑节能设计标准节能量

2.5.1.5　情景设定

情景设定分基础情景和总量控制情景两种。其中，基础情景是沿用现有标准情景，即严寒和寒冷地区实施 75％节能标准，夏热冬冷地区和夏热冬暖地区实施 50％节能标准，绿色建筑规模稳步推广。总量控制情景下，制定了不同气候区建筑节能设计标准推广和高星级绿色建筑推广情况，总体思路是按照 30％的速度稳步提升建筑节能设计标准，考虑到 2035 年基本实现社会主义现代化和 2050 年把我国建成富强民主文明和谐美丽的社会主义现代化强国，2035 年在有条件的地区执行零能耗建筑标准，2050 年之后全部新建建筑执行零能耗标准（表 2-12）。

1. 总量控制情景下严寒和寒冷地区情景设定

2019 年，《严寒和寒冷地区居住建筑节能设计标准》JGJ 26—2018（75％标准）颁布实施。

（1）2020—2025 年，现有 75％标准保持执行，设定实现 30％的新建建筑进一步提升 2.3kgce/m² （提升 30％）目标。考虑到技术支撑性和增量成本的可承受程度，覆盖的省份主要包括北京、天津、河北、山东 4 省市。

（2）2025—2030 年，75％标准保持执行，设定实现 60％的新建建筑节能量提升 2.3kgce/m²（达到超低能耗要求）目标。考虑到技术支撑性和增量成本的可承受程度，覆盖的省份主要包括北京、天津、河北、山东、江苏、河南、安徽 7 省市。

（3）2030—2035 年，超低能耗标准保持执行，设定实现 20％的建筑面积执行近零能耗标准（相对超低能耗标准提升 12.4kgce/m²）目标。考虑到技术支撑性和增量成本的可承受程度，覆盖的省份主要包括北京、天津、河北 3 省市。

总量控制情景下不同时间节点标准执行和绿色建筑推广情况

表 2-12

专项工作	适用气候区	政策目标					
		2020—2025 年	2025—2030 年	2030—2035 年	2035—2040 年	2040—2045 年	2045—2060 年
节能设计标准	严寒和寒冷地区	75%标准保持执行，其中30%的新建建筑节能量提升 2.3kgce/m²（超低能耗标准）	75%标准保持执行，其中60%的新建建筑节能量提升 2.3kgce/m²（超低能耗标准）	超低能耗标准全面执行，其中20%的新建建筑超低能耗标准相对提升 12.4kgce/m²（近零能耗标准）	超低能耗标准保持执行，其中40%的新建建筑相对超低能耗标准提升 12.4kgce/m²（近零能耗标准）	近零零能耗标准全面实施，其中60%的新建建筑相对近零零能耗标准提升 10.8kgce/m²（零能耗标准）	全面实现零能耗标准，相对近零标准提升 10.8kgce/m²
	夏热冬冷地区	50%标准保持执行，其中40%的新建建筑进一步提升 0.9kgce/m²（提升30%）	65%标准全面执行，其中30%的新建建筑进一步提升 0.63kgce/m²（提升30%）	65%节能标准保持执行，其中60%的新建建筑进一步提升 0.63kgce/m²（提升30%）	75%标准全面执行，其中20%的新建建筑相对75%标准提升 6.13kgce/m²	75%节能标准全面执行，其中50%的新建建筑相对75%标准提升 6.13kgce/m²	全部新建建筑相对75%标准提升 6.13kgce/m²
	夏热冬暖地区	50%标准保持执行，其中40%的新建建筑进一步提升 0.75kgce/m²（提升30%）	65%标准全面执行，其中30%的新建建筑进一步提升 0.52kgce/m²（提升30%）	65%节能标准保持执行，其中60%的新建建筑进一步提升 0.52kgce/m²（提升30%）	75%节能标准全面执行，其中20%的新建建筑相对75%标准提升 6.96kgce/m²	75%节能标准全面执行，其中50%的新建建筑相对75%标准提升 6.96kgce/m²	全部新建建筑相对75%上标准提升 6.96kgce/m²
绿色建筑	全部气候区	100%，其中二星级及以上占比 40%	100%，其中二星级及以上占比 60%	100%，其中三星级以上占比 70%	100%，其中三星级以上占比 70%	100%，其中三星级及以上占比 70%	100%，其中三星级及以上占比 70%

（4）2035—2040 年，超低能耗标准保持执行，设定实现 40％的建筑面积执行近零能耗标准（相对 83％标准提升 12.4kgce/m²）目标。考虑到技术支撑性和增量成本的可承受程度，覆盖的省份主要包括北京、天津、河北、山东、河南 5 省市。

（5）2040—2045 年，近零能耗标准全面执行，设定实现 60％的建筑面积执行零能耗标准（相对近零能耗标准提升 10.8kgce/m²）目标。考虑到技术支撑性和增量成本的可承受程度，覆盖的省份主要包括北京、天津、河北、山东、江苏、河南、安徽 7 省市。

（6）2045—2060 年，新建建筑全面实现零能耗标准。

2. 总量控制情景下夏热冬冷地区和夏热冬暖地区情景设定

（1）2020—2025 年，现有 50％标准保持执行，设定实现 40％的新建建筑相对 65％标准进一步提升 30％目标。考虑到技术支撑性和增量成本的可承受程度，夏热冬冷地区覆盖省份主要包括重庆、河南、江苏、浙江 4 省市，夏热冬暖地区主要覆盖该气候区内广东省 70％的新建建筑。

（2）2025—2030 年，65％标准全面执行，设定实现 30％的新建建筑相对 65％标准进一步提升 30％目标。考虑到技术支撑性和增量成本的可承受程度，夏热冬冷地区覆盖省份主要包括重庆、江苏、浙江 3 省市，夏热冬暖地区主要覆盖该气候区内广东省 50％的新建建筑。

（3）2030—2035 年，65％标准保持执行，设定实现 60％新建建筑相对 65％标准进一步提升 30％目标。考虑到技术支撑性和增量成本的可承受程度，夏热冬冷地区覆盖的省份主要包括重庆、河南、江苏、浙江、安徽、福建、广东、上海 8 省市，夏热冬暖地区覆盖主要包括广东省。

（4）2035—2040 年，75％标准全面执行，设定实现 20％新建建筑执行零能耗标准目标。考虑到技术支撑性和增量成本的可承受程度，夏热冬冷地区主要包括重庆、河南、江苏 3 省市，夏热冬暖地区主要包括该气候区广东省 30％的新建建筑。

（5）2040—2045 年，75％标准保持执行，设定实现 50％新建建筑执行零能耗标准目标。考虑到技术支撑性和增量成本的可承受程度，夏热冬冷地区主要包括重庆、河南、江苏、浙江、安徽、福建、广东 7 省市，夏热冬暖地区主要包括该气候区广东省 85％的新建建筑。

（6）2045—2060 年，新建建筑全面执行零能耗标准。

2.5.2 严寒和寒冷地区既有城镇居住建筑改造

2.5.2.1 改造面积预测

1. 执行不同节能标准居住建筑面积存量测算

（1）非节能居住建筑具备改造价值的存量

根据住房和城乡建设部建筑节能与绿色建筑 2018 年检查数据，截至 2018 年年底，北方采暖地区尚有具备改造价值的非节能既有居住建筑存量约为 7.5 亿 m²（图 2-47）。

（2）现有 50％节能标准建筑存量

非节能建筑实施节能改造后执行 50％节能设计标准，应将其纳入 50％节能标准建筑存量。截至 2018 年年底，全国共实施既有居住建筑供热计量及节能改造 13.29 亿 m²。

另外，我国北方地区执行了《民用建筑节能设计标准（采暖居住建筑部分）》JGJ 26—95，初期执行水平较低，同时设计标准实施转化为竣工面积约需要 3 年时间，因此 1998—2013 年竣工面积主要应为 50% 标准的居住建筑，并考虑当时施工阶段执行节能标准的比例，严寒地区约有存量 18.82 亿 m²，寒冷地区约有存量 16.07 亿 m²。

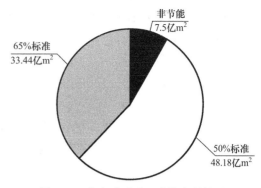

图 2-47 北方采暖地区建筑存量情况

（3）65% 节能标准建筑存量

我国北方地区执行了《严寒和寒冷地区居住建筑节能设计标准》JGJ 26—2010，按照设计标准实施转化为竣工面积约需要 3 年时间，因此 2014—2022 年竣工面积主要应为 65% 标准的居住建筑，则严寒地区约有存量 13.58 亿 m²，寒冷地区约有存量 19.86 亿 m²。

2. 实施能力

"十二五"期间严寒和寒冷地区年均改造面积约为 2 亿 m²。"十三五"时期，由于受国家财政补贴退坡影响，年均改造面积 3400 万 m²（表 2-13）。预计如无明显政策改变，北方采暖地区既有居住建筑节能改造面积年均不会高于 3400 万 m²。根据现有政策，2020 年改造 3.9 万个老旧小区，涉及 700 万户居民，预计改造建筑面积超过 7 亿 m²。其中严寒和寒冷地区预计改造约 2.8 亿 m²。

"十三五"时期年均改造面积　　　　　　　　　　　　表 2-13

年度	面积（万 m²）
2016 年实施	8904
2017 年实施	3658
2018 年实施	3173
2019 年计划	3417
2020 年估算	3400
合计（2016—2018 年实施）	15735
均值（2018—2020 年）	3400

2.5.2.2　单位面积节能量测算

按照既有居住建筑节能改造的内容，结合相关研究报告实施围护结构、供热系统等改造可提升能效水平 30%，并依据相关节能标准测算节能潜力如下：

1. 外墙、屋面、门窗等围护结构等综合改造节能能力

非节能既有居住建筑按照《严寒和寒冷地区居住建筑节能设计标准》JGJ 26—2018 节能标准实施可节约 18.4kgce/m²。

2. 门窗性能提升节能能力

按照《民用建筑节能设计标准（采暖居住建筑部分）》JGJ 26—95 建设或改造的建筑门窗性能提升至《严寒和寒冷地区居住建筑节能设计标准》JGJ 26—2018 中门窗性能要求，节能水平约为 1.40kgce/m²。按照《严寒和寒冷地区居住建筑节能设计标准》JGJ

26—2010 建设或改造的建筑门窗性能提升至超低能耗标准中门窗性能要求，节能水平约为 1.88kgce/m²。

2.5.2.3 情景设定

1. 中等情景

（1）2021—2025 年

"十四五"期间实施 1.5 亿 m² 北方采暖地区既有居住建筑节能改造，改造后能耗水平达到《严寒和寒冷地区居住建筑节能设计标准》JGJ 26—2018 的能效水平。

（2）2026—2030 年

1）继续实施 1.5 亿 m² 北方采暖地区既有居住建筑节能改造，改造后能耗水平达到《严寒和寒冷地区居住建筑节能设计标准》JGJ 26—2018 的能效水平。

2）针对实施《民用建筑节能设计标准（采暖居住建筑部分）》JGJ 26—95 节能标准的建筑，对其门窗实施改造，改造标准不低于《严寒和寒冷地区居住建筑节能设计标准》JGJ 26—2018 水平，实施比例约为存量的 50％。

（3）2031—2035 年

1）继续实施 1.5 亿 m² 北方采暖地区既有居住建筑节能改造，改造后能耗水平达到《严寒和寒冷地区居住建筑节能设计标准》JGJ 26—2018 的能效水平。

2）针对实施《民用建筑节能设计标准（采暖居住建筑部分）》JGJ 26—95 节能标准的建筑，对其门窗实施改造，改造标准不低于《严寒和寒冷地区居住建筑节能设计标准》JGJ 26—2018 的水平，实施比例约为存量的 50％。

（4）2036—2040 年

1）继续实施 1.5 亿 m² 北方采暖地区既有居住建筑节能改造，改造后能耗水平达到《严寒和寒冷地区居住建筑节能设计标准》JGJ 26—2018 的能效水平。

2）针对实施《民用建筑节能设计标准（采暖居住建筑部分）》JGJ 26—95 节能标准的建筑，对其门窗实施改造，改造标准不低于《严寒和寒冷地区居住建筑节能设计标准》JGJ 26—2018 的水平，实施比例约为存量的 33％。

（5）2041—2045 年

1）继续实施 1.5 亿 m² 北方采暖地区既有居住建筑节能改造，改造后能耗水平达到《严寒和寒冷地区居住建筑节能设计标准》JGJ 26—2018 的能效水平。

2）针对实施《民用建筑节能设计标准（采暖居住建筑部分）》JGJ 26—95 节能标准的建筑，对其门窗实施改造，改造标准不低于《严寒和寒冷地区居住建筑节能设计标准》JGJ 26—2018 的水平，实施比例约为存量的 33％。

（6）2046—2050 年

针对实施《严寒和寒冷地区居住建筑节能设计标准》JGJ 26—2010 节能标准的建筑，对其门窗实施改造，改造标准不低于超低能耗标准水平，实施比例约为存量的 33％。

（7）2051—2060 年

不实施改造，主要侧重环境优化。

中等情景下严寒寒冷地区既有居住建筑节能改造实施面积测算见表 2-14。

中等情景下严寒寒冷地区既有居住建筑节能改造实施面积测算　　　　表 2-14

改造时间及内容	实施面积（亿 m²）
2020—2025 年（非节能—75％节能）	1.5
2026—2030 年（非节能—75％节能）	1.5
2031—2035 年（非节能—75％节能）	1.5
2036—2040 年（非节能—75％节能）	1.5
2041—2045 年（非节能—75％节能）	1.5
2026—2030 年（门窗，50％标准—75％标准）	19
2031—2035 年（门窗，50％标准—75％标准）	19
2036—2050 年（门窗，65％标准—超低能耗）	11
2036—2050 年（门窗，65％标准—超低能耗）	11
2036—2050 年（门窗，65％标准—超低能耗）	11

2. 高情景

（1）全部完成剩余 7.5 亿 m² 既有居住建筑节能改造，改造后能耗水平达到《严寒和寒冷地区居住建筑节能设计标准》JGJ 26—2010 的能效水平；"十四五"期末，基本完成既有非节能居住建筑节能改造工作，既有居住建筑节能水平基本满足《严寒和寒冷地区居住建筑节能设计标准》JGJ 26—2018 的节能标准水平。

（2）2026—2030 年。针对实施《民用建筑节能设计标准（采暖居住建筑部分）》JGJ 26—95 节能标准的建筑，对其门窗实施改造，改造标准不低于《严寒和寒冷地区居住建筑节能设计标准》JGJ 26—2018 的水平，实施比例约为存量的 40％；针对北方采暖地区外墙保温主要为外墙外保温形式，并考虑技术经济性、施工条件和建筑使用等因素，按照《民用建筑节能设计标准（采暖居住建筑部分）》JGJ 26—95 标准建设和改造的既有居住建筑实施外墙和屋面改造，改造比例不低于 15％。

（3）2031—2035 年，既有居住建筑节能门窗节能水平满足《严寒和寒冷地区居住建筑节能设计标准》JGJ 26—2010 的节能标准水平。

（4）2036—2040 年，针对实施《严寒和寒冷地区居住建筑节能设计标准》JGJ 26—2010 节能标准的建筑，对其门窗实施改造，改造标准不低于超低能耗标准水平，实施比例约为存量的 27％；针对北方采暖地区外墙保温主要为外墙外保温形式，并考虑技术经济性、施工条件和建筑使用等因素，按照《民用建筑节能设计标准（采暖居住建筑部分）》JGJ 26—95 标准建设和改造的既有居住建筑实施外墙和屋面改造，改造标准为超低能耗建筑，改造比例不低于 15％。

（5）2041—2045 年、2046—2050 年情景同 2036—2040 年。2050 年之后不实施改造，主要侧重环境优化。

高情景下严寒和寒冷地区既有居住建筑节能改造内容与实施面积见表 2-15。

高情景下严寒寒冷地区既有居住建筑节能改造内容与实施面积　　　　表 2-15

时间	内容	对象	改造标准	面积（万 m²）	节能能力（万 tce）	政策措施
2020—2025 年	外墙、屋面、门窗	有改造价值且未实施节能改造的建筑	能耗水平达到 JGJ 26—2010 的能效水平	75000	1180	结合老旧小区综合改造同步实施节能改造

续表

时间	内容	对象	改造标准	面积 （万 m²）	节能能力 （万 tce）	政策措施
2026— 2030 年	外窗	执行 JGJ 126—1995 标准的建筑	能耗水平达到 JGJ 26—2010 的能效水平	190000	425	提高节能标准，禁止低能效产品生产和应用，更新比例为 50%
	外墙、屋面	执行 JGJ 126—1995 标准的建筑		72500	300	结合建筑维修围护，更新部分执行 JGJ 26—95 的外墙和屋面外保温，更新比例为 15%
2031— 2035 年	外窗	执行 JGJ 126—1995 标准的建筑	能耗水平达到 JGJ 26—2018 的能效水平	190000	425	提高节能标准，禁止低能效产品生产和应用，更新比例为 50%
	外墙、屋面	执行 JGJ 126—1995 标准的建筑		72500	300	结合建筑维修围护，更新部分执行 JGJ 26—95 的外墙和屋面外保温，更新比例为 15%
2036— 2040 年	外窗	JGJ 126—2010 标准的建筑	能耗水平达到超低能耗的能效水平	110000	410	提高节能标准，禁止低能效产品生产和应用，更新比例为 33%
	外墙、屋面	执行 JGJ 126—1995 标准的建筑	能耗水平达到超低能耗的能效水平	65000	470	结合建筑维修围护，更新部分执行 JGJ 26—95 的外墙和屋面外保温，更新比例为 15%
2041— 2045 年	外窗	JGJ 126—2010 标准的建筑	能耗水平达到超低能耗的能效水平	110000	410	提高节能标准，禁止低能效产品生产和应用，更新比例为 33%
	外墙、屋面	执行 JGJ 26—95 的建筑	能耗水平达到超低能耗的能效水平	65000	470	结合建筑维修围护，更新部分执行 JGJ 26—95 的外墙和屋面外保温，更新比例为 15%
2046— 2050 年	外窗	JGJ 26—2010 的建筑	能耗水平达到超低能耗的能效水平	110000	410	提高节能标准，禁止低能效产品生产和应用，更新比例为 33%
	外墙、屋面	执行 JGJ 26—95 的建筑	能耗水平达到超低能耗的能效水平	65000	470	结合建筑维修围护，更新部分执行 JGJ 26—95 的外墙和屋面外保温，更新比例为 15%

综合考虑技术可实施性以及经济适用性，采用本部分中等情景作为严寒和寒冷地区既有城镇居住建筑改造的总量控制模式，开展对应的计算和分析。

2.5.3 夏热冬冷地区既有居住建筑节能改造

夏热冬冷地区既有居住建筑节能改造节能量测算思路与严寒和寒冷地区相同，与专项工作实施力度相关，这里不再赘述。

2.5.3.1 改造面积测算

1. 执行不同节能标准存量面积测算

（1）非节能建筑中具备改造价值的存量

依据掌握的夏热冬冷地区老旧小区调研数据，并综合建筑节能有关检查数据。截至2018年年底，具备改造价值的既有居住建筑面积约为28亿 m^2。

（2）节能50％的既有居住建筑面积

参考《中国城市统计年鉴》、建筑节能与绿色建筑检查数据和相关参考文献，夏热冬冷地区50％节能标准的建筑面积约为68.24亿 m^2。

2. 每年实施能力

"十二五"期间，夏热冬冷地区既有居住建筑节能改造推进缓慢，年均完成改造任务约300万 m^2。按照国家关于2020年改造3.9万个老旧小区，涉及700万户居民的要求，预计改造建筑面积超过7亿 m^2，按照气候区分解，夏热冬冷地区预计改造约3.5亿 m^2/a。❶

2.5.3.2 单位面积节能量测算

根据改造后项目的效果分析，夏热冬冷地区既有居住建筑节能改造与北方改造相比，节能量较小。但室内舒适性提升较为明显，空调供暖温升较快，室内冷量、热量流失减慢。遮阳等被动式措施有效降低了夏季室内温度。更换门窗后，噪声显著降低。因此，夏热冬冷地区既有居住建筑节能改造效果主要体现在舒适性的提高和民生改善。

按照夏热冬冷地区既有居住建筑节能改造的技术路线，结合相关研究，并依据夏热冬冷地区既有居住建筑改造技术导则节能量评估有关方法，相关节能标准测算节能潜力如下：

从节能潜力看，实施节能50％标准改造（墙体、屋面、外窗、遮阳等）能够使夏热冬冷地区居住建筑供暖空调能耗下降6.2kWh/($m^2 \cdot a$)，折算2kgce/($m^2 \cdot a$)。由50％标准的门窗更换为65％标准的门窗，节能率为6％~9％，约节约能耗2.3kWh/($m^2 \cdot a$)，折合0.75kgce/($m^2 \cdot a$)。

2.5.3.3 情景设定

1. 中等情景

结合老旧小区改造同步推进节能改造，以墙体、屋面、外窗、遮阳等部位的节能改造为主，改造标准为65％标准。每五年实施节能改造面积1.5亿 m^2。2050年之后不实施节能方面的改造，更多侧重环境优化。中等情景下夏热冬冷地区既有居住建筑改造实施面积测算见表2-16。

中等情景下夏热冬冷地区既有居住建筑改造实施面积测算　　表2-16

改造时间及内容	实施面积（亿 m^2）
2021—2025年（非节能—65％节能）	1.5
2026—2030年（非节能—65％节能）	1.5
2031—2035年（非节能—65％节能）	1.5

---

❶ 2020年7月10日，《国务院办公厅关于全面推进城镇老旧小区改造工作的指导意见》。

改造时间及内容	实施面积（亿 m²）
2036—2040 年（非节能—65％节能）	1.5
2041—2045 年（非节能—65％节能）	1.5
2046—2050 年（非节能—65％节能）	1.5

2. 高情景

（1）2020—2025 年

结合老旧小区改造同步推进节能改造，以墙体、屋面、外窗、遮阳等部位的节能改造为主，改造面积 7.5 亿 m²，改造标准为 50％标准。

（2）2026—2030 年

结合老旧小区改造同步推进节能改造，以墙体、屋面、外窗、遮阳等部位的节能改造为主，改造面积 7.5 亿 m²，改造标准为 50％标准；原执行 JGJ 134—2001、JGJ 134—2010 的既有居住建筑实施门窗节能改造，改造标准不低于 65％，改造面积 12.5 亿 m²；

（3）2031—2035 年

情景设定同 2026—2030 年。

（4）2036—2040 年

结合老旧小区改造同步推进节能改造，改造内容以墙体、屋面、外窗、遮阳等部位的节能改造为主，改造面积 5.5 亿 m²，改造标准为 50％标准；原执行 JGJ 134—2001、JGJ 134—2010 的既有居住建筑实施门窗节能改造，改造标准不低于 65％，改造面积 12.5 亿 m²；到 2040 年基本完成既有非节能居住建筑节能改造工作。

（5）2041—2045 年

原执行 JGJ 134—2001、JGJ 134—2010 的既有居住建筑实施门窗节能改造，改造标准不低于 65％，改造面积 12.5 亿 m²。

（6）2046—2050 年

原执行 JGJ 134—2001、JGJ 134—2010 的既有居住建筑实施门窗节能改造，改造标准不低于 65％，改造面积 12.5 亿 m²。

2050 年，夏热冬冷地区全部为节能 50％标准以上的节能建筑，门窗等透明围护结构节能性能不低于 65％。2050 年之后不实施任何节能改造，主要侧重环境优化。高情景下夏热冬冷地区既有居住建筑改造实施面积测算见表 2-17。

高情景下夏热冬冷地区既有居住建筑改造实施面积测算 表 2-17

改造时间及内容	实施面积（亿 m²）
2020—2025 年（非节能门窗—50％节能标准门窗）	7.5
2026—2030 年（非节能门窗—50％节能标准门窗）	7.5
2031—2035 年（非节能门窗—50％节能标准门窗）	7.5
2036—2040 年（非节能门窗—50％节能标准门窗）	5.5
2026—2030 年（非节能门窗—65％节能标准门窗）	12.5
2031—2035 年（50％节能标准门窗—65％节能标准门窗）	12.5
2036—2050 年（50％节能标准门窗—65％节能标准门窗）	12.5

续表

改造时间及内容	实施面积（亿 m²）
2036—2050 年（50％节能标准门窗—65％节能标准门窗）	12.5
2036—2050 年（50％节能标准门窗—65％节能标准门窗）	12.5

综合考虑夏热冬冷地区实施能力，本研究选用中等情景进行测算。

2.5.4　新建公共建筑

2.5.4.1　竣工面积测算

新竣工公共建筑面积是未来公共建筑存量面积年增加量与年度公共建筑拆除面积的总和。根据住房和城乡建设部统计数据，每年拆除面积约为存量面积的1％，所以公共建筑拆除面积按照存量面积的1％计算预测。基于此预测不同时间节点的公共建筑新建面积。

2020—2025 年随着第三产业快速发展，第三产业人口增加明显且至 2030 年达峰，对公共建筑需求量大，相应的竣工面积也较大。之后随着第三产业就业人口趋于平稳，对公共建筑的需求逐渐减少，且公共建筑存量稳定在 200 亿 m² 左右，2035 年之后公共建筑竣工面积基本表现为存量建筑的更新（图 2-48）。

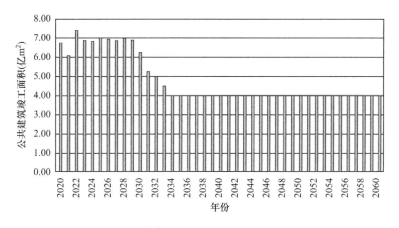

图 2-48　公共建筑竣工面积预测（至 2060 年）

2.5.4.2　单位面积节能量测算

1. 现有标准情况

公共建筑节能设计标准如表 2-18 所示。建筑节能设计标准是新建建筑必须执行的标准，通过建筑节能设计标准的修编不断提升建筑本体节能水平，提升建筑能效。通过对公共建筑节能设计标准梳理，可以看出，节能从 50％过渡到现在使用的 62％节能设计标准，能效稳步提升。

公共建筑标准提升历程 表 2-18

阶段	名称	节能标准	施行日期	废止日期
第一阶段	《公共建筑节能设计标准》GB 50189—2005	50％	2005 年 7 月 1 日	2015 年 10 月 1 日
第二阶段	《公共建筑节能设计标准》GB 50189—2015	62％	2015 年 10 月 1 日	—

2. 不同气候区提升的节能量

(1) 节能标准提升对应的单位面积节能量

《公共建筑节能设计标准》对于建筑能效数据口径有明确规定，公共建筑能耗包括供暖、通风空调及照明能耗，因此在计算标准提升对应节能量时仅考虑供暖空调及照明能耗。在公共建筑的全年能耗中，供暖空调系统的能耗占40％～50％，照明能耗占30％～40％。公共建筑的节能量测算中，由于"部分空间、部分时间"生活方式与标准设定的差别，100％基准值远高于实际能耗的调查结果❶，因此在本项目研究中，应用公共建筑实际运行能耗❷。同时参考能耗统计数据及文献资料，设定严寒地区供暖空调通风和照明能耗占比约为85％，寒冷地区供暖空调通风和照明能耗占比约为75％，夏热冬冷地区供暖空调通风和照明占比约为70％，夏热冬暖地区供暖空调通风和照明能耗占比约为70％。不同气候区公共建筑标准提升相对上一步节能标准的节能量见表2-19。

公共建筑标准能效提升节能量表　　　　　　　　　　表2-19

标准	不同标准不同气候区建筑运行用能（建筑全部用能）（kgce/m²）				相对现有标准节能量（供暖及空调照明）（kgce/m²）				相对非节能建筑节能量（供暖及空调照明）（kgce/m²）			
	严寒地区	寒冷地区	夏热冬冷地区	夏热冬暖地区	严寒地区	寒冷地区	夏热冬冷地区	夏热冬暖地区	严寒地区	寒冷地区	夏热冬冷地区	夏热冬暖地区
73％标准	22.76	21.58	12.83	15.19	7.35	5.71	3.06	3.63	46.48	36.13	19.37	22.94
81％标准	17.62	17.58	10.68	12.65	12.49	9.71	5.21	6.17	51.62	40.13	21.51	25.08
净零能耗	0	0	0	0	30.11	27.29	15.89	18.82	69.24	57.71	32.20	38.13

(2) 绿色建筑对应的单位面积节能量

与居住建筑类似，本部分测算出的节能量较小，暂不考虑。

2.5.4.3 情景设定

基础情景是沿用现有标准情景，即公共建筑继续执行62％标准，绿色建筑规模稳步推广。总量控制情景的总体思路是按照30％的速度稳步提升建筑节能设计标准，考虑到2035年基本实现社会主义现代化和2050年把我国建成富强民主文明和谐美丽的社会主义现代化强国，2035年后在有条件地区执行零能耗建筑标准，2050年之后全部新建建筑执行零能耗标准（表2-20）。

总量控制情景下新建公共建筑目标指标预测　　　　　　表2-20

指标	政策指标	政策目标					
		2021—2025年	2026—2030年	2031—2035年	2036—2040年	2041—2045年	2046—2060年
新建居住建筑节能设计	新建建筑能效目标	62％标准保持执行；其中50％的新建建筑进一步提升4.75kgce/m²（提升30％）	73％标准全面执行；其中30％的新建建筑进一步提升3.33kgce/m²（提升30％）；	73％标准全面执行；其中60％的新建建筑进一步提升3.33kgce/m²（提升30％）；	81％标准全面执行；其中20％的新建建筑执行近零能耗标准（提升14.38kgce/m²）；	81％标准全面执行；其中60％的面积执行近零能耗标准（提升14.38kgce/m²）；	全面执行零能耗

---

❶　杨秀、张声远、齐晔、江亿．建筑节能设计标准与节能量估算［J］．城市发展研究．2011（10）：7-13。

❷　数据来源：通过民用建筑能耗统计制度获取原始数据，测算整理得到不同气候区执行50％标准公共建筑用能，在此基础上测算不同气候区新建公共建筑能效提升单位面积节能量。

指标	政策指标	政策目标					
		2021—2025 年	2026—2030 年	2031—2035 年	2036—2040 年	2041—2045 年	2046—2060 年
新建建筑中绿色建筑指标	新建建筑中绿色建筑面积比重及高星级占比	80%，二星级及以上占比 40%	100%，二星级及以上占比 60%	100%，二星级及以上占比 70%	100%，二星级及以上占比 70%	100%，二星级及以上占比 70%	100%，二星级及以上占比 70%

（1）2021—2025 年，现有 62%标准保持执行，根据地方标准严于国家标准的规律，设定实现 50%的新建建筑执行新的 73%标准，考虑到技术支撑性和增量成本的可承受程度，盖的省份主要包括北京、天津、重庆、河北、河南、山东、江苏、湖南、浙江、福建 10 个省市。

（2）2026—2030 年，新的 73%标准开始实施，竣工面积中覆盖 30%执行新的 81%标准，考虑到技术支撑性和增量成本的可承受程度，覆盖的省份主要包括北京、天津、河北、江苏、山东、河南 6 个省市。

（3）2031—2035 年，73%标准保持执行，设定实现 60%的新建建筑执行更高级别的 81%标准，考虑到技术支撑性和增量成本的可承受程度，覆盖的省份主要包括北京、天津、重庆、河北、河南、山东、江苏、湖南、浙江、福建、广东 11 个省市。

（4）2036—2040 年，81%标准全面执行，设定实现 20%的新建建筑执行净零能耗标准，考虑到技术支撑性和增量成本的可承受程度，覆盖的省份主要包括北京、天津、河北、山东、河南 5 个省市。

（5）2041—2045 年，81%标准全面执行，设定实现 60%的新建建筑执行零能耗标准，考虑到技术支撑性和增量成本的可承受程度，覆盖的省份主要包括北京、天津、重庆、河北、河南、山东、江苏、湖南、浙江、福建、广东 11 个省市。

（6）2046—2060 年，新建公共建筑全面实现零能耗标准。

2.5.5 既有公共建筑运行能效提升

既有公共建筑运行能效提升节能量计算思路：既有公共建筑运行能效提升包括既有公共建筑改造和既有公共建筑调适，改造通过建筑围护结构、照明、空调供暖设备提高能效；调适是通过定期建筑用能数据公示以及各地区能耗限额（定额）提升建筑业主节能意识，提升管理运行水平。

2.5.5.1 公共建筑改造面积预测

1. 不同年代建筑存量

经《建筑业统计年鉴》推算得到不同年份公共建筑竣工面积❶（图 2-49）。同时考虑设计标准实施转化为竣工面积约需要 3 年时间，因此 2008 年以前竣工的公共建筑为非节能建筑，对应面积约为 62 亿 m^2（其中 2000 年前竣工面积约为 40 亿 m^2）；2009—2018 年竣工的公共建筑执行 50%节能标准，竣工面积约为 65 亿 m^2。

---

❶ 数据来源：《建筑业统计年鉴》。

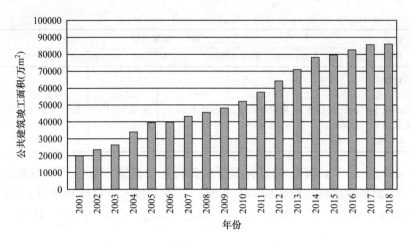

图 2-49 公共建筑竣工面积（2001—2018 年）

公共建筑拆除重建周期一般为 20～30a，因此认为 2000 年以前竣工的建筑不具有改造价值，2000—2008 年约一半建筑具有改造价值（约 12 亿 m^2，目前已改造 2 亿 m^2），2005—2018 年竣工的公共建筑（约 65 亿 m^2）在 2050 年之前全面实施节能改造。

2. 近年来改造实施能力

根据建筑节能检查数据，公共建筑能效提升试点城市和重点城市在"十三五"期末完成改造面积约 2 亿 m^2，每年完成约 3300 万 m^2。

3. 公共建筑改造面积预测

2018 年之前竣工的建筑应改尽改，即改造面积共计 75 亿 m^2，其中 2008 年之前的 10 亿 m^2，2009—2018 年 65 亿 m^2。

2.5.5.2 单位面积节能量

1. 节能改造单位面积节能量

根据全国不同气候区公共建筑节能改造实施情况来看，现有公共建筑节能改造都能实现 15％以上的节能率（图 2-50），因此使用 15％节能率计算单位节能量。根据民用建筑能源资源消耗统计数据，得到全国平均单位面积能耗约为 26kgce/m^2，单位面积节能量约为 3.9kgce/m^2。

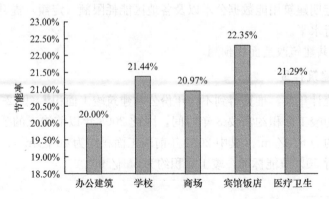

图 2-50 不同类型公共建筑改造节能率

2. 公共建筑调适单位面积节能量

能耗信息公示会不断刺激建筑业主和物业管理企业提升节能意识，进而自发开展行为节能，提升建筑能效，特别是在我国公共建筑在 2035 年进入存量时代时，节能意识提升带来的节能量不容忽视。美国在三十几个城市开展能效对标和公示的工作，通过数据引导运行节能，取得了很不错的成绩。相关资料表明，通过能效对标和公示政策，美国城市建筑能耗有不同程度的降低，华盛顿哥伦比亚特区 2010—2013 年用能降低 9％，旧金山 2010—2014 年能耗降低 7.9％，纽约 2010—2013 年降低 5％，芝加哥 2013—2015 年降低 4％。总体来看平均年节能量达到 2％～3％。基于以上分析，数据发布以及节能意识提升可以让总能耗年均减低 2.5％。根据民用建筑能源资源消耗统计数据，得到全国平均单位面积能耗约为 $26kgce/m^2$，计算得到公共建筑调适节能量为 $0.65kgce/m^2$。

2.5.5.3　情景设定

总量控制情景下公共建筑改造面积预测见表 2-21。

总量控制情景下公共建筑改造面积预测　　　　　　　　　　　　　　　　表 2-21

专项工作	2021—2025 年	2026—2030 年	2031—2035 年	2036—2040 年	2041—2045 年	2046—2050 年	2051—2060 年
公共建筑改造	2 亿 m^2（政策驱动）	8 亿 m^2，其中政策驱动 3 亿 m^2，市场驱动 5 亿 m^2	10 亿 m^2，市场驱动	15 亿 m^2，市场驱动	20 亿 m^2，市场驱动	20 亿 m^2，市场驱动	—
公共建筑调试	在7％的建筑（约10 亿 m^2）范围开展调试	在30％的建筑（约 50 亿 m^2）范围开展调试	在 70％的建筑（约130 亿 m^2）范围开展调试	在 100％的建筑（约200 亿 m^2）范围开展调试	在 100％的建筑（约200 亿 m^2）范围开展调试	在 100％的建筑（约200 亿 m^2）范围开展调试	在 100％的建筑（约200 亿 m^2）范围开展调试

1. 节能改造情景设定

在"放管服"和公共建筑能效提升财政资金退坡的背景下，开展市场化既有公共建筑改造是提升建筑能效的必由之路。美国通过城市级别的 GIS 能耗地图，公示对标建筑的单位能耗、分类型分品种单位能耗、改造成本、年度用能可节约成本等信息，充分调动建筑业主对自身能耗水平关注，提升节能意识，同时配套税费贷款等金融政策刺激业主改造意愿。英国通过能效证书和 GIS 能耗地图形式对用能信息进行公示，在新版能效证书中提出现有围护结构、门窗等技术的节能水平，每项技术提升的成本和可能带来的账单效益，充分调动改造意愿。

通过数据不断激发节能意识，提升建筑业主的改造意愿，国家通过定向给予税费减免、低息或者免息贷款等金融政策，技术方面配套不同气候区改造成本效益分析，第三方机构针对建筑业主出具改造成本效益分析报告，共同培育改造市场。

（1）2021—2025 年，侧重政策储备，在全国范围内引导地方开展信息公示制度和能效定额制度，节能改造任务为 2 亿 m^2，以新一批试点城市为主导开展。

（2）2026—2030 年，在制度比较成熟的地区，通过要求高能耗建筑强制改造，配套税费和金融政策引导较高能耗建筑自发开展节能改造，预计改造面积共计 8 亿 m^2。

（3）2031—2035 年，随着政策的不断成熟和试点地区经验总结，全面实施市场化的节能改造工作，预计改造面积 10 亿 m²。

（4）2036—2040 年改造模式更加成熟，市场化改造推广至 15 亿 m²；

（5）2041—2045 年，市场化改造推广至 20 亿 m²；

（6）2046—2050 年，市场化改造推广至 20 亿 m²；至此 2018 年之前竣工的建筑均完成改造。

（7）2050 年实现应改尽改。

2. 公共建筑调适情景设定

我国人口至 2030 年左右达峰，建筑面积逐步从增量时代进入存量时代，既有建筑改造重要性逐步凸显，因此需要从政策上做好部署，从用能行为上做好引导，避免快速城镇化带来难以承受的能源增长。

（1）2021—2025 年，侧重政策储备，并在经济发达地区开展试点示范，例如首先在北京、上海、深圳、重庆、天津等地区开展对标和公示政策、能耗限额/定额政策试点，覆盖面积约 10 亿 m²，产生 2.5% 的运行节能率。

（2）2025—2030 年，全国约 30% 的建筑覆盖推广，面积约 50 亿 m²。

（3）2031—2035 年，全国约 70% 的建筑覆盖推广，面积约 130 亿 m²。

（4）2036 年之后，对标和公示政策全面推广，覆盖面积约 200 亿 m²；同时随着调试技术和节能意识进一步提升，产生 2.5% 的运行节能率。

2.5.6 农村住宅

目前农村地区还未执行强制性新建建筑节能设计标准，同时农村地区建筑节能改造成熟度不是很高，建筑节能工作基础较薄弱，所以对于农村地区节能量采用更加宏观的计算方法，主要考虑未来乡村振兴和生活水平提高、舒适度提升、建筑模式变化等，总量控制情景较基础情景而言建筑的供暖和空调单位能耗水平略有下降，基础情景与总量控制情景的差值即为农村节能量。

2.5.6.1 农村住宅面积预测

与城镇居住建筑类似，农村住宅面积与城镇化率和我国人口总量直接相关，这些因素在城镇居住建筑面积预测部分已有详细分析，此处不再赘述。基于影响因子，预测我国农村住宅存量如图 2-51 所示，农村住宅建筑面积随着农村人口减少呈现逐年递减趋势，预计 2060 年存量约为 190 亿 m²。

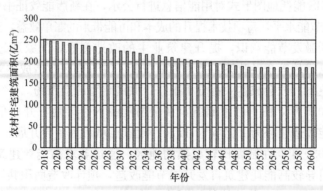

图 2-51　农村住宅建筑面积预测

为较为准确地识别农村住宅节能发展路线，考虑城镇化发展水平，分气候区预测2025年、2035 年和 2050 年的农村住宅面积（图 2-52）。

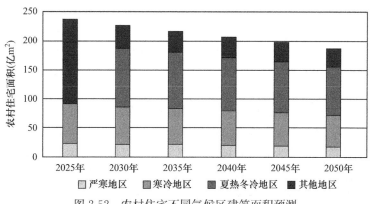

图 2-52　农村住宅不同气候区建筑面积预测

2.5.6.2　科学合理确定农村地区发展梯度

1. 优先发展区域

（1）京津冀地区

京津冀地区是我国的"首都经济圈"，包括北京市、天津市和河北省的保定、唐山、廊坊、石家庄、邯郸、秦皇岛、张家口、承德、沧州、邢台、衡水等 11 个地级市以及定州和辛集 2 个省直管市。2015 年 4 月 30 日审议通过的《京津冀协同发展规划纲要》指出，推动京津冀协同发展是一个重大国家战略，核心是有序疏解北京非首都功能，要在京津冀交通一体化、生态环境保护、产业升级转移等重点领域率先取得突破。京津冀地区总体经济发展水平较高，农房约占全国农房比例5.7%。京津冀地区农村建筑面积预测见表2-22。

京津冀地区农村建筑面积预测（单位：亿 m²）　　　表 2-22

年份	北京	天津	河北
2025	1.43	0.71	11.36
2030	1.37	0.68	10.88
2035	1.31	0.65	10.4
2040	1.25	0.62	9.92
2045	1.19	0.59	9.44
2050	1.13	0.56	8.96

（2）长江三角洲城市群

以上海为中心，位于长江入海之前的冲积平原，根据 2019 年长江三角洲区域一体化发展规划纲要，规划范围正式定为苏浙皖沪三省一市全部区域。长三角地区经济发达，农房比例约占 16.3%。长江三角洲城市群农村建筑面积预测如表 2-23 所示。

长江三角洲城市群农村建筑面积预测（单位：亿 m²）　　　表 2-23

年份	上海	江苏	浙江	安徽
2025	13	139.39	102.07	132.59
2030	12.45	133.5	97.76	126.99

续表

年份	上海	江苏	浙江	安徽
2035	11.91	127.62	93.46	121.4
2040	11.36	121.74	89.15	115.8
2045	10.81	115.86	84.84	110.21
2050	10.26	109.98	80.54	104.61

（3）粤港澳大湾区

粤港澳大湾区由香港、澳门两个特别行政区和广东省的广州、深圳、珠海、佛山、惠州、东莞、中山、江门、肇庆组成，总面积5.6万km²，2018年末总人口已达7000万人，是我国开放程度最高、经济活力最强的区域之一，在国家发展大局中具有重要战略地位。其中，农房主要存在广东省所辖范畴。因此，计算时考虑广东农房总量，其占全国农房比例约为4.72%。广东省农村建筑面积预测如表2-24所示。

广东省农村建筑面积预测（单位：亿m²） 表2-24

年份	广东
2025	13
2030	12.45
2035	11.91
2040	11.36
2045	10.81
2050	10.26

上述地区整体经济发达，城镇化水平提升幅度较大，能够支撑更高水平农房的发展需求，上述发达地区约占我国农村建筑面积比例26.75%。

2. 自然更新水平

农房使用寿命短，普遍不到30年就需翻建一次，有些甚至不足10年。目前我国有2亿农户、2亿~2.6亿套农房，按照农房平均寿命测算，每年将新增400万~500万套的危房。按照每套建筑面积100m²计算，年度产生需要危房改造的面积为4亿~5亿m²。2008年以来，住房和城乡建设系统共推进2872万套农村危房改造，年推进约240万套，折合建筑面积约2.4亿m²。但危房改造普遍重视结构安全，对节能等有关属性没有要求。

2.5.6.3 情景设定及单位能耗

党的十九大对统筹解决城乡二元结构、推动城乡协调发展作出重大部署，并明确提出到2035年基本实现美丽中国目标。美丽乡村建设是建设美丽中国的重要组成部分，其中一个重点是宜居农房建设，这也可以作为推进美丽乡村建设的具体切入点。推进美丽乡村建设，关键在于推动转变传统的农房建造方式，提高农房质量和舒适度，关键在于转变农民生活方式，改善农村人居环境。

1. 基础情景设定

基础情景为自然发展情景，即随着农村生活水平的提高以及美丽乡村建设，农村建筑节能工作按现有模式发展，且不主动加以限制。

为此设定如下边界条件：

（1）舒适性：舒适性显著提升，能耗水平大幅提升。

（2）建设方式：农房建设模式不发生大变化，农房节能继续遵循积极引导自发建设的模式，不做新建农房强制性要求，不做强制节能改造；农房仍以 1～2 层为主，不强制引导合村并居、新农村建设等按照节能标准建设。

（3）能耗强度及节能水平：基于我国建筑能耗和节能信息统计数据推导，受舒适度提高非节能农房适当提高舒适性，依据调研情况、农村现有能耗水平以及不同地区差异，农村经济水平、空调供暖设备使用情况等因素，推导农村地区狭义建筑能耗强度（农村地区供暖空调能耗占总能源消耗的 61%～65%）。

基准情景单位建筑面积供暖空调能耗强度预测如表 2-25 所示。

基准情景单位建筑面积供暖空调能耗强度预测 [单位：kgce/(m² · a)]　表 2-25

年份	严寒地区	寒冷地区	夏热冬冷地区	其他地区
2020	5.98	6.67	3.67	4.44
2025	6.79	7.11	4.04	4.81
2030	7.80	7.58	4.52	5.29
2035	8.80	8.05	4.98	5.75
2040	9.82	8.50	5.46	6.22
2045	10.83	8.96	5.93	6.70
2050	11.89	9.42	6.4	7.17
2060	11.89	9.42	6.4	7.17

2. 总量控制情景设定

结合乡村振兴战略，到 2025 年，农村人居环境显著改善，生态宜居的美丽乡村建设扎实推进；城乡融合发展体制机制初步建立，农村基本公共服务水平进一步提升。

到 2035 年，乡村振兴取得决定性进展，农业农村现代化基本实现。农业结构得到根本性改善，农民就业质量显著提高，相对贫困进一步缓解，共同富裕迈出坚实步伐；城乡基本公共服务均等化基本实现，城乡融合发展体制机制更加完善；乡风文明达到新高度，乡村治理体系更加完善；农村生态环境根本好转，生态宜居的美丽乡村基本实现。

到 2050 年，乡村全面振兴，农业强、农村美、农民富全面实现。

（1）舒适性：舒适性显著提升，能耗水平有限提升，力争用现阶段供暖空调能耗满足未来供暖空调能耗需求，并增强分布式能源在该领域的应用。

（2）建设方式：农房建设模式发生较变化。农房仍以 1～2 层为主，积极引导合村并居、新农村建设等按照节能标准建设，农房节能继续遵循积极引导自发建设的模式，做新建农房要执行同气候区节能强制性标准；原有农房寿命为 15～20a，2050 年前基本翻新。

（3）能耗强度及节能水平：2050 年全部农房基本实现现行地区建筑节能标准。依据调研情况、农村现有能耗水平以及不同地区差异、农村经济水平等因素，参考相关节能标准推导农村地区狭义建筑能耗强度。

总量控制情景单位建筑面积供暖空调能耗强度预测如表 2-26 所示。

总量控制情景单位建筑面积供暖空调能耗强度预测［单位：kgce/(m² · a)］ 表 2-26

年份	严寒地区	寒冷地区	夏热冬冷地区	其他地区
2020	5.98	6.67	3.67	4.44
2025	6.27	6.59	3.68	4.44
2030	6.59	6.41	3.68	4.44
2035	6.92	5.84	3.71	4.45
2040	7.84	5.56	3.73	4.46
2045	9.41	5.72	3.71	4.47
2050	10.66	5.85	3.69	4.48
2060	10.66	5.85	3.69	4.48

总量控制情景下农村建筑节能政策措施和推进目标见表 2-27。

总量控制情景下农村建筑节能政策措施和推进目标　　　　　表 2-27

类别	2021—2025 年	2026—2030 年	2031—2035 年	2036—2040 年	2041—2045 年	2046—2050 年	2051—2060 年
农村危房改造	引导严寒和寒冷地区农村危房改造同步实施节能标准建设或改造	严寒和寒冷地区农村危房改造同步实施节能标准建设或改造	农村危房改造，同步实施节能标准建设或改造	农村危房改造，同步实施节能标准建设或改造	农村危房改造，同步实施节能标准建设或改造	农村危房改造，同步实施节能标准建设或改造	无改造
农村公共建筑、合村并居、集中安置住房	引导按照节能标准建设	应按照节能标准建设	应按照节能标准建设	应按照节能标准建设	应按照节能标准建设	应按照节能标准建设	应按照节能标准建设
京津冀、长三角、珠三角等地区率先发展	试点新建农房强制节能标准执行的规模(8%~10%)	扩大新建农房强制节能标准执行的规模(25%)	扩大新建农房强制节能标准执行的规模(70%)	扩大新建农房强制节能标准执行的规模(100%)			
其他地区发展农房节能	开展试点示范	继续开展试点示范	遴选有条件地区在新建和翻建农房中强制执行节能标准，强制范围20%	有条件地区在新建和翻建农房中强制执行节能标准，强制范围40%	有条件地区在新建和翻建农房中强制执行节能标准，强制范围70%	有条件地区在新建和翻建农房中强制执行节能标准，强制范围100%	有条件地区在新建和翻建农房中强制执行节能标准，强制范围100%
节能农房比例	"十四五"期末，节能农房占农房总量的 6%~7%	节能农房占农房总量的15%	节能农房占农房总量的30%	节能农房占农房总量的50%	节能农房占农房总量的75%	节能农房占农房总量的100%	节能农房占农房总量的100%

2.5.6.4 能耗总量及节能潜力

根据基础情景与总量控制情景的差值计算农村住宅的节能量，结果见图 2-53、表 2-28。

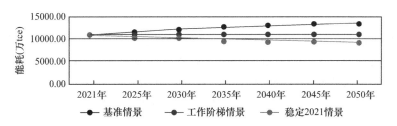

图 2-53　不同种情景下农村地区采暖空调能耗总量及节能量

两种情景下农村地区采暖空调能耗总量及节能量　　　表 2-28

内容	2021 年	2025 年	2030 年	2035 年	2040 年	2045 年	2050 年	2060 年
基准情景能耗 （万 tce）	10783.61	11332.23	11932.50	12437.75	12847.99	13163.21	13389.88	13389.88
中情景能耗 （万 tce）	10783.61	10490.66	10086.53	9577.68	9289.89	9254.86	9094.07	9094.07
节能能力 （万 tce）	—	694	1294	1799	2209	2525	2744	2744

注：相对节能潜力是指两种情景下的未实施发生的节能量，本表以 2020 年为基准。

2.5.7　可再生能源

2.5.7.1　太阳能光热

1. 太阳能热利用

（1）太阳能热水

据统计，建筑热水应用仍然是主要的市场应用形式，占到太阳能热利用市场的 96％左右，供暖及工农业应用领域占 4％。根据现在实际情况，太阳能将会依赖居住建筑的发展而发展，且前期主要依赖新建建筑的太阳能推广方式。

（2）太阳能供暖

太阳能供暖在青海、四川、云南、甘肃等地有大量的市场，预计未来 5～10a 以西藏为核心形成爆发式增长。以西藏为例，大约有 78 个县城，若每个县城推广应用 4 万 m²，未来有 300 万 m² 的市场容量。同时随着零能耗建筑的推广，太阳能供暖的应用面积也将得到进一步扩大。

2. 单位面积节能量及存量测算

截至 2018 年年底，我国城镇太阳能光热应用建筑面积近 50 亿 m²，折合太阳能集热面积近 5 亿 m²[1]。按照一户 3 人（太阳能集热面积 2m²）、每人热水用量 30L/d、每年 300d、水温温升 45℃计算，得到每户年热水需求热量值，并转换为标准煤；按照太阳能光热有效利用率为 50％、每户太阳能集热面积 2m² 计算，则得出单位集热面积太阳能光热常规能源替代量约为 52kgce/a。单位建筑面积节能能力约为 5.2kgce/a[2]，本书使用该数

---

❶　假设 1m² 太阳能集热面积对应 10m² 建筑面积。

❷　此处为单位建筑面积节能量，对应的单位集热面积节能量为 52kgece/m²。

据开展计算。

截至 2018 年，太阳能光热应用集热面积近 5 亿 m^2，单位集热面积节能能力约为 52kgce/a，则截至 2018 年，太阳能光热利用技术累计节能 2600 万 tce。根据以上我国太阳能光热建筑应用中长期发展规划目标，"十四五"时期，预测太阳能光热建筑应用新增集热面积 1.684 亿 m^2，所以截至 2025 年，太阳能光热利用技术累计节能 3475.68 万 tce。

3. 情景设定

根据现有的行业发展态势，将来较长时间内市场规模仍将保持小幅度的下降，按照分别是基本和积极两种情景模式下，具体中长期规划目标预测如表 2-29 所示。

太阳能光热情景设定   表 2-29

应用形式	2025 年	2030 年	2035 年	2060 年
热水系统	基本：安装使用量每年持续下降，预计 5 年销售规模下降 3% 销售量，持续放缓，预计 2025 增长平衡，五年新增太阳能光热面积为 16413 万 m^2；积极：5 年期间在政策驱动下，预计 2023 年政策驱动太阳能光热形成增长，5 年销售量增长 1%，预计 2025 年达到 17090 万 m^2	基本：市场逐渐好转，持续小比例，五年增长率 4%，实现增量为 17069 万 m^2 集热面积布置；积极：耦合系统快速推广，公共建筑增长性扩张，配合预计五年增长率 10%，实现增量为 18868 万 m^2	基本：持续小比例，五年增长率 4%，实现增量为 17752 万 m^2 集热面积布置；积极：政策积极推动，持续增长，五年增长率 10%，实现增量为 20755 万 m^2	基本：持续小比例，五年增长率 4%，实现增量为 64635 万 m^2 集热面积布置；积极：政策积极推动，及能耗增加，销量持续增长，五年增长率 10%，实现增量为 75569 万 m^2
供暖系统	基本：原有年销量约 33 万 m^2，北方及西藏地区持续性增长，政策推动加强，高海拔地区供暖需求提高，五年预计增长实现 160% 增长，预计达到五年增量为 221 万 m^2；积极：产品技术成熟度提升，政策推动加强，成本持续下降，五年预计实现 249% 的增长，预计 5 年增量达到 294 万 m^2	基本：增量缓和，基数逐渐加大，政策减弱，五年增长率下降预计在 40%，预计达到五年增量为 309 万 m^2；积极：增量缓和，市场持续推广，从大型逐渐推广中小型市场，五年增长率预计为 60%，实现增量为 470 万 m^2	基本：增量缓和，基数逐渐加大，政策减弱，五年增长率下降预计在 20%，预计五年增量为 371 万 m^2；积极：增量缓和，市场持续推广，从大型逐渐推广中小型市场，五年增长率预计为 60%，实现增量为 752 万 m^2	基本：增量缓和，基数逐渐加大，政策减弱，五年增长率下降预计在 10%，预计增量为 1351 万 m^2；积极：增量缓和，市场持续推动，小型市场持续推动，五年增长率预计为 20%，实现增量为 3284 万 m^2
合计	基本：16840 万 m^2；积极：17796 万 m^2	基本：18614 万 m^2；积极：20516 万 m^2	基本：19771 万 m^2；积极：23979 万 m^2	基本：123710 万 m^2；积极：152022 万 m^2

2.5.7.2 太阳能光伏发电

1. 历年太阳能光伏装机容量及发展趋势

根据国家能源局统计数据，截至 2019 年年底，国内光伏累计装机 204.56GW，包括

141.75GW 集中式电站、62.81GW 分布式电站。其中分布式电站估计约 50% 在建筑中安装，即建筑光伏装机容量约 30GW（图 2-54）。

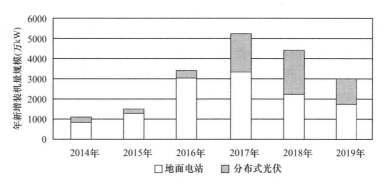

图 2-54　国内历年光伏年新增装机量规模

中国光电建筑应用委员会和中国 BIPV 联盟对 17 家行业领头企业开展 2017—2019 年 BIPW/BAPV 装机容量调研问卷，结果见表 2-30。

近三年 BIPV/BAPV 装机容量行业调研　　　　表 2-30

公司名称	2017 年总装机容量（MWp）	2018 年总装机容量（MWp）	2019 年总装机容量（MWp）
企业 01	100.00	200.00	100.00
企业 02	8.83	13.00	11.02
企业 03	241.97	405.05	122.83
企业 04	10.00	20.00	40.00
企业 05	72.00	41.00	52.00
企业 06	1.43	0.89	0.27
企业 07	9.61	48.42	48.47
企业 08	3.00	5.00	100.00
企业 09	3.40	4.00	6.80
企业 10	132.75	61.04	75.35
企业 11	0.00	0.20	0.09
企业 12	0.88	6.90	8.46
企业 13	1.50	4.00	0.80
企业 14	8.00	3.00	4.00
企业 15	0.85	6.04	2.00
企业 16	100.00	150.00	200.00
企业 17	0.00	110.00	180.00
合计	694.22	1078.54	952.10

注：应调研对象要求，隐藏企业名称。

估算 2019 年全国 BIPV/BAPV 总装机容量约为 6GWp，占 2019 年度"分布式光伏"的 50%。2019 年上述行业内这几个领头企业 BIPV/BAPV 总装机容量为 952.10MWp，市场份额占比约为 15%。由此得出，"分布式光伏"中约有 50% 是建筑应用，结合上述国家能源局统计数据，截至 2019 年年底，全国累计约 30GW 为建筑应用光伏系统。

以 2016 年建筑面积来推算太阳能光伏的最大可安装规模。2016 年，全国建筑总面积达到 634.87 亿 m^2，其中公共建筑面积约 115.06 亿 m^2，占比 18.12%；城镇居住建筑面积 278.64 亿 m^2，占比 43.89%；农村居住建筑 241.17 亿 m^2，占比 37.99%。

假设建筑屋顶面积平均占建筑面积的 15%，南立面面积占建筑面积的 15%，屋面可安装光伏比例系数取 20%，南墙可安装光伏比例系数取 20%。截至 2016 年，我国建筑总面积为 634.87 亿 m^2，其中可利用的南墙和屋面面积为 190.46 亿 m^2，考虑到太阳能光热与光伏发电在屋顶和南墙存在资源竞争的问题，按照可利用面积的 20% 用于安装光伏系统计算。根据屋面安装 120W/m^2、南墙安装 80W/m^2 光伏系统进行计算，2016 年建筑光伏最大装机容量可高达 380GW，具体如表 2-31 所示。

2. 太阳能光伏发电建筑应用规模预测

太阳能光伏在建筑中的应用发展目标与太阳能资源密切相关。根据中国气象局风能太阳能资源中心最新发布的《2018 年中国风能太阳能资源年景公报》，我国太阳能资源根据丰富程度划分为五类地区：

（1）一类地区

该地区全年日照时数为 3200～3300h。每平方米面积一年内接受的太阳辐射总量为 6680～8400MJ，相当于 225～285kgce 燃烧所发出的热量。主要包括宁夏北部、甘肃北部、新疆东南部、青海西部和西藏西部等地，是中国太阳能资源最丰富的地区。尤以西藏西部的太阳能资源最为丰富，全年日照时数达 2900～3400h，年辐射总量高达 7000～8000MJ/m^2，仅次于撒哈拉大沙漠，居世界第 2 位。

（2）二类地区

该地区全年日照时数为 3000～3200h。每平方米面积一年内接受的太阳能辐射总量为 5852～6680MJ，相当于 200～225kgce 燃烧所发出的热量。主要包括河北西北部、山西北部、内蒙古南部、宁夏南部、甘肃中部、青海东部、西藏东南部和新疆南部等地。为中国太阳能资源较丰富区。

（3）三类地区

该地区全年日照时数为 2200～3000h。每平方米面积一年接受的太阳辐射总量为 5016～5852MJ，相当于 170～200kgce 燃烧所发出的热量。主要包括山东东南部、河南东南部、河北东南部、山西南部、新疆北部、吉林、辽宁、云南、陕西北部、甘肃东南部、广东南部、福建南部、江苏北部、安徽北部、天津、北京和台湾西南部等地。为中国太阳能资源的中等类型区。

（4）四类地区

该地区全年日照时数为 1400～2200h。每平方米面积一年内接受的太阳辐射总量为 4190～5016MJ，相当于 140～170kgce 燃烧所发出的热量。主要包括湖南、湖北、广西、江西、浙江、福建北部、广东北部、陕西南部、江苏南部、安徽南部以及黑龙江、台湾东北部等地。是中国太阳能资源较差地区。

表 2-31

截至 2016 年不同省份建筑面积及光伏可安装机容量

省份	建筑面积（万 m²）	屋顶面积比例系数	南墙面积比例系数	屋面面积（万 m²）	南墙面积（万 m²）	南墙和屋面总面积（万 m²）	屋面可安装光伏比例系数	南墙可安装光伏比例系数	屋面可安装光伏面积（万 m²）	南墙可安装光伏面积（万 m²）	南墙和屋面可安装光伏总面积（万 m²）	屋面每平方装机量（W）	南墙每平方装机量（W）	屋面光伏可安装量（万 kW）	南墙光伏可安装量（万 kW）	南墙和屋面光伏可安装量（万 kW）
北京	111048	15%	15%	16657	16657	33314	20%	20%	3331	3331	6663	120	80	400	267	666
天津	65608	15%	15%	9841	9841	19682	20%	20%	1968	1968	3936	120	80	236	157	394
河北	308352	15%	15%	46253	46253	92506	20%	20%	9251	9251	18501	120	80	1110	740	1850
山西	140088	15%	15%	21013	21013	42026	20%	20%	4203	4203	8405	120	80	504	336	841
内蒙古	96496	15%	15%	14474	14474	28949	20%	20%	2895	2895	5790	120	80	347	232	579
辽宁	179539	15%	15%	26931	26931	53862	20%	20%	5386	5386	10772	120	80	646	431	1077
吉林	94474	15%	15%	14171	14171	28342	20%	20%	2834	2834	5668	120	80	340	227	567
黑龙江	126301	15%	15%	18945	18945	37890	20%	20%	3789	3789	7578	120	80	455	303	758
上海	123096	15%	15%	18464	18464	36929	20%	20%	3693	3693	7386	120	80	443	295	739
江苏	454607	15%	15%	68191	68191	136382	20%	20%	13638	13638	27276	120	80	1637	1091	2728
浙江	343012	15%	15%	51452	51452	102904	20%	20%	10290	10290	20581	120	80	1235	823	2058
安徽	275919	15%	15%	41388	41388	82776	20%	20%	8278	8278	16555	120	80	993	662	1656
福建	216879	15%	15%	32532	32532	65064	20%	20%	6506	6506	13013	120	80	781	521	1301
江西	244660	15%	15%	36699	36699	73398	20%	20%	7340	7340	14680	120	80	881	587	1468
山东	477681	15%	15%	71652	71652	143304	20%	20%	14330	14330	28661	120	80	1720	1146	2866
河南	445147	15%	15%	66772	66772	133544	20%	20%	13354	13354	26709	120	80	1603	1068	2671

续表

省份	建筑面积（万 m²）	屋顶面积比例系数	南墙面积比例系数	屋面面积（万 m²）	南墙面积（万 m²）	南墙和屋面总面积（万 m²）	屋面可安装光伏比例系数	南墙可安装光伏比例系数	屋面可安装光伏面积（万 m²）	南墙可安装光伏面积（万 m²）	南墙和屋面可安装光伏总面积（万 m²）	屋面每平方装机量（W）	南墙每平方装机量（W）	屋面光伏可安装量（万 kW）	南墙光伏可安装量（万 kW）	南墙和屋面光伏安装量（万 kW）
湖北	321676	15%	15%	48251	48251	96503	20%	20%	9650	9650	19301	120	80	1158	772	1930
湖南	358248	15%	15%	53737	53737	107475	20%	20%	10747	10747	21495	120	80	1290	860	2149
广东	467580	15%	15%	70137	70137	140274	20%	20%	14027	14027	28055	120	80	1683	1122	2805
广西	211673	15%	15%	31751	31751	63502	20%	20%	6350	6350	12700	120	80	762	508	1270
海南	34845	15%	15%	5227	5227	10453	20%	20%	1045	1045	2091	120	80	125	84	209
重庆	139428	15%	15%	20914	20914	41828	20%	20%	4183	4183	8366	120	80	502	335	837
四川	384762	15%	15%	57714	57714	115429	20%	20%	11543	11543	23086	120	80	1385	923	2309
贵州	136326	15%	15%	20449	20449	40898	20%	20%	4090	4090	8180	120	80	491	327	818
云南	206397	15%	15%	30960	30960	61919	20%	20%	6192	6192	12384	120	80	743	495	1238
陕西	160506	15%	15%	24076	24076	48152	20%	20%	4815	4815	9630	120	80	578	385	963
甘肃	88655	15%	15%	13298	13298	26597	20%	20%	2660	2660	5319	120	80	319	213	532
青海	22953	15%	15%	3443	3443	6886	20%	20%	689	689	1377	120	80	83	55	138
宁夏	24901	15%	15%	3735	3735	7470	20%	20%	747	747	1494	120	80	90	60	149
新疆	87816	15%	15%	13172	13172	26345	20%	20%	2634	2634	5269	120	80	316	211	527
合计	6348677			952302	952302	1904603			190460	190460	380921			22855	15237	38092

注：由于西藏的建筑规模较小，此表中的建筑光伏装机容量暂不计算在内。

（5）五类地区

该地区全年日照时数为 1000～1400h。每平方米面积一年内接受的太阳辐射总量为 3344～4190MJ，相当于 115～140kgce 燃烧所发出的热量。主要包括四川、贵州、重庆等地。

根据不同地区太阳能辐射量设定 0.2～1.0 的太阳能资源系数取值（表2-32），进而预测太阳能光伏发电建筑应用的中长期发展目标（表2-33）。

太阳能资源系数（W_1）取值表 　　　　　　表 2-32

省份	地区类别	太阳能年辐射量（kWh/m^2）	W_1
北京	三	1393-1625	0.40
天津	三	1393-1625	0.60
河北	二	1625-1855	0.40
山西	二	1625-1855	0.60
内蒙古	二	1625-1855	0.60
辽宁	三	1393-1625	0.40
吉林	三	1393-1625	0.60
黑龙江	四	1163-1393	0.60
上海	四	1163-1393	0.40
江苏	三	1393-1625	0.40
浙江	四	1163-1393	0.60
安徽	三	1393-1625	0.40
福建	三	1393-1625	0.60
江西	四	1163-1393	0.20
山东	三	1393-1625	0.20
河南	三	1393-1625	0.20
湖北	四	1163-1393	0.60
湖南	四	1163-1393	0.60
广东	三	1393-1625	1.00
广西	四	1163-1393	1.00
海南	三	1393-1625	1.00
重庆	五	928-1163	1.00
四川	五	928-1163	0.40
贵州	五	928-1163	0.60
云南	三	1393-1625	0.40
陕西	三	1393-1625	0.60
甘肃	一	1855-2333	1.00
青海	一	1855-2333	1.00
宁夏	一	1855-2333	1.00
新疆	一	1855-2333	1.00

注：由于西藏的建筑规模较小，建筑光伏装机容量暂不计算在内，故此表中无其相关数据。

2025—2050 年我国不同省份建筑光伏系统发展潜力预测表　　　表 2-33

省份	W_1	2025 年，BIPV 安装量（万 kW）	2030 年，BIPV 安装量（万 kW）	2035 年，BIPV 安装量（万 kW）	2040 年，BIPV 安装量（万 kW）	2045 年，BIPV 安装量（万 kW）	2050 年，BIPV 安装量（万 kW）
北京	0.6	456	488	519	551	582	614
天津	0.6	270	288	307	325	344	363
河北	0.8	1690	1806	1923	2040	2156	2273
山西	0.8	768	821	874	927	980	1033
内蒙古	0.8	529	565	602	638	675	711
辽宁	0.6	738	789	840	891	942	992
吉林	0.6	388	415	442	469	495	522
黑龙江	0.4	346	370	394	418	442	465
上海	0.4	337	361	384	407	430	454
江苏	0.6	1869	1997	2126	2255	2384	2513
浙江	0.4	940	1005	1070	1134	1199	1264
安徽	0.6	1134	1212	1291	1369	1447	1525
福建	0.6	891	953	1014	1076	1137	1199
江西	0.4	670	717	763	809	855	902
山东	0.6	1963	2099	2234	2370	2505	2641
河南	0.6	1830	1956	2082	2208	2335	2461
湖北	0.4	881	942	1003	1064	1125	1185
湖南	0.4	982	1049	1117	1185	1253	1320
广东	0.6	1922	2054	2187	2320	2452	2585
广西	0.4	580	620	660	700	740	780
海南	0.6	143	153	163	173	183	193
重庆	0.2	191	204	217	231	244	257
四川	0.2	527	564	600	636	673	709
贵州	0.2	187	200	213	225	238	251
云南	0.6	848	907	965	1024	1082	1141
陕西	0.6	660	705	751	796	842	887
甘肃	1	607	649	691	733	775	817
青海	1	157	168	179	190	201	211
宁夏	1	171	182	194	206	218	229
新疆	1	602	643	685	726	768	809
合计		23278	24884	26489	28095	29701	31307

注：由于西藏的建筑规模较小，建筑光伏装机发展潜力暂不计算在内。

3. 单位面积节能量及存量测算

2009—2019 年，经过十年的积累和发展，太阳能光伏转换效率不断提高，组件成本不断下降。至 2019 年，太阳能光伏发电迎来"平价时代"，为建筑应用提供了良好的产业基础。由于我国太阳能资源分布广泛，不同资源区之间太阳能辐照量差别较大，太阳能光伏 1kW 装机的年发电量在 1000～1500kWh 之间，按照每度电 0.338kgce 计算，太阳能光伏发电系统每千瓦年节能量在 300～500kgce/kW 之间。

截至 2019 年，我国累计太阳能光电建筑应用装机约为 30GW。根据我国太阳能光电建筑应用中长期发展规划目标，"十四五"期末，预测太阳能光电建筑应用累计装机可达 4200 万 kW，即 42GW，累计节能 2100 万 tce。

4. 情景设定

从上文可以看出，我国太阳能光伏发电建筑应用可安装装机容量每五年递增约 10GW，每年递增 2GW。鉴于太阳能光伏发电成本下降、效率提升、智能化水平不断提高，具备民用建筑"应用尽用"的条件，得出 2025—2060 年我国太阳能光伏发电建筑应用的中长期规划目标预测结果（累计值），如表 2-34 所示。

不同时间节点装机容量预测　　　　　　表 2-34

年份	2025 年	2030 年	2035 年	2050 年	2060 年
太阳能光伏发电建筑应用装机容量（万 kW）	4200	5200	6200	9200	10200

2.5.7.3　空气源热泵

热泵技术是指运用逆卡诺循环原理，用少量能源驱动热泵机组，通过热泵系统中的工作介质进行相变循环，把自然环境中的低温热量（如空气、土壤、水）吸收压缩升温后加以利用的一种节能技术。

对于空气源热泵产品，目前国内外市场上主要的空气源热泵产品形式如表 2-35 所示。

空气源热泵产品形式　　　　　　表 2-35

	产品形式	细分	用途	用途说明
空气-空气热泵	家用热泵空调	壁挂式、柜式	制冷、供暖	制冷为主
	商用热泵空调	多联机	制冷、供暖	
		单元机	制冷、供暖	
		风管机	制冷、供暖	
空气-水热泵	空气源热泵空调及热水设备	家用机	生活热水	仅制热工况
		商用机	生活热水、供暖	
		多功能机组	生活热水（可选）、供暖、制冷	
	空气源冷（热）水机组	风冷冷水（热泵）机组	连接不同末端形式制冷、供暖	制冷为主兼具制热

从功能角度讲，空气源热泵热水器可替代常规电热水器或燃气热水器，空气源热泵供暖可替代电锅炉或燃煤燃气锅炉等常规能源系统形式。

1. 空气源热泵热水机

2018 年，我国空气源热泵热水器销售 178 万台❶，按照 5000W/台（家用）计算，则 2018 年度空气源热泵热水应用规模为 534 万 kW，折合应用建筑面积约 1.07 亿 m²。

---

❶　数据来自行业期刊《热泵在线》。

2. 空气源热泵供暖机

近年来，由于清洁取暖政策的影响，空气源热泵供暖的应用呈现大幅波动，直到 2017 年都呈大幅增长阶段，2018 年开始出现负增长。

2018 年，我国空气源热泵供暖机销售 75.2 亿元❶，按照 3000W/（台·6000 元）（家用）计算，则 2018 年空气源热泵供暖应用规模为 376 万 kW，折合应用建筑面积约 7500 万 m^2。

3. 单位面积节能量及存量测算

根据已掌握的实际运行能效数据，空气源热泵热水系统和供暖系统的实际运行能效平均约为 3.0 和 2.2，经测算，空气源热泵的单位面积节能能力为 2.14kgce/（m^2·a）。

截至 2018 年，空气源热泵技术累计节能 149.8 万 tce。根据我国空气源热泵建筑应用中长期发展规划目标，"十四五"时期，预测空气源热泵建筑应用新增面积 1.79 亿 m^2，累计节能 188 万 tce。

4. 情景设定

根据现有的行业发展趋势，得出我国空气源热泵建筑应用中长期规划目标预测结果（新增值），如表 2-36 所示。

空气源热泵情景设定 表 2-36

应用形式	2025 年	2030 年	2035 年	2060 年
生活热水系统	基本：安装使用量每年稳步上升，预计 5 年销售规模提升 5% 的销售量，以 2018 年为基准，7 年新增空气源热泵应用面积为 11235 万 m^2； 积极：在政策驱动下，如楼市配套政策，形成增长，5 年销售量增长 10%，预计 2025 年达到 11700 万 m^2	基本：五年增长率 6%，实现增量为 11900 万 m^2； 积极：五年增长率 10%，实现增量为 12900 万 m^2	基本：5 年增长率 7%，实现增量为 12700 万 m^2； 积极：政策积极推动，持续增长，5 年增长率为 10%，实现增量为 14200 万 m^2	基本：5 年增长率为 10%，实现增量为 14000 万 m^2； 积极：政策积极推动，及能耗增加，销量持续增长，15 年增长率为 30%，实现增量为 18500 万 m^2
供暖系统	基本：虽然有政策驱动，但由于门槛过低形成低价市场竞争等问题，5 年预计增长 - 10%，以 2018 年为基准，7 年新增量为 6750 万 m^2； 积极：产品技术成熟度提升，政策推动加强，成本持续下降，5 年预计增长 50%，预计 5 年增量为 11250 万 m^2	基本：5 年增长率为 -9%，实现增量为 6100 万 m^2； 积极：5 年增长率为 50%，实现增量为 16800 万 m^2	基本：5 年增长率为 -8%，实现增量为 5600 万 m^2； 积极：政策积极推动，持续增长，5 年增长率为 50%，实现增量为 25300 万 m^2	基本：5 年增长率为 -5%，实现增量为 5400 万 m^2； 积极：政策积极推动，及能耗增加，销量持续增长，15 年增长率为 150%，实现增量为 63000 万 m^2
合计	基本：17900 万 m^2； 积极：23000 万 m^2	基本：18000 万 m^2； 积极：29800 万 m^2	基本：18400 万 m^2； 积极：39500 万 m^2	基本：97000 万 m^2； 积极：136333 万 m^2

---

❶ 数据来自行业期刊《热泵在线》。

2.5.7.4 浅层地热能

1. 资源禀赋情况

浅层地热能又叫浅层地温能，是指地表以下一定深度范围内蕴藏于土壤砂石和地下水中的低温热能，主要用于建筑物供暖制冷。中国地质调查局有关资料显示，中国336个地级以上城市浅层地热能资源年可开采量折合标准煤7亿t，可实现建筑物供暖制冷面积320亿 m^2（表2-37）。我国中东部的北京、天津、河北、山东、河南、辽宁、上海、湖北、湖南、江苏、浙江、江西、安徽13个省（市）共143个地级以上城市，是最适宜开发利用浅层地热能的地区。上述地区浅层地热能资源年可开采量折合标准煤4.6亿t，可实现建筑物供暖制冷面积210亿 m^2。其他地区不适宜大规模集中开发利用，宜采用分散式小规模单体建筑开发利用模式。

31个省（区、市）主要城市浅层地热能资源一览表   表2-37

序号	省份	地源热泵系统可换热功率（万 kW）		地源热泵可供暖和制冷面积（万 m^2）		可开采量折合标准煤（万 t）
		夏季制冷	冬季供暖	夏季制冷	冬季供暖	
1	安徽	26900	14600	372000	297000	6350
2	湖南	15500	11200	228000	327000	6310
3	上海	6890	6990	46400	145000	5810
4	江苏	22100	16600	231000	259000	4700
5	北京	8640	4330	160000	95900	3970
6	辽宁	13400	7900	155000	125000	3740
7	甘肃	4440	1730	71300	24800	3690
8	天津	10100	6700	126000	134000	3580
9	内蒙古	13900	5760	215000	128000	3220
10	山东	11700	8630	258000	229000	3050
11	山西	51000	3240	118000	62000	2800
12	福州	1030	1060	12800	21100	2790
13	陕西	5490	3210	66500	54100	2760
14	河南	8210	6800	112000	130000	2630
15	浙江	8360	5800	83600	82900	1800
16	河北	5460	3430	63500	59900	1630
17	新疆	3550	2030	57500	33000	1610
18	四川	4170	3700	51700	61600	1490
19	江西	14300	11500	244000	256000	1310
20	湖北	8270	6760	103000	116000	1290
21	广西	7600	0	33500	0	1280
22	广东	25700	47300	19800	73600	1060
23	吉林	5940	2240	74300	28500	866
24	重庆	21500	23300	215000	389000	675
25	贵州	4470	2930	63900	58600	611

续表

序号	省份	地源热泵系统可换热功率（万 kW）		地源热泵可供暖和制冷面积（万 m²）		可开采量折合标准煤（万 t）
		夏季制冷	冬季供暖	夏季制冷	冬季供暖	
26	宁夏	2150	691	31200	14700	575
27	黑龙江	1540	566	25600	9010	314
28	云南	1040	1020	15300	18000	305
29	海南	247	0	2750	0	78
30	青海	345	140	6230	1880	52
31	西藏	0	119	0	2000	26
合计		313937	210475	3257494	3226767	70400

2. 开发利用现状

2006—2018 年，我国浅层地热能建筑应用规模从 0.27 亿 m² 增长至 6.25 亿 m²，平均每年新增 0.50 亿 m²。其中，2009—2014 年间因财政补贴政策刺激，浅层地热能建筑应用快速增长，最多每年新增达 1.0 亿 m²；进入"十三五"时期，随着补贴政策退出，浅层地热能建筑应用增长速度趋于平稳，平均每年增长约 0.4 亿 m²（图 2-55）。其中，京津冀及周边地区和长江流域浅层地热能建筑应用规模最高，北京、天津、河北、山东、河南、江苏、安徽、湖北、湖南、重庆 10 个省（市）年均新增面积占全国总新增面积的 62%～73%，与资源分布情况基本一致（图 2-56）。

3. 单位面积节能量及存量测算

相关数据显示，浅层地热能的单位面积节能能力为 12kgce/(m²·a)。根据历年建筑节能检查数据，截至 2018 年，地源热泵建筑应用面积约为 6.3 亿 m²。"十四五"期末，预测浅层地热能建筑应用累计面积为 9.1 亿 m²，累计节能 1092 万 tce。

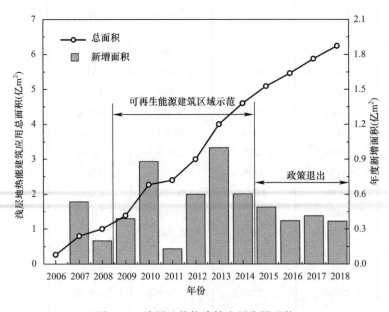

图 2-55　浅层地热能建筑应用发展现状

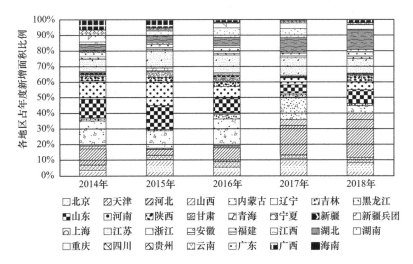

图 2-56 浅层地热能新增建筑应用面积分布情况
注：由于西藏的建筑规模较小，暂未统计其相关数据。

4. 情景设定

根据 2006—2018 年浅层地热能发展的趋势，可以看出其与资源禀赋条件密切相关，北京、天津、河北、山东、河南、江苏、安徽、湖北、湖南、重庆等京津冀地区和长江流域仍然是浅层地热能快速增长的重点区域。参照 2015—2018 年间补贴政策退出情况下的增长情况，设定每年新增约 0.4 亿 m²，得出我国浅层地热能建筑应用中长期规划目标预测结果（累计值）见表 2-38。

不同时间节点浅层地热能开发面积 表 2-38

情景	2025 年	2030 年	2035 年	2050 年	2060 年
用能建筑面积（亿 m²）	9.1	11.1	13.1	19.1	21.1

2.5.8 专项工作节能量汇总

2.5.8.1 专项工作节能总量

各专项工作累计节能量逐年递增，至 2060 年专项工作累计节能量为 14 亿 tce，其中新建公共建筑标准提升、新建居住建筑标准提升、可再生能源光热、公共建筑改造及运行节能贡献量较大（图 2-57）。

2.5.8.2 专项工作节能量占比

建筑节能、绿色建筑专项工作是实现建筑能耗总量和强度"双控"的重要路径，通过对比不同时间节点新建居住建筑节能标准提升、居住建筑改造、新建公共建筑节能标准提升、公共建筑运行节能、农村住宅节能、可再生能源的应用 6 个模块专项工作节能量，新建建筑节能标准提升和可再生能源应用带来的节能贡献率较大，占比达到 80% 以上；公共建筑改造节能贡献率稳步提升，农村节能贡献率逐年降低，既有居住建筑改造节能贡献率稳定在 5%～8%（图 2-58）。

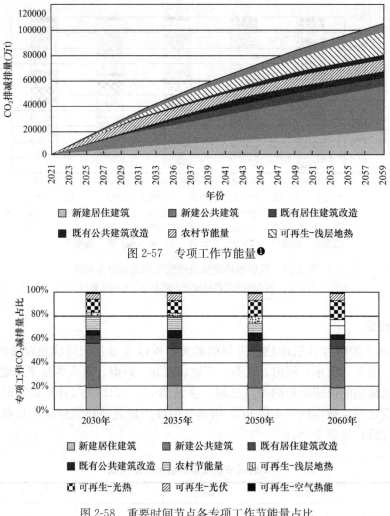

图 2-57　专项工作节能量 ❶

图 2-58　重要时间节点各专项工作节能量占比

2.6　总量控制情景下建筑用能及排放

2.6.1　总量控制情景下建筑用能

基础情景下，建筑用能总量在 2045 年达峰，总量峰值为 17.51 亿 tce；2045—2050 年建筑用能几乎保持不变。

如前所述，总量控制情景是基础情景建筑用能与专项工作节能量的差值。在总量控制情景下，建筑用能总量在 2035 年达峰，总量达到在 14.82 亿 tce。2060 年之后，与基础情景相比，总量控制情景下平均每年节能为 5.2 亿 tce（图 2-59）。2030 年后随着新旧建筑更替，更多的建筑执行更严格的节能设计标准，可再生能源占比稳步提升，节能运行效果稳步提升，建筑用能更加高效清洁，建筑用能总量略有下降。

---

❶　数据来源：根据专项工作节能量测算及汇总整理得到。

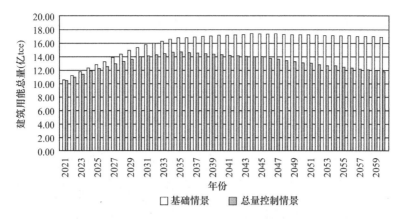

图 2-59　不同情景下建筑用能预测（2021—2060 年）

2.6.2　建筑碳排放预测结果

建筑运行 CO_2 排放量预测不仅与能源结构有关，还与我国清洁电力发展趋势和集中供热发展趋势有关。结合国家电力规划研究中心发布的"我国中长期发电能力及电力需求发展预测"中化石燃料发电（燃煤、燃气、燃油）和非化石燃料发电数据，预测 2020—2050 年电力碳排放因子；参考北方集中供热发展趋势相关资料，测算 2020—2025 年集中供热碳排放因子；结合不同情景下我国建筑用能能源结构，测算基础情景和总量控制情景下的碳排放量（含直接碳排放和间接碳排放两项）。

根据预测，基础情景下，建筑 CO_2 排放总量[1]在 2035 年达峰，总量维持在 30.08 亿 t CO_2，其中直接碳排放 3.84 亿 t，间接碳排放 27.24 亿 t；在总量控制情景下，排放总量在 2030 年达峰，总量达到 26.88 亿 t CO_2，其中直接碳排放 3.61 亿 t，间接碳排放 23.27 亿 t。2060 年专项工作对 CO_2 减排贡献达到 10.5 亿 t，排放量降低 1/3 以上。达到峰值后，随着电力清洁化和建筑用能电气化稳步推进，我国建筑运行 CO_2 排放量稳步降低（图 2-60）。

根据预测，基础情景下，建筑直接 CO_2 排放总量[2]在稳步降低，最后维持在 3 亿 t CO_2。总量控制情景下，建筑直接 CO_2 排放总量稳步下降，在 2060 年直接二氧化碳排放量为 0，实现碳中和（图 2-61）。

2.6.3　"十四五" 时期建筑用能

2.6.3.1　2020—2025 年建筑用能总量

基础情景下，综合考虑 2020—2025 年城镇居住建筑、公共建筑、农村住宅、集中供暖 4 个模块单位面积能耗和面积总量发展趋势，得到 4 个模块用能增量（图 2-62）。另外，根据不同专项工作的实施情况，将城镇新建居住建筑和城镇既有居住建筑改造 2 个模块节能量归口入城镇居住建筑节能量，将新建公共建筑和既有公共建筑运行节能 2 个模块归口入公共建筑节能量，将农村住宅标准实施和改造等工作归口入

---

[1]　数据来源：根据基础情景下能源结构及对应碳排放因子测算整理得到。
[2]　数据来源：根据总量控制情景下能源结构测算整理得到。

农村住宅节能,在基础情景不同建筑用能增量中扣除专项工作节能量,得到总量控制情景下的用能增量,再扣除可再生能源替代量,得到总量控制情景下 2025 年用能增量(图 2-63)。

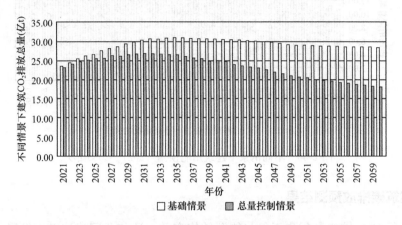

图 2-60 建筑领域 CO_2 排放总量预测

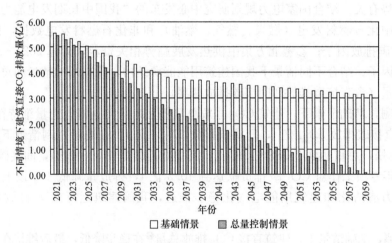

图 2-61 建筑领域直接 CO_2 排放量预测

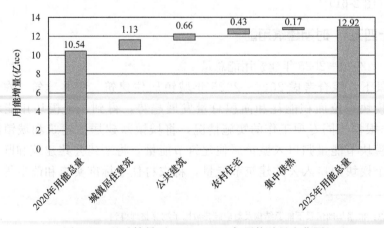

图 2-62 基础情景下 2020—2025 年用能总量变化图

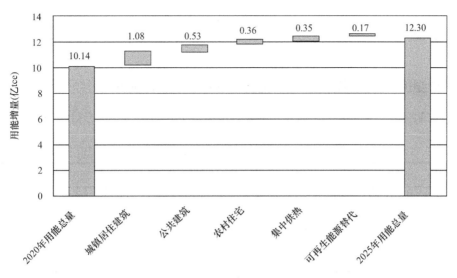

图 2-63　总量控制情景下 2020—2025 年用能总量

2020—2025 年，从用能增量来看，城镇居住建筑和公共建筑新增量较农村住宅增量更大，主要原因是快速城镇化导致城镇居住建筑和公共建筑的需求量增大；相反的，农村居民减少，农村住宅整体存量逐年减小，同时考虑到农村居民生活水平和户均用能水平稳步提升，两方面复合作用导致农村住宅用能总量增长缓慢。

相对于基础情景，总量控制情景下通过建筑节能专项工作、新建建筑节能设计标准提升、既有建筑改造以及建筑调适节能等，使三类建筑用能增量都有所下降。

2.6.3.2　"十四五"时期专项工作贡献率

经测算，2021—2025 年间，专项工作累计节能 1.8 亿 tce，其中新建公共建筑节能标准提升贡献最大，累计节约 6129 万 tce，占总节能量的 34%；可再生能源应用、新建居住建筑节能量占比分别为 28%、18%（图 2-64）。

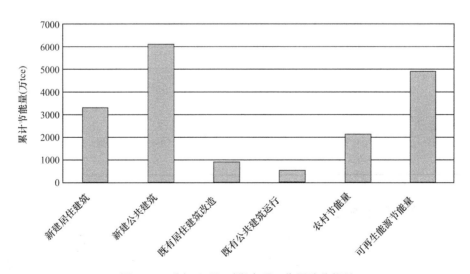

图 2-64　"十四五"时期专项工作累计节能量

2.7 小结

2.7.1 总量控制情景下建筑领域用能总目标及专项工作预测

总量控制情景下建筑领域用能总目标预测见表2-39，分阶段分类型目标分解见表2-40。

总量控制情景下建筑领域用能目标预测 表2-39

指标	2020年	2025年	2030年	2035年	2050年	2060年
能源消耗（亿tce）	10.55	12.30	14.06	14.82	13.24	11.89
碳排放总量（亿t）	22.93	25.51	26.88	26.57	20.58	17.98
直接碳排放量（亿t）	5.51	4.65	3.61	2.57	0.91	0
建筑面积（亿m²）	658	716	769	786	794	794

建筑领域用能目标预测 表2-40

分类型	指标	2020年	2025年	2030年	2035年	2050年	2060年
公共建筑	商品能耗总量（亿tce）	3.39	3.83	4.33	4.49	4.81	4.65
	能耗强度（kgce/m²）	22.91	22.42	22.11	22.41	23.62	22.81
	建筑面积（亿m²）	145	171	196	200	204	204
城镇住宅建筑	商品能耗总量（亿tce）	2.79	3.87	4.95	5.79	5.69	5.41
	能耗强度（kgce/m²）	10.45	12.55	14.32	15.72	14.11	13.42
	建筑面积（亿m²）	267	308	346	368	403	403
农村住宅建筑	商品能耗总量（亿tce）	2.18	2.54	2.84	3.03	2.29	2.11
	能耗强度（kgce/m²）	8.83	10.71	12.54	14.00	12.25	11.28
	建筑面积（亿m²）	247	237	227	217	187	187
城镇集中供热	商品能耗总量（亿tce）	1.96	2.23	2.27	2.03	1.59	1.28
	能耗强度（kgce/m²）	15.27	12.74	10.78	9.18	6.76	5.41
	建筑面积（亿m²）	126	175	211	221	236	236
可再生能源替代量	商品能耗替代量（亿tce）	0.54	0.71	0.88	1.06	1.68	2.10
其中北方采暖地区单位面积能效提升率	相对2020年提升率点	—	16%	29%	40%	56%	65%

2.7.2 专项工作目标预测

2021—2025年专项工作目标预测见表2-41，2026—2030年专项工作目标预测见表2-42，2031—2035年专项工作目标预测见表2-43，2036—2050年专项工作目标预测见表2-44，2050—2060年专项工作目标预测见表2-45。

2021—2025 年专项工作设定及节能量　　　　　　　　表 2-41

序号	建筑类型	专项工作	专项工作子类	适应气候区	目标设定	2021—2025 年相对现行标准节能能力（万 tce）	2021—2025 年相对非节能建筑标准节能能力（万 tce）
1	城镇居住建筑	新建居住建筑	新建城镇居住建筑	严寒和寒冷地区	75% 标准保持执行，其中 30% 的新建建筑节能量提升 2.3kgce/m²（提升 30%）；	791	5137
				夏热冬冷地区	50% 标准保持执行，其中 40% 的新建建筑进一步提升 0.9kgce/m²（提升 30%）；	60	653
				夏热冬暖地区	50% 标准保持执行，其中 40% 的新建建筑进一步提升 0.75kgce/m²（提升 30%）；	68	204
			新建居住建筑中绿色建筑占比	全部气候区	80%，其中二星级及以上占比 40%	—	—
		既有居住建筑	既有居住建筑改造	严寒和寒冷地区	1.5 亿 m² 非节能建筑改造完成	276	—
				夏热冬冷地区	1.5 亿 m² 非节能建筑改造完成	30	
2	公共建筑	新建公共建筑	新建公共建筑设计标准	全部气候区	62% 标准保持执行；其中 50% 的新建建筑进一步提升 4.75kgce/m²（提升 30%）	2032	8378
			新建建筑中绿色建筑	全部气候区	80%，其中二星级及以上占比 40%	—	—
		既有公共建筑	公共建筑改造	全部气候区	2 亿 m²（政策驱动）	78	—
			公共建筑调试	全部气候区	部分地区（约占 15%）开展建筑运行调试	65	
3	农村住宅	农村住宅	改造和标准推广	全部气候区	新建建筑中推广节能标准	694	
4	可再生能源替代		太阳能光热	适宜地区	5 年下降 3% 并持续放缓，新增光热面积 16840 万 m²	875.7	—
			太阳能光伏	适宜地区	新增装机容量 1000 万 kW	500	—
			空气热源	适宜地区	5 年提升 5%，新增空气源热泵应用面积 17900 万 m²	38.3	—
			浅层地热	适宜地区	每年新增应用建筑面积 0.4 亿 m²	240	—

2026—2030 年专项工作设定及节能量　　　　表 2-42

序号	建筑类型	专项工作	专项工作子类	适应气候区	目标设定	2026—2030年相对现行标准节能能力（万 tce）	2026—2030年相对非节能建筑标准节能能力（万 tce）
1	城镇居住建筑	新建居住建筑	新建城镇居住建筑	严寒和寒冷地区	75%标准保持执行，其中60%的新建建筑节能量提升 2.3kgce/m²（提升30%）	886	4999
				夏热冬冷地区	65%标准全面执行，其中30%的新建建筑进一步提升 0.63kgce/m²（提升30%）	388	949
				夏热冬暖地区	65%标准全面执行，其中30%的新建建筑进一步提升 0.52kgce/m²（提升30%）	89	218
			新建居住建筑中绿色建筑占比	全部气候区	100%，其中二星级及以上占比60%	—	
		既有居住建筑	既有居住建筑改造	严寒和寒冷地区	1.5亿 m² 建筑改造完成，淘汰50%标准的节能门窗19亿 m²	541	—
				夏热冬冷地区	1.5亿 m² 建筑改造完成	30	
2	公共建筑	新建公共建筑	新建公共建筑设计标准	全部气候区	73%标准全面执行；其中30%的新建建筑进一步提升 3.33kgce/m²（提升30%）	2982	9292
			新建建筑中绿色建筑	全部气候区	100%，其中二星级及以上占比60%	—	—
		既有公共建筑	公共建筑改造	全部气候区	8亿 m²，其中政策驱动3亿 m²，市场驱动5亿 m²	312	
			公共建筑调试	全部气候区	部分地区（60%）开展建筑运行调试	325	
3	农村住宅	农村住宅	改造和标准推广	全部气候区	新建建筑中推广节能标准	600	—
4	可再生能源替代		太阳能光热	适宜地区	新增光热面积 18614万 m²	968	—
			太阳能光伏	适宜地区	新增装机容量 1000万 kW	500	—
			空气热源	适宜地区	新增空气源热泵应用面积 18000万 m²	38.5	—
			浅层地热	适宜地区	每年新增应用建筑面积 0.4亿 m²	240	—

2031—2035 年专项工作设定及节能量

表 2-43

序号	建筑类型	专项工作	专项工作子类	适应气候区	目标设定	2031—2035年相对现行标准节能能力（万 tce）	2031—2035年相对非节能建筑标准节能能力（万 tce）
1	城镇居住建筑	新建居住建筑	新建城镇居住建筑	严寒和寒冷地区	83％节能标准全面实施，其中有条件的地区（20％）新建建筑节能量提升 12.4kgce/m² （提升 30％）	1182	3985
				夏热冬冷地区	65％标准全面执行，其中 60％的新建建筑进一步提升 0.63kgce/m²（提升 30％）	317	382
				夏热冬暖地区	65％标准全面执行，其中 30％的新建建筑进一步提升 0.52kgce/m²（提升 30％）	73	161
			新建居住建筑中绿色建筑占比	全部气候区	100％，其中二星级及以上占比 70％	—	—
		既有居住建筑	既有居住建筑改造	严寒寒冷地区	1.5 亿 m² 建筑改造；淘汰 50％标准的节能门窗 19 亿 m²	541	—
				夏热冬冷地区	1.5 亿 m² 建筑改造	30	—
2	公共建筑	新建公共建筑	新建公共建筑设计标准	全部气候区	73％标准全面执行；其中 60％的新建建筑进一步提升 3.33kgce/m²（提升 30％）	1510	5734
			新建建筑中绿色建筑	全部气候区	100％，其中二星级及以上占比 70％	—	—
		既有公共建筑	公共建筑改造	全部气候区	市场驱动 10 亿 m²	390	—
			公共建筑调试	全部气候区	全部公共建筑开展建筑运行调试	780	—
3	农村住宅	农村住宅	改造和标准推广	全部气候区	新建建筑中推广节能标准	505	—
4	可再生能源替代	太阳能光热		适宜地区	新增光热面积 19771 万 m²	1285.4	—
		太阳能光伏		适宜地区	新增装机容量 1000 万 kW	500	—
		空气热源		适宜地区	新增空气源热泵应用面积 18400 万 m²	47.7	—
		浅层地热		适宜地区	每年新增应用建筑面积 0.4 亿 m²	240	—

2036—2050 年专项工作设定及节能量　　　　　表 2-44

序号	建筑类型	专项工作	专项工作子类	适应气候区	目标设定	2036—2050 年相对现行标准节能能力（万 tce）	2036—2050 年相对非节能建筑标准节能能力（万 tce）
1	城镇居住建筑	新建居住建筑	新建城镇居住建筑	严寒和寒冷地区	逐步实现净零能耗	3627	10869
				夏热冬冷地区	逐步实现净零能耗	1216	2204
				夏热冬暖地区	逐步实现净零能耗	320	547
			新建居住建筑中绿色建筑占比	全部气候区	100%，其中二星级及以上占比 70%	—	—
		既有居住建筑	既有居住建筑改造	严寒和寒冷地区	3 亿 m² 建筑改造完成；淘汰 65% 标准的节能门窗 33 亿 m²	1172	—
				夏热冬冷地区	15 亿 m² 建筑改造	90	—
2	公共建筑	新建公共建筑	新建公共建筑设计标准	全部气候区	逐步实现净零能耗	6260	17393
			新建建筑中绿色建筑	全部气候区	100%，其中二星级及以上占比 70%	—	—
		既有公共建筑	公共建筑改造	全部气候区	55 亿 m² 市场化改造	2145	—
			公共建筑调试	全部气候区	全部公共建筑开展建筑运行调试	1320	—
3	农村住宅	农村住宅	改造和标准推广	全部气候区	新建建筑中推广节能标准	945	—
4	可再生能源替代	太阳能光热		适宜地区	新增光热面积 74226 万 m²	7860	—
		太阳能光伏		适宜地区	新增装机容量 1000 万 kW	500	—
		空气热源		适宜地区	新增空气源热泵应用面积 58200 万 m²	124.5	—
		浅层地热		适宜地区	每年新增应用建筑面积 0.4 亿 m²	240	—

2051—2060 年专项工作设定及节能量　　　　表 2-45

序号	建筑类型	专项工作	专项工作子类	适应气候区	目标设定	2051—2060 年相对现行标准节能能力（万 tce）	2051—2060 年相对非节能建筑标准节能能力（万 tce）
1	城镇居住建筑	新建居住建筑	新建城镇居住建筑	严寒和寒冷地区	实现净零能耗	1790	6180
				夏热冬冷地区	实现净零能耗	737	1336
				夏热冬暖地区	实现净零能耗	212	349
			新建居住建筑中绿色建筑占比	全部气候区	100%，其中二星级及以上占比 70%	—	—
		既有居住建筑	既有居住建筑改造	严寒和寒冷地区	无改造	—	—
				夏热冬冷地区	无改造	—	—
2	公共建筑	新建公共建筑	新建公共建筑设计标准	全部气候区	实现净零能耗	5332	12754
			新建建筑中绿色建筑	全部气候区	100%，其中二星级及以上占比 70%	—	—
		既有公共建筑	公共建筑改造	全部气候区	无改造	—	—
			公共建筑调试	全部气候区	全部公共建筑开展建筑运行调试	1324	
3	农村住宅	农村住宅	改造和标准推广	全部气候区	新建建筑中推广节能标准	—	
4	可再生能源替代	太阳能光热		适宜地区	新增光热面积 49484 万 m²	2573.2	—
		太阳能光伏		适宜地区	新增装机容量 1000 万 kW	500	—
		空气热源		适宜地区	新增空气源热泵应用面积 38800 万 m²	83	—
		浅层地热		适宜地区	每年新增应用建筑面积 0.4 亿 m²	11040	——

第3章 政策法规体系

3.1 研究内容及技术路线

本章结合我国建筑节能、绿色建筑和低碳发展法规政策体系的现状，分析法规政策体系面临的问题与挑战，提出碳达峰碳中和背景下建筑节能、绿色建筑和低碳发展中长期法规政策体系目标、思路与重点。

具体来说，本章内容包括：

1. 建筑节能、绿色建筑和低碳发展法规体系现状

系统梳理近年来我国有关建筑节能、绿色建筑和低碳发展方面的法律法规，以及各省市出台的行政法规，分析目前我国法规体系的现状。

2. 建筑节能、绿色建筑和低碳发展政策体系现状

从国家层面和地方层面系统地分析了目前我国政策体系在建筑节能、绿色建筑和低碳发展方面的现状。

3. 建筑节能、绿色建筑和低碳发展政策体系问题与挑战

基于我国建筑节能、绿色建筑和低碳发展法规政策体系的现状，分析碳达峰碳中和背景下法律法规和政策体系存在的问题和挑战。

4. 建筑节能、绿色建筑和低碳发展中长期法规政策体系目标、思路与重点

根据现状和趋势分析，提出碳达峰碳中和背景下建筑节能、绿色建筑和低碳发展中长期法规政策体系目标、思路与重点。

3.2 法规和政策体系实施现状

3.2.1 法规体系

我国建筑节能有关法律法规主要有《中华人民共和国可再生能源法》《中华人民共和国节约能源法》《民用建筑节能条例》。《中华人民共和国可再生能源法》明确提出鼓励发展太阳能光热、供热制冷与光伏系统，并规定国务院建设主管部门会同国务院有关部门制定技术经济政策和技术规范。《中华人民共和国节约能源法》明确规定建筑节能工作的监督管理和主要内容。两部法律为建筑节能工作的开展提供了法律基础。2008年10月,《民用建筑节能条例》施行,作为指导建筑节能工作的专门法规,条例共六章四十五条,详细规定了建筑节能的监督管理、工作内容和责任。

自《民用建筑节能条例》施行以来,我国已有24个省、自治区、直辖市、计划单列市出台了建筑节能和绿色建筑领域的行政法规。北京市于2014年修订了《北京市民用建筑节能管理办法》(市政府令第256号),将建筑节能从建设领域扩展到运行管理领域。依托政府令建立了覆盖新建建筑全过程监管、既有居住建筑节能改造、公共建筑节能监管与改造、可再生能源建筑应用和相对健全工作机制、资金筹措与保障机制。

重庆市以《重庆市建筑节能条例》的贯彻落实为重点,不断完善相关配套政策,使建筑节能与绿色建筑各项工作做到有法可依,有力保障了可再生能源建筑应用、既有建筑节能改造和建筑节能与绿色建筑日常管理等工作的开展。并依托条例逐步完善技术标准体系,截至目前,累计发布建筑节能及相关技术标准87项、标准设计37项,形成了涵盖建筑节能设计、施工、检测、验收、评价全过程和标准设计齐全配套的技术法规体系,为建筑节能与绿色建筑工作实施全过程监管提供了技术依据。同时,针对建筑节能领域面临的共性问题和关键技术,加大科技创新力度,以技术标准完善和机制体制创新为重点,面向全行业征集并组织实施《既有公共建筑绿色化改造技术标准》等一批配套能力建设项目,不断完善建筑节能技术体系,并推动研究成果在具体工作中的应用。依托条例,不断加大地方建筑节能产业培育力度。按照因地制宜、协调发展的原则,通过节能技术备案管理等手段规范行业应用,不断壮大节能建材产业,形成了具有地方特色的产业集群,同时培育扶持了一批有规模、有实力、有影响的建筑节能产业化示范基地,形成有力的产业支撑。围绕条例设定的制度,着力加强行业实施能力建设,以建筑节能强制性标准为重点,围绕实施过程中的关键环节,创新培训方式,建立网络培训平台,组织编制培训课件,采取专家现场授课与网络在线学习相结合的方式,按照监督管理人员、行业从业人员两个层次,有针对性地开展全市绿色建筑与节能工作培训,有力提高了行业执行相关标准的能力。

与北京、重庆不同,山东省于2018年通过改进推进机制,提请省人大常委会通过修订《山东省民用建筑节能条例》,对10条内容进行了删减修改,进一步厘清明确了山东省建筑节能管理责任和工作要求。

综上,《民用建筑节能条例》全面推进了建筑节能工作,同时也推动了全国建筑节能工作法制化,形成了以《中华人民共和国节约能源法》为上位法,《民用建筑节能条例》为主体,地方法律法规为配套的建筑节能法律法规体系,逐步形成了推进建筑节能工作的"十八项"制度,有力保证了建筑节能重点工作和支撑保障体系的顺利推进(表3-1)。

《中华人民共和国节约能源法》、《民用建筑节能条例》规定的推进建筑节能十八项制度　表3-1

《民用建筑节能条例》第一章　总则	民用建筑节能规划制度
	民用建筑节能标准制度
	民用建筑节能经济激励制度
	国家供热体制改革

续表

《民用建筑节能条例》 第二章 新建建筑节能	建筑节能推广、限制、禁用制度
	新建建筑市场准入制度
	建筑能效测评标识制度
	民用建筑节能信息公示制度
	可再生能源建筑应用推广制度
	建筑用能分项计量制度
《民用建筑节能条例》 第三章 既有建筑节能	既有居住建筑节能改造制度
	国家机关办公建筑节能改造制度
	节能改造的费用分担制度
《民用建筑节能条例》 第四章 建筑用能系统运行节能	建筑用能系统运行管理制度
	建筑能耗报告制度
	大型公共建筑运行节能管理制度
《中华人民共和国节约能源法》	公共建筑室内温度控制制度
	建筑节能考核制度

我国绿色建筑起步较晚，目前在国家层面尚无相关法律法规支撑。绿色建筑法规体系以地方为主。目前，各地主要通过制定法规和规章两种方式推动绿色建筑立法，明确行政主管部门的监管要求以及各类市场主体的工作责任。在法规制定方面，江苏、浙江、宁夏、河北、辽宁和内蒙古6省（区）针对绿色建筑特点，制定颁布了《绿色建筑管理条例》《绿色建筑发展条例》等法规。陕西、广西、天津、贵州等地结合本地区《民用建筑节能管理条例》的制定、修订或修正，在建筑节能的基础上增加了绿色建筑推动和监管的要求。在规章制定方面，江西、青海、山东先后通过颁布政府令或省长令的方式，发布了《江西省民用建筑节能和推进绿色建筑发展办法》《青海省促进绿色建筑发展办法》《山东省绿色建筑促进办法》（表3-2）。

绿色建筑法律体系　　　　　　　　　　　　　　　　表3-2

序号	类别	地区	法规名称	制定/修订	实施时间
1	绿色建筑条例	江苏	《江苏省绿色建筑发展条例》	制定	2015年3月27日
2		浙江	《浙江省绿色建筑条例》	制定	2016年5月1日
3		宁夏	《宁夏回族自治区绿色建筑发展条例》	制定	2018年9月1日
4		河北	《河北省促进绿色建筑发展条例》	制定	2019年1月1日
5		辽宁	《辽宁省绿色建筑条例》	制定	2019年2月1日
6		内蒙	《内蒙古自治区民用建筑节能和绿色建筑发展条例》	制定	2019年9月1日
7	建筑节能条例	陕西	《陕西省民用建筑节能条例》	修订	2017年3月1日
8		广西	《广西壮族自治区民用建筑节能条例》	制定	2017年1月1日
9		天津	《天津市建筑节约能源条例》	修订	2012年7月1日
10		贵州	《贵州省民用建筑节能条例》	修订	2015年10月1日
11	省长令	江西	《江西省民用建筑节能和推进绿色建筑发展办法》	制定	2016年1月16日
12	政府令	青海	《青海省促进绿色建筑发展办法》	制定	2017年4月1日
13	政府令	山东	《山东省绿色建筑促进办法》	制定	2019年3月1日

3.2.2　政策体系

法律与政策是现代社会调控和治国互为补充的两种手段，在加快推进依法治国的进程中，各自发挥着独特的作用。政策是国家或政党为实现一定的政治、经济、文化等目标任务而确定的行动指导原则与准则，具有普遍性、指导性、灵活性等特征。法律是由一定的物质生活条件所决定的，由国家制定或认可并由国家强制力保证实施的具有普遍效力的行为规范体系，具有普适性、规范性、稳定性等特征。政策与法律作为两种不同的社会政治现象，它们的区别表现在意志属性不同、规范形式不同、实施方式不同、稳定程度不同。政策与法律的关系极为密切，二者相互影响、相互作用，具有功能的共同性、内容的一致性和适用的互补性。因此，在建筑节能和绿色建筑法律法规的基础上，建筑节能和绿色建筑相关政策体系一方面将成熟的政策上升为法律法规，另一方面不断探索适合于建筑节能与绿色建筑可持续发展的政策。

1. 建立了推动新建建筑全过程管理的政策体系

依托《民用建筑节能条例》设定的法律框架，逐步建立建筑节能从规划、设计、施工到竣工验收等环节的政策要求。针对新建建筑的建筑节能工程的规划、设计、施工、验收，分别建立了规划阶段征求意见制度、设计审查制度、施工图设计文件审查制度、施工质量保障制度和竣工验收制度，将建筑节能审查或验收结果作为取得建设工程规划许可证、施工许可证和办理竣工验收手续的前置条件，明确了主体责任并设立了相应罚则，确保建筑节能工程符合强制性标准要求，并严格落实建筑节能各方主体的责任，实现对新建建筑节能的全过程管理。

2. 建立了推动既有居住建筑节能改造的政策体系

住房和城乡建设部、财政部于2008年和2011年分别启动了北方采暖地区既有居住建筑节能改造和夏热冬冷地区既有居住建筑节能改造，先后印发了《关于推进北方采暖地区既有居住建筑供热计量及节能改造工作的实施意见》（建科〔2008〕95号）、《财政部　住房和城乡建设部关于进一步深入开展北方采暖地区既有居住建筑供热计量及节能改造工作的通知》（财建〔2011〕12号）、《北方采暖地区既有居住建筑供热计量及节能改造项目验收办法》（建科〔2009〕261号）、《关于推进夏热冬冷地区既有居住建筑节能改造的实施意见》（建科〔2012〕55号）《北方采暖区既有居住建筑供热计量及节能改造奖励资金管理暂行办法》（财建〔2007〕957号）、《夏热冬冷地区既有居住建筑节能改造补助资金管理暂行办法》（财建〔2012〕148号）、《北方采暖地区既有居住建筑供热计量及节能改造技术导则》（建科〔2008〕126号）、《夏热冬冷地区既有居住建筑节能改造技术导则》（建科〔2012〕173号）等文件，从实施要求、技术要求和经济激励等方面构建了推动既有居住建筑节能改造的政策体系。特别是制定了中央财政给予既有居住建筑节能改造财政补贴支持，带动了省、市两级也实施相应奖补资金配套，共同推动既有建筑节能改造，有效推动了建筑节能改造工作进程。

3. 建立了公共建筑节能监管和改造的政策体系

2010年，住房和城乡建设部印发《关于切实加强政府办公和大型公共建筑节能管理工作的通知》（建科〔2010〕90号），明确了政府办公和大型公共建筑节能工作目标，强调做好能耗统计、审计和公示，启动能耗监管平台建设工作。2011 年财政部、住房和城乡建设部印发了《关于进一步推进公共建筑节能工作的通知》（财建〔2011〕207 号），启动公共建筑节能改造，并确定以天津、重庆、深圳、上海为重点城市开展公共建筑节能改造试点工作。2017 年，住房和城乡建设部办公厅、银监会办公厅印发《关于深化公共建筑能效提升重点城市建设有关工作的通知》（建办科函〔2017〕409 号）再次推动公共建筑能效提升重点城市建设工作，明确了重点城市的提升目标、支持政策、技术创新以及合同能源管理模式的应用比例。

4. 建立可再生能源建筑应用的推广体系

2006 年，建设部、财政部联合发布《关于推进可再生能源在建筑中应用的实施意见》（建科〔2006〕213 号）和《财政部、建设部关于可再生能源建筑应用示范项目资金管理办法》（财建〔2006〕460 号），启动了可再生能源建筑应用示范，并构建了可再生能源建筑应用示范项目政策体系。2009 年，住房和城乡建设部、财政部联合发布《关于加快推进太阳能光电建筑应用的实施意见》（财建〔2009〕128 号）和《太阳能光电建筑应用财政补助资金管理暂行办法》（财建〔2009〕129 号），启动了太阳能光伏建筑应用示范项目，即"太阳能屋顶计划"。同年，两部委启动了可再生能源建筑应用城市示范和农村地区县级示范。2011 年，两部委联合发布《关于进一步推进可再生能源建筑应用的通知》，新增了集中连片推广示范区镇、科技研发及产业化示范项目。2012 年，创新示范形式，新增了省级集中推广重点区、太阳能综合利用示范等形式。同时，两部委下发《关于完善可再生能源建筑应用政策及调整资金分配管理方式的通知》（财建〔2012〕604 号），明确将实施可再生能源建筑应用省级推广，由各省级管理部门来开展可再生能源建筑应用的推广。一系列政策的推出，一方面建立了较为完整的推进可再生能源规模化推广的政策体系，同时也有效支撑了可再生能源建筑应用的发展。

5. 建立并逐步完善建筑节能的支撑保障政策体系

建筑节能标准规范体系不断完善，基本涵盖了设计、施工、验收、运行管理等各个环节，涉及新建居住和公共建筑、既有居住和公共建筑节能改造、建筑用能系统运行管理等多个领域。严寒和寒冷地区、夏热冬冷地区和夏热冬暖地区居住建筑以及公共建筑节能设计标准逐步提升。同时，各地结合本地区实际，对国家标准进行了细化，部分地区执行了更高水平的新建建筑节能标准。财政激励政策体系取得明显成效。

2007 年以来中央财政累计投入 476 亿元支持北方采暖地区既有居住建筑供热计量及节能改造，实施改造面积超过 10 亿 m^2，改造后室内温度普遍提高 3～5℃，单位供暖面积能耗下降 30%。投入 6855 万元支持夏热冬冷地区既有居住建筑节能改造试点，试点面积超过 1700 万 m^2。支持国家机关办公建筑和大型公共建筑节能监管体系建设和改造，政府办公建筑和大型公共建筑节能监管平台基本实现全覆盖，改造后能效提升 20%。投入 185 亿元，支持可再生能源建筑应用，推动太阳能、浅层地能在建筑中的应用。随着专项资金管理的调整和引导市场在建筑节能工作中发挥作用的要求，2013 年后中央财政奖补资金支持力度逐步下降，至 2015 年中央财政支持建筑节能、可再生能源建筑应用专项全面结束。

科技创新能力不断增强。建立了国家重点研发计划、国际合作和资助项目、住房和城乡建设科技计划项目、科技评估推广体系和奖励体系。同时，各地围绕建筑节能工作发展需要，结合地区实际，积极筹措资金，安排科研项目，为建筑节能深入发展提供科技储备。

产业支撑体系逐步建立。住房和城乡建设部相继发布了可再生能源建筑应用、村镇宜居型住宅、既有建筑节能改造等技术推广目录，引导建筑节能相关技术、产品、产业发展；实施可再生能源建筑规模化应用示范和太阳能光电建筑应用示范项目，带动了太阳能光伏发电等可再生能源相关行业发展；通过建立建筑能效测评标识制度，推动了建筑节能第三方服务机构的发展；积极落实国务院加快推行合同能源管理促进节能服务产业发展的意见，培育建筑节能服务市场，加快推行合同能源管理模式在建筑节能领域的应用，重点支持专业化节能服务公司提供节能诊断、设计、融资、改造、运行管理服务。

6. 建立了推动绿色建筑规模化发展的政策体系

2006 年住房和城乡建设部发布《绿色建筑评价标准》GB/T 50378—2006，2007 年印发了《绿色建筑评价标识管理办法（试行）》（建科〔2007〕206 号），开始试点推动绿色建筑。2013 年，《国务院办公厅关于转发发展改革委 住房和城乡建设部绿色建筑行动方案的通知》（国办发〔2013〕1 号），全面推动绿色建筑建设。

建立规划引导政策。在城镇新区建设、旧城更新和棚户区改造中，以绿色、节能、环保为指导思想，建立包括绿色建筑比例、生态环保、公共交通、可再生能源利用、土地集约利用、再生水利用、废弃物回收利用等内容的指标体系，将其纳入国土空间规划和专项规划，并落实到具体项目。做好城乡建设规划与区域能源规划的衔接，优化能源的系统集成利用。积极引导建设绿色生态城区，推进绿色建筑规模化发展。住房和城乡建设部 2013 年印发了《"十二五"绿色建筑和绿色生态城区发展规划》，2017 年印发了《"十三五"建筑节能与绿色建筑发展规划》（建科〔2017〕53 号）等专项规划，指导绿色建筑和绿色生态城区的发展。

建立强制推广政策。加大绿色建筑强制推广的范围和要求，要求政府投资的国家机关、学校、医院、博物馆、科技馆、体育馆等建筑，直辖市、计划单列市及省会城市的保障性住房，以及单体建筑面积超过 2 万 m² 的机场、车站、宾馆、饭店、商场、写字楼等大型公共建筑，自 2014 年起全面执行绿色建筑标准。2013 年，住房和城乡建设部印发了《关于保障性住房实施绿色建筑行动的通知》（建办〔2013〕185 号），推进保障性住房建设中实施绿色建筑行动。

建立自愿评价机制。积极引导商业房地产开发项目执行绿色建筑标准，鼓励房地产开发企业建设绿色住宅小区。切实推进绿色工业建筑建设。强化绿色建筑评价标识管理，加强对规划、设计、施工和运行的监管。2007 年住房和城乡建设部发布了《绿色建筑评价标识管理办法（试行）》（建科〔2007〕206 号）。2017 年住房和城乡建设部印发了《关于进一步规范绿色建筑评价管理工作的通知》（建科〔2017〕238 号），进一步按照"放管服"的要求，实行绿色建筑评价标识属地管理制度。推行第三方评价，可采用政府购买服务等方式委托评价机构对绿色建筑性能等级进行评价或由绿色建筑评价标识申请单位自主选择评价机构进行绿色建筑评价。严格评价标识公示管理，并建立信用管理制度，强化评价标识质量监管。加强评价信息统计，加强绿色建筑评价标识质量监督，不定期对各地绿色建筑评价标识管理工作情况进行检查，抽查绿色建筑项目评价及实施情况。

3.3 政策法规体系面临的问题与挑战

3.3.1 面临的问题

3.3.1.1 原有建筑节能的法律法规制度不适应新时代的发展要求

从民用建筑节能发展规划制度看，存在部分地级市、县级市（县）未按制度要求编制规划，规划深度、程序等方面未达到要求，规划监督和评估制度尚未建立等。从公共建筑节能监管来看，建筑运行系统全寿命期提高建筑运行能效的制度不多，能耗统计体系不适应低碳发展要求。从维护维修制度来看，建筑保温工程日常维修维护和质量保修方面的制度尚不完善。从公示制度来看，建筑节能信息公示内容过多和过于专业。从罚则来看，《民用建筑节能条例》编制之初的惩罚措施已无法达到惩戒的目的，且依据《民用建筑节能条例》实施处罚不多。上述体制机制难以适应构建现代能源体系的需要，改革创新刻不容缓。

3.3.1.2 新建建筑全过程监管法规政策体系与"放管服"的要求不衔接

按照"放管服"的要求，工程建设领域审批制度发生很大变化，现行新建建筑节能监管领域存在与"放管服"要求不一致、不衔接的情况。在简政放权，降低准入门槛方面，合理划分工程项目的审批流程，整合审批阶段；根据工程项目类型、规模等因素，分类细化审批流程；由一家部门牵头，推广并联审批；精简、合并审批事项，推行告知承诺制；下放审批权限，提高审批效能；政府正在工程建筑领域试点取消施工合同备案、建筑节能设计审查备案等事项。在创新监管、促进公平竞争方面，"放管服"要求全面推行"双随机、一公开"监管，强化事中事后监管。

3.3.1.3 以中央财政资金投资为主体的既有居住建筑改造政策体系已不适应实际

一是中央财政退坡后，政策执行效果大打折扣。一方面，现行制度执行过程中过多依赖于中央财政资金的投入。中央财政奖补资金取消后，地方财政也同步逐步退坡，既有居住建筑节能改造的数量大幅下降。"十二五"期间，北方采暖地区既有居住建筑节能改造年均实施近 2 亿 m^2。中央财政资金投入既有居住建筑节能改造的资金奖补政策退出，2018 年度仅完成改造面积 4373 万 m^2，2019 年计划完成改造面积 4218 万 m^2，年度改造面积下降 75%。夏热冬冷地区既有居住建筑节能改造基本停滞。另一方面，多元投资机制尚未有效建立，市场化投入改造的措施和办法不多。从政府看，有效的奖补资金可以撬动既有居住建筑节能改造市场，撬动市场主体参与。二是单纯建筑节能改造难以满足居民对美好生活的全面需求。适应近年新建建筑所提供的合理空间布局、良好的起居生活功能以及隔声、适老、节能、环境、活动等功能性和舒适性条件更加符合居民需求，使得生活在老旧建筑中的居民对现有住宅的舒适性和功能性存在诸多不满意。这种不满意不仅对节能性能，也包括对房屋起居分隔不合理、适老等功能性缺失、基础设施老化或不足，在噪声、小区环境、甬路照明、绿化等方面均有改造需求，这也是既有居住建筑改造的所展现的一个新的趋势，即以综合改造代替单项改造，满足小区居民的提升改造需求，避免多次施工，反复扰民。

3.3.1.4 以数据为导向的建筑用能系统节能运行机制尚未有效建立

一是能耗统计数据获取困难。目前，能耗统计获取数据的规模和范围有限，且获取系统性、可持续性不强。业主和所有权人履行义务不充分，提供能耗统计数据不准确或不提供。能耗统计缺乏人员或专门队伍，缺乏经费支持，导致能耗数据获取和更新困难，统计作用发挥不充分。制度中仅强调电耗，不能涵盖公共建筑中燃气、供热、水资源消耗等其他能源资源消耗。二是实施能耗审计的动力不足。目前，开展能耗审计的主体仍为政府主导，业主主动性和积极性不足。其原因不是审计本身的问题，而是业主不了解和掌握自身能耗水平在同类建筑中所处的位置，也不清楚通过节能改造能获得的节能收益，制约其主动释放节能潜力，也制约合同能源管理专门机构和能源公司参与节能运行和改造。三是公示制度未能发挥应用的作用。公示比例过小，重庆、江苏等地均以公告的方式展示少量建筑能耗统计数据，不能充分展示同类建筑排名或比例。公示渠道单一，多数省份仅在住房城乡建设系统内部公示，影响力不强，依靠社会力量促进业主和所有权人实施改造的初衷实施效果不佳。其原因在于落实制度要求仅考虑了面上的工作，看似要求的均已落实，实质上没有达到公示的初衷，也无法数据上推动业主或所有权人主动释放节能运行的潜力。四是科学合理的能耗定额和超定额加价制度尚未有效制定。目前，各地出台能耗定额的不多，不同类别建筑用能系统区别较大，且受地区、气候、使用强度等综合影响，能耗定额编制能力要求较高，编制难度较大，例如，宾馆受星级、规模、入住率影响较大，写字楼受星级、人员和运行时间等影响较大。超定额加价等制度尚未实施。另外，能耗监测和管理平台长效、可持续运行存在风险。

3.3.1.5　原有可再生能源建筑应用政策体系发挥作用有限

一是中央财政退坡后，原有可再生能源建筑应用专项政策体系无法发挥作用，以示范项目、示范区为导向的制度和政策体系无法引导可再生能源建筑应用的发展。二是有利于可再生能源建筑应用新制度和政策体系尚未建立。原有政策体系更多关注可再生能源系统的运行效果，对建筑用能系统与可再生能源联合运行强调不够，实际运行中可再生能源系统与建筑用能系统不匹配，存在忽视应用条件而被动使用可再生能源的情况。部分项目可再生能源系统与建筑用能特点协同不到位，运行效果不佳，建设方与使用方不一致，系统建设方不考虑运营问题，系统建设质量不高，系统运营者无法保证系统高水平运行，造成部分项目"建而不用"。

3.3.1.6　农村建筑节能政策体系目前仍属空白

从法律法规角度，《中华人民共和国建筑法》主要聚焦在城镇建筑，因此推进建筑节能工作主要聚焦在城镇建筑节能工作，现有的民用建筑法律法规体系和政策体系也未提及农村建筑节能。

3.3.1.7　绿色建筑的发展缺乏行政法规支撑

从国家层面看，我国还没有绿色建筑有关立法推动的行政法规，一定程度上限制了绿色建筑的法制化推动，同时也制约绿色建筑的推广。绿色建筑、低碳发展等缺少上位法的支持，以及现有条例应用过程中的问题均需要在下一步的目标任务中予以解决。例如，原有的法律体系中并未包含绿色建筑的相关内容和要求、原有的法律体系无法涵盖全生命周期，程序、内容缺少绿色发展的要求，适用于绿色建筑评价的法律基础尚未建立。

从地方层面看，目前已开展绿色建筑立法实践的地区，既有值得借鉴推广的有益经验，也有需要进一步改进提升的内容。需要上下联动，构建较为完善的绿色建筑法规体系，保障实施效果。在已实施的政策基础上，一系列需要行政法规确立的基本制度尚需制定，同时实践证明已出台的一系列推进绿色建筑发展的政策制度行之有效，具备上升到行政法规的条件，需加快推动立法予以纳入。

3.3.1.8　落实绿色建筑评价标识制度要求的政策措施仍不够

绿色建筑评价标识是推动绿色建筑发展的主要抓手，根据国家"放管服"改革要求，住房和城乡建设部于 2015 年和 2017 年先后印发了《关于绿色建筑评价标识管理有关工作的通知》（建办科〔2015〕53 号）和《关于进一步规范绿色建筑评价管理工作的通知》（建科〔2017〕238 号），对标识评价管理制度进行了改革。一是在评价方式方面，明确各地可结合实际由住房城乡建设主管部门组织开展绿色建筑评价标识工作，或推行第三方评价，由绿色建筑评价标识申请单位自主选择评价机构进行评价。二是在管理权限方面，明确绿色建筑评价标识实行属地管理，各省、自治区和直辖市的管理权限由之前仅负责本行政区域内一、二星级评价标识工作的组织实施与管理，转变为全面负责一、二、三星级评价标识工作的组织实施与管理。三是在监督管理模式方面，要求各地应强化对绿色建筑评价质量和标识项目实施情况的事中事后监管，并建立针对评价机构和其他相关市场主体的信用管理制度和信用信息平台，逐步形成"守信激励、失信惩戒"的市场信用环境。

但上述文件未明确具体的第三方评价推动方式、监管措施，还需要地方结合实际情况进行探索，特别是对第三方机构的监管亟须法律条款支撑，建立准入门槛，有效约束评价行为，保障评价质量。

3.3.1.9　推动既有建筑绿色化改造的法规政策体系尚未建立

目前，各地绿色建筑法规的内容主要针对新建建筑，旨在从源头和增量上实现建筑的绿色化发展。但我国既有建筑面积目前已超 600 亿 m²，这些建筑中很大比例都未按照绿色建筑标准进行设计和建造，能源资源消耗水平较高，建筑垃圾、建筑噪声和建筑光污染等问题也日益突出。同时，近年来党中央、国务院高度重视城镇老旧小区的改造工作。习近平总书记指出，要加快老旧小区改造；不断完善城市管理和服务，彻底改变粗放型管理方式，让人民群众在城市生活得更方便、更舒心、更美好。李克强总理在 2019 年《政府工作报告》中对城镇老旧小区改造工作作出部署，又在同年 6 月 19 日主持召开国务院常务会议，部署推进城镇老旧小区改造工作。

3.3.2　新形势、新趋势面临的机遇与挑战

3.3.2.1　宏观政策导向对建筑节能、绿色建筑和低碳发展提出了新的要求

随着新时代对节能减排、绿色发展的要求，上位法的修订以及一系列工程监管与工程质量新要求、新变化，今后一个时期内，绿色建筑、建筑节能和低碳发展的目标与要求应更加深入，更加符合新时代发展要求。一是《中共中央　国务院关于进一步加强城市规划建设管理工作的若干意见》强调牢固树立和贯彻落实创新、协调、绿色、开放、共享的发展理念，贯彻"适用、经济、绿色、美观"的建筑方针，着力转变城市发展方式，着力塑造城市特色风貌，着力提升城市环境质量，着力创新城市管理服务，走出一条中国特色城市发展道路。并要求加强建筑设计管理。按照"适用、经济、绿色、美观"的建筑方针，突出建筑使用功能以及节能、节水、节地、节材和环保，防止片面追求建筑外观形象。推广建筑节能技术。提高建筑节能标准，推广绿色建筑和建材。支持和鼓励各地结合自然气

候特点，推广应用地源热泵、水源热泵、太阳能发电等新能源技术，发展被动式房屋等绿色节能建筑。完善绿色节能建筑和建材评价体系，制定分布式能源建筑应用标准。分类制定建筑全生命周期能源消耗标准定额。实施城市节能工程。在试点示范的基础上，加大工作力度，全面推进区域热电联产、政府机构节能、绿色照明等节能工程。明确供暖系统安全、节能、环保、卫生等技术要求，健全服务质量标准和评估监督办法。进一步加强对城市集中供热系统的技术改造和运行管理，提高热能利用效率。大力推行供暖地区住宅供热分户计量，新建住宅必须全部实现供热分户计量，既有住宅要逐步实施供热分户计量改造。二是党的十九大报告对建筑节能和绿色建筑的发展提出了高质量发展的要求。提出加快建立绿色生产和消费的法律制度和政策导向，建立健全绿色低碳循环发展的经济体系构建市场导向的绿色技术创新体系。推进能源生产和消费革命、推进资源全面节约和循环利用，实施国家节水行动倡导简约适度、绿色低碳的生活方式开展创建节约型机关、绿色家庭、绿色学校、绿色社区和绿色出行等行动。

3.3.2.2　"放管服"对建筑节能领域法规政策改革提出了新的要求

2018 年 8 月 14 日，国务院办公厅印发的《全国深化"放管服"改革转变政府职能电视电话会议重点任务分工方案》中明确提出，加快完善法律法规。按照在法治下推进改革、在改革中完善法治的要求，抓紧清理修改一切不符合新发展理念、不利于高质量发展、不适应社会主义市场经济和人民群众期盼的法律法规，及时把改革中形成的成熟经验制度化。在"放管服"改革的进程中，既要通过法制保障改革，又要通过改革完善法制。而政府既是"放管服"改革的主要推动者，又是法规、规章的制定及适用主体之一。2018 年 3 月，《国务院办公厅关于开展工程建设项目审批制度改革试点的通知》（国办发〔2018〕33 号），开始全面开展工程建设项目审批制度的改革。

对标"放管服"要求，建筑节能、绿色建筑和低碳发展有关法律基础和政策体系仍有差距。从宏观层面看，经过十多年的实践，以《中华人民共和国节约能源法》为上位法、《民用建筑节能条例》作为部门规章的法律体系在先进性、适用性上与"放管服"的要求存在差距，特别是尚未将把发展过程中形成的成熟经验制度化。从微观层面上看，由于建筑节能领域涉及的主体众多，如建设单位、施工单位、房地产开发企业以及建筑所有权、使用权人等，政府"放管服"改革的目标尚未在上述主体的权利与义务中充分体现。

工程审批制度改革、工程总承包、全过程工程咨询、建筑师负责制、工程质量保险和担保制度、事中事后监管、使用者监督机制和信用体系建设等一批住房城乡建设领域落实高质量发展和"放管服"改革举措在发挥市场在资源配置中起决定性作用和更好发挥政府作用，促进设计、施工深度融合，满足委托方多样化需求、保障工程质量、保障购房人权利等方面发挥重要作用，正显著改变着传统建筑节能和绿色建筑的组织方式和监管方式。面临新的形势和改革发展要求，实现建筑节能和绿色建筑治理能力和治理体系的现代化是中长期政策体系必须面对的课题。

3.3.2.3　能耗总量与强度双控要求不断增强

一是实施能耗总量与强度双控是推动能源消费革命的要求。强化约束性指标管理，同步推进产业结构和能源消费结构调整，有效落实节能优先方针，全面提升城乡优质用能水平，从根本上抑制不合理消费，大幅度提高能源利用效率，加快形成能源节约型社会是推动能源消费革命的要求。二是推进建筑节能、绿色建筑和低碳发展的自身需要。30 年来，建筑节能工作紧紧围绕新建建筑节能、既有居住建筑节能改造、大型公建节能监管与改造、可再生能源利用、绿色建筑推进等方面做了大量、深入而细致的工作，但至今节能工作的整体效益未能充分体现。建筑领域的能源消耗总量和节能量数据无法及时反映真实情况。节能的管理与控制主要针对城镇新建建筑，尚未实现对建筑运行阶段能耗的有效监管。建筑用能总量控制目标缺失，导致在建筑节能的具体工作中仍具有一定的盲目性，无法实现量化考核制度。长期以来以工作量代替建筑能源总量与强度控制目标不利于建筑节能工作的推进和目标考核。三是已有的工作基础为开展总量和能耗双控提供了必要的支撑。30多年来，我国开展的建筑节能专项工作为建筑节能政策转型奠定了坚实的工作基础。为了摸清民用建筑的真实能耗，住房和城乡建设部确立了民用建筑能耗统计（监测）、审计、公示制度，建立了较为完善的建筑能耗基础数据库，为实现建筑能耗总量控制政策顶层设计打下了扎实的数据基础。同时，以民用建筑能耗数据为基础制定完成了民用建筑能耗标准编制，开展了以市场机制为主导的公共建筑节能改造试点工作。节能新技术的突破应用，为推动建筑节能政策可持续发展提供了有力支撑。

3.3.2.4 应对气候变化的挑战

一是我国需履行应对气候变化的国际责任。2015年11月30日至12月11日，《联合国气候变化框架公约》第21次缔约方会议会暨《京都议定书》第11次缔约方大会（简称第21届联合国气候变化大会）在法国首都巴黎召开（巴黎大会），有184个国家提交了应对气候变化"国家自主贡献"文件，涵盖全球碳排放量的97.9%，《联合国气候变化框架公约》近200个缔约方一致同意通过《巴黎协定》，为2020年后全球应对气候变化行动做出安排，我国是第23个完成了批准协定的缔约方。二是二氧化碳排放力争2030年前达到峰值。2020年9月22日，国家主席习近平在第七十五届联合国大会一般性辩论上郑重指出，中国将提高国家自主贡献力度，采取更加有力的政策和措施，二氧化碳排放力争2030年前达到峰值，努力争取2060年前实现碳中和。应对气候变化《巴黎协定》代表了全球绿色低碳转型的大方向，是保护地球家园需要采取的最低限度行动，各国必须迈出决定性步伐。习近平主席的重要讲话高瞻远瞩、内涵深刻、振奋人心，充分展现了大国领袖卓越的战略眼光、开阔的世界胸怀、恢宏的全球视野，彰显了我国积极应对气候变化、走绿色低碳发展道路的雄心和决心，为各国携手应对全球性挑战、共同保护好人类赖以生存的地球家园贡献了中国智慧和中国方案，受到国际社会广泛认同和高度赞誉。这一重要宣示也为我国应对气候变化、绿色低碳发展提供了方向指引、擘画了宏伟蓝图。三是建筑是碳排放的重要来源。2016年，国家应对气候变化战略研究和国际合作中心、美国能源中心及国家发展和改革委员会能源研究所联合发布《中国气候与能源政策方案》，其最重要结论是，中国能够通过实施一系列政策，在2030年左右或之前实现碳排放达峰，研究分析认为，为有效推动中国的碳排放控制，未来应从碳定价机制、强化电力部门非化石能源和新能源的应用、加速去重工业化过程和将绿色建筑作为新建建筑的设计标准等几个方面强化政策设计，认为建筑是碳排放的一个重要来源，推广绿色建筑是有效推动我国碳排放控制的重要手段。建筑能耗占全社会能源消费比例每增加1个百分点，将多占用5000万tce的能源空间。有效减缓城市能源资源消耗过快增长的趋势就意味着为国家能源总量控制目标的实现让渡出更大的空间。

3.3.2.5 新一代信息技术的应用和"新基建"为建筑节能和绿色建筑发展注入的新动能

建筑信息模型（BIM）技术、城市信息模式（CIM）应用、大数据技术、物联网技术、智能建造技术、直流建筑技术等一批以信息技术与传统建筑节能和绿色建筑技术深度融合正深刻改变着建筑节能和绿色建筑的发展方式。上述技术催生和推动能源互联网、综合能源服务、分布式能源等新业态，成为推动建筑节能和绿色建筑发展的新引擎。新一代信息技术也极大改变了传统建筑节能和绿色建筑的推动和监管方式。依托新一代信息技术在工程项目管理、信用体系建设中的应用，极大拓展了建筑节能和绿色建筑的监管范围和提升了监管效率。通过整合分析政府数据、社会数据、互联网数据资源，能够更加高效地对政府管理和决策提供支撑，进而实现资源的高效配置。依托数据和信息公开与共享机制，将全面提高行业公共服务能力水平，提高全社会节能和绿色发展意识，最大限度激发微观活力。数据中心、5G 基站建设、特高压、城际高速铁路和城市轨道交通、新能源汽车充电桩、大数据中心、人工智能、工业互联网等领域为主的"新基建"建设也给建筑节能的管理带来了巨大挑战，5G 基站、数据中心、依托建筑供电的充电桩、建筑智能化和一批场站的建设和投入运营，都对传统建筑能耗的边界、建筑能源合理匹配、综合管理提出了新的挑战。

3.3.2.6 从单体建筑到区域和城市整体协调发展新趋势

在新区建设层面，2013 年国家发展和改革委员会城市和小城镇改革发展中心通过对全国 12 个省份的调研发现，12 个省会城市共规划建设了 55 个新城新区，而在 12 个省份下辖的 144 个地级城市中，共规划建设了 200 个新城新区。从 2007 年天津市滨海新区建设"中国—新加坡绿色生态城"开始，已逐步形成一种基于区域层面推动绿色低碳的发展模式。目前已经推广到广州的中新知识城、济南的中新智慧城等地。从旧城绿色更新发展看，在国家既有居住建筑节能改造政策支持下，北京、天津推动了以节能改造、抗震加固、更新基础设施、整治小区环境等综合改造为主体的老旧小区绿色更新。与单纯节能改造相比，这种模式下的投入产出比更大，居民得到的实惠更多。深圳市光明新区对原有的旧城实施绿色更新，彻底改变了传统的"大拆大建"模式。

3.4 法规政策体系构建

3.4.1 思路与目标

政策体系的构建应认真贯彻党的十九大关于推动"绿色"和"高质量"发展的要求，围绕致力于绿色发展的城乡建设工作，以市场推动为主要抓手，坚持以人民为中心的发展理念，全面推动我国建筑节能工作高质量发展。从目标思路上看，结合我国国情和建筑节能发展的实际中长期推动建筑节能工作政策体系要切实支撑建筑节能工作实现"五个转变"：一是支撑发展理念从"以房为本"向"以人为本"转变，更加注重居住者的获得感；二是支撑发展单元向注重单体建筑和城市街区（社区）等区域单元能效提升转变，实现建筑能源互联互通；三是支撑发展区域从城镇为主向乡村转变，更加注重城乡一体化均衡发展；四是支撑监管环节从重点关注规划、设计、施工、验收向关注建筑运行管理等环节转变，在实际运行中充分体现建筑能效提升性能与效果；五是支撑发展内容从粗放式建造扩展到绿色建造，发展装配式建筑、推广绿色建材，更加注重全产业链融合发展。六是支撑从以政府主导向发挥市场在资源配置中起决定性作用的方式转变，重点构建适应市场环境的发展机制。

3.4.2 中长期政策体系架构

一是以《民用建筑节能管理规定》修订为切入点，加快制定适合新时代高质量发展要求推进机制。二是围绕能耗总量和强度约束，加快制定建筑节能中长期发展政策体系。三是围绕"放管服"改革要求，制定新建建筑能效提升政策。四是围绕满足人民美好生活向往，构建新时代既有居住建筑节能改造政策体系。五是围绕数据导向，构建建筑用能系统节能运行市场化机制。六是围绕提升建筑用能系统整体性能，制定可再生能源建筑应用推广政策。七是建立并完善健全机制，积极引导农村建筑节能发展。八是围绕高质量发展，加快绿色建筑有关立法。九是围绕品质提升，构建加大力度推动绿色建筑政策体系。

3.5 政策法规体系实施路径及建议

3.5.1 实施路径

3.5.1.1 加快制定适合新时代高质量发展要求的推进机制

结合《民用建筑节能管理规定》修订，研究制定以市场发挥决定性作用的建筑节能的推广机制。研究绿色金融、建筑质量再保险、建筑性能再保险等金融手段支持建筑节能。提高建筑用能数据的服务水平，充分释放有关市场主体对建筑节能的需求，并为建筑节能量交易、碳交易提供支撑。研究适应新时代的建筑节能交易、碳交易的机制，并逐步试点示范。加快建立适应"放管服"改革和工程建设项目审批制度改革背景下的建筑节能全过程管理体系，进一步提高建筑业主对建筑节能性能承担的主体责任，提升建筑节能质量水平。进一步提升建筑节能服务产业的水平，构建节能节碳量核定制度，引导科研机构、大专院校及相关企业成立节能节碳量核定机构，并对核定结果承担主体责任。

3.5.1.2 实施城市能源资源消费总量和强度控制

按照能源资源消费总量控制的战略目标，合理引导各城市根据自身能源资源和生态环境的承载能力、确定城市人口、建设用地、能源资源消费总量、环境保护的中长期控制目标，并在城市布局及功能分区调整和改造、基础设施配置、交通组织规划、城市建筑建设、城市运行管理等工作中严格落实。

尽快发布我国建筑能效提升路线图，明确建筑能效提升中长期规划目标。实施建筑能耗总量控制战略，综合分析中长期建筑规模变化趋势和建筑用能强度变化趋势，设定全国建筑能耗中长期控制目标，并分地区、分类别进行分解落实。

3.5.1.3 进一步提高新建建筑能效水平，推行建筑能效领跑者计划

加快新建建筑能效提升进程，尽快执行更高水平节能标准。公布建筑能效标准先进城

市，鼓励对标。出台以能耗量为约束条件的建筑能耗标准。严格控制超大、超高、超限公共建筑建设，对此类建筑实行用能专项审查。全面推广超低能耗绿色建筑，深入开展净零能耗建筑与社区研究，加快建立净零能耗建筑与社区的试点示范工程，逐步建立适应净零能耗建筑单体和区域发展的政策机制，推动新建建筑由"建筑节能"向"建筑产能"转变。逐步实现由并跑向领跑转变。

3.5.1.4 提升既有居住建筑能效水平

总结已有改造的经验，结合城市旧城更新、环境综合整治等实施节能改造，选择有条件小区进行高标准的节能改造和绿色化改造。在北方地区城市全面推进既有建筑节能改造，选择有条件小区进行高标准的节能改造和绿色化改造。结合北方清洁取暖工作推进，进一步提高城镇老旧建筑能效水平，明确改造任务和计划安排。积极推动财政资金投入既有居住建筑节能改造领域，充分发挥能源服务企业、用户和社会、市场的积极性，推动既有居住建筑节能改造持续深入开展。

3.5.1.5 以释放节能潜力为中心构建政策体系，市场化推动公共建筑能效提升

完善并强化以能耗数据为导向的建筑用能系统节能运行机制。实施能耗统计、能源审计、能效公示制度，继续开展公共建筑节能改造重点城市试点。全面推进公共建筑能效比对工作，实行重点用能公共建筑动态管理制度，分地区、分类型公布公共建筑先进能效标准。鼓励合同能源管理、PPP等市场化模式实施节能改造。在学校、医院等公益性行业开展建筑能效比对试点。对公共建筑实行用能定额管理制度，超过者征收额外费用。修改用电限额为能耗限额，简化计算方法，选择试点地区开展超限额加价试点，倒逼业主或所有权人释放节能潜力。

3.5.1.6 以提升应用效果为重点，推进可再生能源建筑应用

坚持"因地制宜、效率优先、应用尽用、多能互补"原则，推广应用可再生能源。城市应全面做好可再生能源资源条件勘察和利用条件调查，并编制城市可再生能源应用规划。坚持多层次应用，建立可再生能源与传统能源协调互补、梯级利用的综合能源供应体系，具备资源条件和应用条件的，利用海水源、江水源热泵技术等，建立区域可再生能源利用中心。在传统非供暖的夏热冬冷地区，利用太阳能、地热能、生物质能等建立城市微供暖系统。大力推广太阳能光伏等分布式能源，打造城市可再生能源微网系统，实现分布式能源与智能调度充分结合。继续大力推广太阳能光热应用、浅层地能热泵、空气源热泵等成熟应用技术。做好太阳能供暖、风光互补、城市沼气、垃圾发电新技术推广试点工作。总结可再生能源建筑应用的经验和存在的问题，坚持效益优先，将可再生能源应用效果与体验与建筑用能特点结合起来，以使用者需求为导向，构建可再生能源建筑应用系统，避免出现为了应用可再生能源而忽略应用效果和体验的现象。

3.5.1.7 建立健全机制，积极引导农村建筑节能发展

将农村建筑纳入建筑节能强制标准管理，分类指导提高新型农村社区、农村公共建筑和一般建筑的节能水平。鼓励农村新建、改建和扩建的居住建筑按《农村居住建筑节能设计标准》GB/T 50824、《绿色农房建设导则（试行）》等进行设计和建造。引导经济发达地区及重点发展区域农村建设节能农房。鼓励政府投资的农村公共建筑、各类示范村镇农房建设项目率先执行节能标准、导则。紧密结合农村实际，分类指导，总结出符合地域及

气候特点、经济发展水平、保持传统文化特色的乡土节能技术，编制技术导则、设计图集及工法等，积极开展试点示范。在有条件的农村地区推广轻型钢结构、现代木结构、现代夯土结构等新型房屋。结合农村危房改造稳步推进农房节能改造。加强农村建筑工匠技能培训，发放指南和手册，提高农房节能设计和建造能力。积极引导农村建筑用能结构调整。积极研究适应农村资源条件、建筑特点的用能体系，引导农村建筑用能清洁化、无煤化进程。积极采用太阳能、生物质能、空气能等可再生能源解决农房供暖、炊事、生活热水等用能需求。在经济发达地区、大气污染防治任务较重地区农村，结合"清洁取暖"工作，大力推广可再生能源供暖。

3.5.1.8　全面推进绿色建筑发展

实施绿色建筑推广目标管理机制，将绿色建筑发展目标分解到各省级行政区域。督促各省（区、市）落实本地区年度绿色建筑发展计划，并建立绿色建筑进展定期报告及考核制度。继续重点做好保障性住房、政府投资公益性建筑和大型公共建筑等全面推广强制执行绿色建筑标准的基础上，在条件成熟地区（省会城市、中东部主要地级城市乃至全省）不断加大绿色建筑标准的强制执行范围；强化对绿色建筑标识和绿色建筑质量的监管，提高绿色建筑工程质量水平。加强《绿色建筑评价标准》贯彻和实施监督，并动态更新，逐步提高标准。将绿色建筑管理纳入规划、设计、施工、竣工验收等工程全过程管理程序；中央财政支持绿色建筑的激励政策应落实到位，鼓励地方出台配套财政激励、容积率奖励、减免配套费等措施。鼓励一些先进地区结合新区建设和旧区改造，建设绿色建筑集中示范区。用好绿色建筑创新奖平台。加快推进绿色建材认证制度建设，推广装配式建筑，推动住宅装修一体化设计和全装修交房，提高建筑室内环境质量。

3.5.1.9　加强绿色建筑的制度设计

研究起草《绿色建筑管理规定》，启动《民用建筑节能条例》修订工作，增加绿色建筑相关内容，引导城市编制绿色建筑专项规划，将绿色建筑要求纳入土地出让规划条件，鼓励开展绿色建筑全过程咨询。修订发布《绿色建筑评价标识管理办法》，落实各级责任，加强评价标识监管，积极推进绿色建筑评价标识。推动建立绿色建筑建设质量信用体系，对绿色建筑市场主体进行信用评价，逐步建立"守信激励、失信惩戒"的信用环境。积极利用国家生态文明建设目标考核、能源消费总量及强度控制目标考核，组织实施建筑节能与绿色建筑专项检查，督促各地落实绿色建筑目标责任。

3.5.1.10　完善技术创新体系，推动绿色建筑技术进步

构建市场导向的绿色技术创新体系，组织绿色建筑重点领域关键环节的科研攻关和技术研发，建设一批绿色建筑科技创新基地。推动建造方式转型升级，完善装配式建筑产品、技术及标准体系，开展钢结构装配式建筑推广应用试点，建设一批装配式建筑发展示范城市和生产基地。实施绿色建材产品评价认证，促进新技术、新产品的标准化、工程化、产业化。

3.5.2　实施计划

政策法规体系实施计划见表3-3。

政策法规体系实施计划 表3-3

重点任务	2021—2025 年	2026—2030 年	2031—2035 年	2036—2050 年
推广机制	制定建筑领域碳达峰路线图，明确建筑能效提升中长期规划目标； 制定以市场发挥决定性作用的建筑节能的推广机制； 试点绿色金融、建筑质量再保险、建筑性能再保险等金融手段支持建筑节能的领域、环节和方式； 提高建筑用能数据的服务水平，充分释放有关市场主体对建筑节能的需求，并为建筑节能量交易、碳交易提供支撑； 研究适应新时代的建筑节能交易、碳交易的机制，并逐步试点示范； 建立适应"放管服"改革和工程建设项目审批制度改革背景下的建筑节能全过程管理体系	依据发展实际，及时调整中长期战略规划目标； 完善和优化以市场发挥决定性作用的建筑节能的推广机制； 扩大绿色金融、建筑质量再保险、建筑性能再保险等金融手段支持建筑节能的领域、环节和方式； 扩大建筑节能交易、碳交易的机制试点范围； 基本构建适应适应"放管服"改革和工程建设项目审批制度改革背景下的建筑节能全过程管理体系，并试点应用	依据发展实际和要求，及时调整中长期战略规划目标； 以市场为主的建筑节能和绿色建筑发展机制基本完备；绿色金融、建筑质量再保险、建筑性能再保险等金融手段支持建筑节能的领域、环节和方式基本确定并有效发挥作用； 在总结试点经验的基础上，构建建筑节能交易、碳交易的机制，并逐步推广应用； 扩大建筑节能全过程管理体系，并总结经验，优化制度	依据发展实际，及时调整中长期战略规划目标； 以市场为主的发展机制完备并适应建筑节能和绿色建筑发展； 绿色金融、建筑质量再保险、建筑性能再保险等金融手段支持建筑节能的领域、环节和方式成熟且有效发挥作用； 完善和优化建筑节能交易、碳交易的机制并充分发挥作用； 建筑节能全过程管理体系基本完备并发挥有效作用
总量和强度控制	遴选制定办公建筑、宾馆建筑、商场建筑等公共建筑能耗定额（限额、指南）的城市，试点实施重点城市、重点建筑能耗总量和强度控制	积累成熟经验，完善制度体系，扩大示范范围。重点区域（京津冀、长三角、珠三角）、东部经济发达省会城市、计划单列市等试点城市建筑领域能源与资源消耗总量与强度控制	总结经验，完善和优化总量和强度的制度和支撑体系，扩大应用范围。在全国省会城市、计划单列市全面试点城市建筑领域能源与资源消耗总量与强度控制	全国实施建筑领域能源与资源消耗总量与强度控制
新建建筑	建立每五年更新建筑节能标准规范的机制； 试点公布建筑能效标准先进城市； 推广超低能耗绿色建筑； 鼓励近零能耗社区； 加大净零能耗建筑和社区研究力度，试点净零能耗建筑、净零能耗社区和正能建筑	更新新建建筑节能标准； 积累成熟经验，完善制度体系，扩大示范范围，试点建筑能效标准城市规模由先进城市扩大至重点区域（京津冀、长三角、珠三角）、东部经济发达省会城市、计划单列市等； 扩大近零能耗社区试点示范规模； 扩大净零能耗建筑的试点示范规模，探索建立适应净零能耗规模发展的发展路径和政策体系； 扩大示范正能建筑试点示范规模	更新新建建筑节能标准； 总结经验，完善和优化总量和强度的制度和支撑体系，扩大应用范围，试点建筑能效标准城市规模由先进城市扩大至全国省会城市、计划单列市等； 明确近零能耗社区建设路径并在发达地区强制推进； 明确净零能耗建筑的推进路径，并实施规模化推进； 规模化试点正能建筑，优化区域正能建筑的政策体系	更新新建建筑节能标准； 在总结经验的基础上，建立重点城市公布建筑能效标准的制度体系； 在总结经验的基础上，建立强制推动近零能耗社区建设的政策体系； 在总结经验的基础上，建立强制推动净零能耗建筑的政策体系； 在总结经验的基础上，建立强制正能建筑的政策体系

续表

重点任务	2021—2025 年	2026—2030 年	2031—2035 年	2036—2050 年
既有居住建筑节能改造	加强城市旧城更新、环境综合整治等工程与建筑节能改造有效衔接，北方地区具备改造条件应同步实施节能改造； 探索建立产品淘汰制度，优化既有建筑门窗等部品的淘汰； 试点高标准的节能改造和绿色化改造，探索高标准节能改造和绿色化改造技术体系和政策体系； 试点引入供热企业等能源服务主体，参与节能改造，并获得节约能源收益； 试点采用小区停车位管理、物业管理等固定收益权质押的方式实施 PPP 模式改造	基本建立建筑节能改造与城市旧城更新、环境综合整治等工程等有效衔接的制度体系，北方地区节能改造为必选项； 遴选试点地区（北京、天津、广州、深圳）门窗部品淘汰制度的实施规模； 在重点区域（北京、天津、广州、深圳）规模化试点高标准的节能改造和绿色化改造，探索建立区域改造制度和政策体系； 扩大供热企业等能源服务主体，参与节能改造，并获得节约能源收益的改造模式的试点规模； 扩大小区停车位管理、物业管理等固定收益权质押的方式实施 PPP 模式改造试点规模	完善优化建筑节能改造与城市旧城更新、环境综合整治等工程等有效衔接的制度体系，政策体系有效结合上述改造推动既有建筑节能改造； 扩大试点地区门窗部品淘汰制度的实施规模，探索常态化淘汰的机制； 扩大重点区域规模化试点高标准的节能改造和绿色化改造的规模，基本建立区域改造制度和政策体系； 基本建立供热企业等能源服务主体，参与节能改造，并获得节约能源收益的改造模式的试点规模； 基本建立小区停车位管理、物业管理等固定收益权质押的方式实施 PPP 模式改造	供热企业等能源服务主体，参与节能改造，并获得节约能源收益的改造模式基本成熟，并充分发挥作用； 门窗部品等既有建筑部分性能提升制度常态化，部品淘汰的机制成熟有效； 小区停车位管理、物业管理等固定收益权质押的方式实施 PPP 模式改造基本成熟并发挥作用； 改造内容基本为高标准的节能改造和绿色化改造技术体系和政策体系
公共建筑节能监管与改造	继续执行能耗统计、能源审计、能效公示制度； 完善并发布能耗定额管理办法和标准方法，开展超限额加价试点； 继续支持公共建筑节能改造重点城市试点； 在学校、医院等公益性行业试点建筑能效比试点	继续执行能耗统计、能源审计、能效公示制度； 建立以试点城市为公共建筑定额管理制度为主的市场化公共建筑能耗管理机制； 在试点城市中开展各类公共建筑能效对标	继续执行能耗统计、能源审计、能效公示制度； 扩大公共建筑定额管理制度为主的市场化公共建筑能耗管理机制试点规模，逐步覆盖京津冀、长三角、珠三角等经济发达地区； 在上述试点范围中开展各类公共建筑能效对标	继续执行能耗统计、能源审计、能效公示制度； 在全国实行公共建筑定额管理制度为主的市场化公共建筑能耗管理机制； 开展不同气候区的各类公共建筑能效对标
可再生能源建筑应用	引导城市级可再生能源后评估制度，建立城市编制可再生能源应用规划； 探索建立推广区域可再生能源利用中心的政策体系； 在夏热冬冷地区，试点利用太阳能、地热能、生物质能等建立城市微供暖系统； 大力推广太阳能光伏等分布式能源，构建直流＋储能区域互联互通技术体系，打造城市可再生能源微网系统，实现分布式能源与智能调度充分结合； 继续大力推广太阳能光热应用、浅层地能热泵、空气源热泵等成熟应用技术	试点可再生能源应用评估和规划制度，并在重点区域（北京、天津、广州、深圳），试点推进； 规模化推动区域可再生能源利用中心，并在重点区域（北京、天津、广州、深圳）和有条件地区，试点推进； 在夏热冬冷地区，扩大利用太阳能、地热能、生物质能等城市微供暖系统试点规模； 大力推广太阳能光伏等分布式能源； 试点构建直流＋储能区域互联互通技术体系，打造城市可再生能源微网系统，实现分布式能源与智能调度充分结合	在东部发达地区、省会城市、计划单列市和可再生能源丰富地区推进再生能源应用评估和规划制度； 规模化推动区域可再生能源利用中心，并将重点区域扩大至在东部发达地区、省会城市、计划单列市和可再生能源丰富地区； 在夏热冬冷地区，基本建立利用太阳能、地热能、生物质能等城市微供暖系统； 扩大城市可再生能源微网系统试点范围，优先在（北京、天津、广州、深圳）和有条件地区，试点推进，分布式能源与智能调度充分结合的高效利用方式	在全国推进再生能源应用评估和规划制度； 规模化推动区域可再生能源利用中心，建立可再生能源为主的建筑能源供给模式； 在夏热冬冷地区，利用太阳能、地热能、生物质能等城市微供暖系统满足供暖需求和分散供冷需求； 建立可再生能源微网系统，实现分布式能源与智能调度充分结合的高效利用方式，更大程度满足城市内不同时间、空间的用能需求

续表

重点任务	2021—2025 年	2026—2030 年	2031—2035 年	2036—2050 年
农村建筑节能	京津冀、长三角、珠三角等重点区域农村新建、改建和扩建的居住建筑按现行国家标准《农村居住建筑节能设计标准》GB/T 50824、《绿色农房建设导则(试行)》等进行设计和建造,鼓励其他地区按照上述标准建设; 结合农村危房改造稳步推进农房节能改造; 强制政府投资的农村公共建筑、各类示范村镇农房建设项目率先执行节能标准、导则,加强农村建筑工匠技能培训,发放指南和手册,提高农房节能设计和建造能力; 编制技术导则、设计图集及工法等,积极开展示范推广; 在有条件的农村地区推广轻型钢结构、现代木结构、现代夯土结构等新型房屋; 引导农村建筑用能清洁化、无煤化进程。积极采用太阳能、生物质能、空气热能等可再生能源解决农房供暖、炊事、生活热水等用能需求	结合农村危房改造,推动严寒和寒冷地区农村危房改造同步实施节能标准建设或改造; 建立农村公共建筑、合村并居、集中安置住房应按照节能标准建设的政策体系; 在京津冀、长三角、珠三角等地区扩大新建农房强制节能标准执行的规模; 继续在其他地区发展农房节能开展试点示范; 技术导则、设计图集及工法等基本建立; 农村建筑节能宣传培训体系基本建立; 重点区域基本应用采用太阳能、生物质能、空气热能等可再生能源或清洁能源解决农房供暖、炊事、生活热水等用能需求	结合农村危房改造,推动严寒和寒冷地区农村危房改造同步实施节能标准建设或改造; 建立强制农村公共建筑、合村并居、集中安置住房应按照节能标准建设的政策体系; 在京津冀、长三角、珠三角等地区继续扩大新建农房强制节能标准执行的规模; 总结试点示范经验,在其他地区发展扩大农房节能试点示范规模; 进一步优化技术和标准体系,确保农村技术标准体系基本建立并发挥效果; 完善和优化农村建筑节能宣传培训体系基本建立并有效; 扩大重点区域应用范围,基本应用采用太阳能、生物质能、空气热能等可再生能源或清洁能源解决农房供暖、炊事、生活热水等用能需求	结合农村危房改造,推动严寒和寒冷地区农村危房改造同步实施节能标准建设或改造; 农村公共建筑、合村并居、集中安置住房应按照节能标准建设的政策体系; 总结试点示范经验,在其他地区建立强制农房节能标准应用的政策体系; 完善和优化技术和标准体系,确保农村技术标准体系基本建立并发挥效果; 有条件地区基本强制应用采用太阳能、生物质能、空气热能等可再生能源或清洁能源解决农房供暖、炊事、生活热水等用能需求

3.5.3 "十四五"时期实施建议

3.5.3.1 重点地区、重点城市、重点建筑试点总量和强度控制

建立城市级能源资源消费总量和强制确定方法、考核指标并在城市运行管理等工作中严格落实。"十四五"期间,施行重点区域(京津冀、长三角、珠三角)、重点城市、重点建筑等建筑领域能源与资源消耗总量与强度控制制度,上述地区中优先在已制定办公建筑、宾馆建筑、商场建筑等公共建筑能耗定额(限额、指南)的城市进行试点。发布我国建筑领域碳达峰路线图,明确建筑能效提升中长期规划目标。

3.5.3.2 围绕"放管服"要求完善和优化建筑节能和绿色建筑管理体系

结合工程审批制度改革、工程总承包、全过程工程咨询、建筑师负责制、工程质量保险和担保制度、事中事后监管、使用者监督机制和信用体系建设等一批住房城乡建设领域落实高质量发展和"放管服"改革举措的要求,优化建筑节能全过程监管体系建设的重点环节,建立以第三方验收和保障购房人权利的监管机制为主的质量监管体系。结合工程总

承包促进设计、施工深度融合，满足委托方多样化需求。建立工程质量保险和第三方服务为主的保障工程质量制度。

3.5.3.3　积极回应以 5G、数据中心、充电桩、大数据中心等"新基建"对建筑节能和绿色建筑的挑战

明确建筑用能的范围，适应新基建对建筑节能的要求，围绕能耗增加，在建筑能源系统匹配、负荷调度、能源管理、区域能源互联互通方面开展预研，回应能源消耗边界界定、规划设计标准范围、传统建筑能源管理的挑战和机遇，智慧能源与能源互联网在建筑能源管理应用等急需解决的问题，为政策体系提供支撑。

3.5.3.4　建立新建建筑节能标准定期更新制度，全面推广超低能耗建筑

发布新建建筑发展路线图，围绕以能耗量为约束条件，建立每五年更新建筑节能标准规范的机制，推动新建建筑节能标准大幅提升。

试点公布建筑能效标准先进城市，鼓励水平相当的城市进行比对。全面推广超低能耗绿色建筑，鼓励规划建设近零能耗社区，加大净零能耗建筑和社区研究力度，试点净零能耗建筑、净零能耗社区和正能建筑。

3.5.3.5　结合老旧小区综合改造，实现既有非节能居住建筑应改尽改

加强城市旧城更新、环境综合整治等工程与建筑节能改造有效衔接，具备改造条件应同步实施节能改造。选择有条件小区试点高标准的节能改造和绿色化改造。试点引入供热企业等能源服务主体，参与节能改造，并获得节约能源收益。试点采用小区停车位管理、物业管理等固定收益权质押的方式实施 PPP 模式改造，推动既有居住建筑节能改造持续深入开展。

3.5.3.6　以能效对标为抓手推动公共建筑能效提升

实施能耗统计、能源审计、能效公示制度。完善能耗定额管理办法和确定标准方法。对公共建筑实行用能定额管理制度，超过者征收额外费用。修改用电限额为能耗限额，简化计算方法，选择试点地区开展超限额加价试点，继续支持公共建筑节能改造重点城市试点。分地区、分类型公布公共建筑先进能效标准。在学校、医院等公益性行业开展建筑能效比对试点。

3.5.3.7　以实际效果为导向推进可再生能源建筑应用

城市应全面做好可再生能源资源条件勘察和利用条件调查，并编制城市可再生能源应用规划。具备条件的推广区域可再生能源利用中心。在夏热冬冷地区，试点利用太阳能、地热能、生物质能等建立城市微供暖系统。大力推广太阳能光伏等分布式能源，构建直流＋储能区域互联互通技术体系，打造城市可再生能源微网系统，实现分布式能源与智能调度充分结合。继续大力推广太阳能光热应用、浅层地能热泵、空气源热泵等成熟应用技术。

3.5.3.8　引导重点区域带动农村建筑节能全面发展

京津冀、长三角、珠三角等重点区域农村新建、改建和扩建的居住建筑按《农村居住建筑节能设计标准》GB/T 50824、《绿色农房建设导则（试行）》等进行设计和建造，鼓励其他地区按照上述标准建设。政府投资的农村公共建筑、各类示范村镇农房建设项目率先执行节能标准、导则，编制适应本地气候、资源和使用习惯的技术导则、设计图集及工法等，积极开展示范推广。在有条件的农村地区推广轻型钢结构、现代木结构、现代夯土

结构等新型房屋。结合农村危房改造稳步推进农房节能改造。加强农村建筑工匠技能培训，发放指南和手册，提高农房节能设计和建造能力。引导农村建筑用能清洁化、无煤化进程。积极采用太阳能、生物质能、空气能等可再生能源解决农房供暖、炊事、生活热水等用能需求。

3.5.3.9　扩大绿色建筑强制范围和水平

将"十四五"期间绿色建筑发展目标，分解到各省级行政区域。督促各省（区、市）落实本地区年度绿色建筑发展计划，并建立绿色建筑进展定期报告及考核制度。省会城市、中东部主要地级城市，实施绿色建筑标准的强制执行范围。将绿色建筑管理纳入规划、设计、施工、竣工验收等工程全过程管理程序；鼓励地方出台配套财政激励、容积率奖励、减免配套费等措施。试点结合新区建设和旧区改造，建设绿色建筑集中示范区。

3.5.3.10　进一步完善绿色建筑发展的法律法规制度

发布《绿色建筑管理规定》部令，修订《民用建筑节能条例》，增加绿色建筑相关内容，引导城市编制绿色建筑专项规划，将绿色建筑要求纳入土地出让规划条件，鼓励开展绿色建筑全过程咨询。修订《绿色建筑评价标识管理办法》，落实各级责任，加强评价标识监管，积极推进绿色建筑评价标识。试点绿色建筑建设质量信用体系，对绿色建筑市场主体进行信用评价。积极利用国家生态文明建设目标考核、能源消费总量及强度控制目标考核，组织实施建筑节能与绿色建筑专项检查，督促各地落实绿色建筑目标责任。

第 **4** 章 标准体系

4.1 研究内容及技术路线

本章通过梳理我国建筑节能低碳标准的发展演进，应用系统工程和标准化工程原理，结合建筑的全寿命周期理论，对现有的标准体系进行简化、统一和优化，构建新的建筑节能低碳标准体系，同时结合我国建筑节能低碳双控目标，明确各阶段实现目标所需要的关键标准，确保建筑领域的节能低碳工作有序推进。

依据技术路线，主要研究内容如下：

1. 梳理建筑节能低碳标准演进及现状

本专题的目的是对国内外建筑节能低碳标准体系的演进及现状做出全面总结。通过文献检索法、专家深度访谈法、问卷调查法等研究方法，收集梳理国内外建筑节能低碳标准的历史数据，全面分析国外建筑节能低碳标准体系先进经验和教训，深入了解我国建筑节能低碳标准的演进发展，并对国内外相关建筑节能低碳标准体系进行比较分析，找出我国建筑节能低碳标准存在的问题，为构建我国建筑节能低碳标准体系打下坚实的基础。首先，对国内现有建筑节能低碳标准进行详细分析，以厘清目前我国建筑节能低碳标准体系的现状。其次，对我国节能低碳标准体系的产生、发展等演进状况进行详细解读和归纳总结，使得我国建筑节能低碳标准体系的发展脉络更为清晰，进而能够对现存标准体系所包含的缺陷和问题进行总结和归纳。在初步整理我国建筑节能低碳标准体系的现状及演进状况后，识别出我国建筑节能低碳标准体系的问题清单，继而通过专家深度访谈和问卷调查法，对识别出的问题清单进一步增删并研究各问题对标准化工作成效的影响。最后，对国外发达国家和地区的建筑节能低碳标准体系的现状和演进状况进行梳理，对其优缺点进行分析和总结，为构建我国建筑节能低碳标准体系提供经验。

2. 构建碳达峰碳中和背景下建筑节能低碳标准体系

本专题的目的是借鉴国外发达国家和地区建筑节能低碳标准体系的相关经验，结合我国碳达峰碳中和实际需求，构建建筑节能低碳标准体系。先对所涉及的建筑节能低碳做了概念和范围的界定，明确我国建筑节能低碳标准体系的边界。然后通过问卷调查和专家访谈的方式确定构建建筑节能减排标准体系的方法并研究标准体系的展现维度。在此基础上，运用文献研究法进一步识别我国建筑节能低碳体系的需求，通过对标准化理论、系统工程学理论、标准化系统工程学理论以及建筑全寿命周期理论进行理论推演，研究其对建筑节能低碳标准体系构建的可行性和适用性，进而运用该理论对建筑节能低碳标准系统进行机理分析和系统分析，分别构建建筑节能低碳标准系统的空间结构和时序结构，并运用结构平行分解法对建筑节能低碳标准系统进行层层分解，最终构建我国建筑节能低碳标准系统结构模型。然后运用系统工程学方法论中霍尔三维结构模型构建我国建筑节能减排标准体系的方法论空间并进一步构建最终的节能低碳标准体系框架结构，再对框架结构设置编码规则。其基本内容可归纳如下：

(1) 建筑节能低碳标准体系范围界定；

(2) 建筑节能低碳标准体系构建方法的选择；

(3) 建筑节能低碳标准系统结构；

(4) 建筑节能低碳标准体系建立。

4.2 国内外标准体系发展及借鉴

4.2.1 我国建筑节能标准体系发展及存在的主要问题

4.2.1.1 我国建筑节能标准体系发展现状

标准体系是指导标准化工作的有效手段。大部分发达国家如美国、日本、欧洲等利用上位法规或指令指导标准化工作，由于其市场机制十分完善，标准的制定依赖于市场需求，政府通过间接的方式介入标准化工作。因此，发达国家并未直接构建标准体系。而我国建筑节能低碳标准化工作仍处于发展阶段，市场机制完善度相对较缺乏，无法完全按照市场导向进行标准的制（修）订工作。因此需要政府发挥一定作用，通过构建标准体系指导建筑节能低碳标准化工作，以此推动行业发展。

20 世纪 70 年代至今，我国建筑节能低碳标准化工作已取得巨大进步。建筑节能和减排标准均形成以国家标准、行业标准、地方标准和团体标准为主的基本框架体系。编制并发布的建筑节能低碳标准数量众多，在一定程度上指导了我国建筑节能减排工作的开展。地方纷纷出台与建筑节能低碳相关的标准体系，以指导当地的建筑节能低碳标准化工作。四川省、重庆市、上海市均构建了建筑节能标准体系（图 4-1～图 4-3）。对于体系内部各层次的分类，重庆市将通用标准分成建筑节能、可再生能源利用和绿色建筑通用标准三个部分，而上海市主要从建筑全生命周期的角度对通用标准进行分类，各层次分类不一致。

究其原因发现，目前我国还未从国家层面出台基于"双控"目标的建筑节能低碳标准体系，各地方构建的标准体系没有统一的指导依据，由此产生标准体系层次不统一、指导性不强等问题。同时，关于建筑节能低碳标准体系的研究数量较少，且深度不足。因此，在充分认识我国建筑节能低碳标准体系现状的基础上，构建我国建筑节能低碳标准体系对指导我国建筑节能低碳工作具有重要意义。

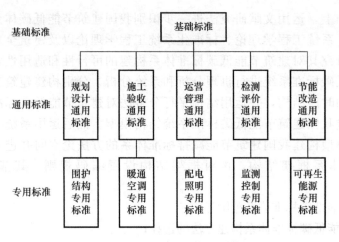

图 4-1　四川省建筑节能标准体系

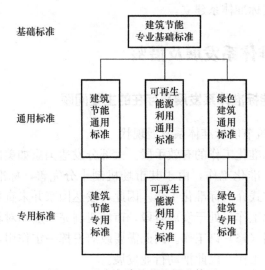

图 4-2　重庆市建筑节能标准体系

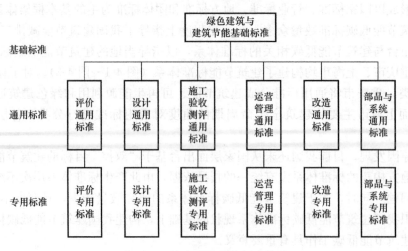

图 4-3　上海市建筑节能标准体系

4.2.1.2 我国建筑节能标准体系现存问题

我国建筑节能低碳标准体系存在的问题按内部问题和外部问题分为两个部分，共包含24个问题（表4-1）。体系内部存在的问题指体系本身存在的问题，共7个；体系外部存在的问题通过分类包括资源、过程、组织三个方面，共17个问题。

标准体系主要问题梳理 表4-1

序号	类别	主要问题
1	体系内部问题	部分标准条款要求设置不合理
2		标准部分用语不明确
3		标准内容陈旧
4		标准之间不协调
5		部分标准缺少工程技术、产品、材料支撑
6		体系所含标准覆盖不全面
7		标准层次分类有待进一步完善
8	标准外部问题：资源方面	标准编制经费不足
9		部分标准编制人员水平不高
10		标准编制时间不足
11		标准编制技术储备不完善
12		相关人员缺乏构建标准体系经验
13	标准外部问题：过程方面	标准立项前基础研究不充分
14		标准编制缺乏长远的规划
15		标准反馈环节薄弱
16		标准更新不及时
17		国家层面缺乏对标准体系的统一规划
18		标准体系基础研究不充分
19		构建体系前标准梳理不全面
20		标准体系重建设轻实施
21	标准外部问题：组织方面	标准管理手段落后，缺乏有效的监督管理
22		对标准管理机构的评价监管机制不完善
23		标准管理机构工作机制不健全
24		标准体系缺乏专业的管理机构

4.2.2 国外建筑节能低碳标准体系先进经验借鉴

通过详细梳理美国、欧洲和日本建筑节能低碳相关法律法规、标准体系及其配套政策措施，在此基础上对三个国家和地区进行横向对比分析，找出其在建筑节能减排中不同领域的差异，同时得出国外标准体系先进经验：

（1）标准体系较为系统、清晰，均在其相关法律法规的指导下建立了适用性较强的标准体系。

（2）标准涵盖范围广阔，不断增加新兴技术、扩大标准实施的范围、精细节能低碳对象的要求，且定期保持更新。

（3）标准体系管理方式灵活有效，例如美国借助"建筑节能标准项目"制定资金支持计划以及标准的修订目标，欧洲国家将欧盟层面的标准和政策只作为纲领性的标准，在其基础上进一步细化国家层面的标准等。

4.3　我国建筑领域碳达峰碳中和标准体系构建

4.3.1　标准体系框架图

建筑节能标准体系从形式上尽量与其他专业标准体系相统一，由标准体系框架图、各"层次"标准体系表、各标准项目适用范围说明及编制说明等构成。建筑节能标准体系将融合各专业技术，通过对建筑物的设计、建造到运行管理的各环节进行协同控制，并在节能相关产品的支持下，达到节能目标要求。建筑节能标准体系层次间更多地体现了控制指导或技术产品的支撑关系；对于同层次不同环节间的标准，其内在关系将反映于原相应专业的标准体系中。标准体系的总体框如图 4-4 所示。

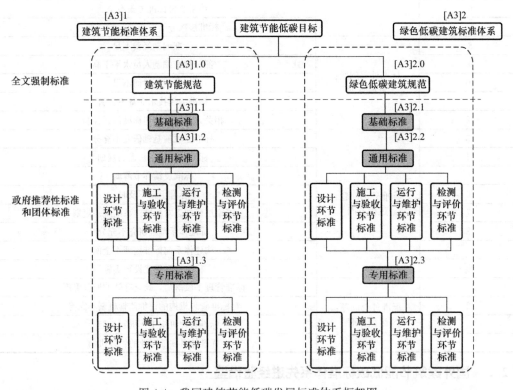

图 4-4　我国建筑节能低碳发展标准体系框架图

对于工程层次和产品层次中所含各环节/门类的标准分体系，在体系框图中竖向分为基础标准、通用标准和专用标准，其中：基础标准是指在某一环节/门类范围内作为其他标准的基础并普遍使用，具有广泛指导意义的标准；通用标准是指针对某一环节/门类标准化对象，制定的覆盖面较大的共性标准。它可作为制定专用标准的依据；专用标准是指针对某一具体标准化对象或作为通用标准的补充、延伸制定的专项标准。

4.3.2　标准体系明细表

建筑节能低碳标准体系如表 4-2 所示。

我国建筑节能低碳标准体系明细表　　　　表 4-2

体系编码	标准名称	现行标准编号	备注
［A3］1	建筑节能		
［A3］1.0	全文强制标准		
［A3］1.0.0.1	建筑节能规范		在编
［A3］1.X	政府推荐性标准和团体标准（建筑节能部分）		
［A3］1.1	基础标准		
［A3］1.1.0.1	建筑节能基本术语标准	GB/T 51140—2015	
［A3］1.1.0.2	建筑气候区划标准	GB 50178—1993	
［A3］1.1.0.3	建筑节能气象参数标准	JGJ/T 346—2014	
［A3］1.1.0.4	建筑日照计算参数标准	GB/T 50947—2014	
［A3］1.1.0.5	建筑节能设计深度标准	无	
［A3］1.1.0.6	民用建筑能耗标准	GB/T 51161—2016	
［A3］1.2	通用标准		
［A3］1.2.1	设计环节标准		
［A3］1.2.1.1	城市居住区规划设计标准	GB 50180—2018	
［A3］1.2.1.2	被动式太阳能建筑技术规范	JGJ/T 267—2012	
［A3］1.2.1.3	建筑采光设计标准	GB 50033—2013	
［A3］1.2.1.4	建筑照明设计标准	GB 50034—2013	
［A3］1.2.1.5	近零能耗建筑技术标准	GB/T 51350—2019	
［A3］1.2.1.6	农村居住建筑节能设计标准	GB/T 50824—2013	
［A3］1.2.1.7	夏热冬冷地区居住建筑节能设计标准	JGJ 134—2010	
［A3］1.2.1.8	夏热冬暖地区居住建筑节能设计标准	JGJ 75—2012	
［A3］1.2.1.9	严寒和寒冷地区居住建筑节能设计标准	JGJ 26—2018	
［A3］1.2.1.10	温和地区居住建筑节能设计标准	JGJ 475—2019	
［A3］1.2.1.11	公共建筑节能设计标准	GB 50189—2015	
［A3］1.2.1.12	民用建筑热工设计规范	GB 50176—2016	
［A3］1.2.1.13	工业建筑节能设计统一标准	GB 51245—2017	
［A3］1.2.2	施工与验收环节标准		
［A3］1.2.2.1	建筑节能工程施工质量验收标准	GB 50411—2019	
［A3］1.2.3	运行与维护环节标准		
［A3］1.2.3.1	民用建筑能耗标准	GB/T 51161—2016	
［A3］1.2.3.2	建筑节能运行维护技术标准	无	
［A3］1.2.3.3	既有居住建筑节能改造技术规程	JGJ/T 129—2012	
［A3］1.2.3.4	公共建筑节能改造技术规程	JGJ/T 176—2009	
［A3］1.2.3.5	工业建筑节能改造技术规程	无	
［A3］1.2.3.6	既有采暖居住建筑节能改造能效测评方法	JG/T 448—2014	
［A3］1.2.3.7	民用建筑节能运行与维护技术规范	无	
［A3］1.2.3.8	既有建筑节能服务标准	无	
［A3］1.2.4	检测与评价环节标准		
［A3］1.2.4.1	节能建筑评价标准	GB/T 50668—2011	
［A3］1.2.4.2	居住建筑节能检测标准	JGJ/T 132—2009	
［A3］1.2.4.3	公共建筑节能检测标准	JGJ/T 177—2009	

体系编码	标准名称	现行标准编号	备注
[A3]1.2.4.4	工业建筑节能检测标准	无	
[A3]1.2.4.5	民用建筑能耗数据采集标准	JGJ/T 154—2007	
[A3]1.2.4.6	既有建筑绿色改造评价标准	GB/T 51141—2015	
[A3]1.2.4.7	建筑工程绿色施工评价标准	GB/T 50640—2010	
[A3]1.2.4.8	工业建筑节能评价标准	无	
[A3]1.2.4.9	建筑工程检测试验技术管理规范	JGJ 190—2010	
[A3]1.2.4.10	建设工程质量检测机构检测技术管理规范	CECS 405：2015	
[A3]1.3	专用标准		
[A3]1.3.1	设计环节标准		
[A3]1.3.1.1	民用建筑热工设计规范	GB 50176—2016	
[A3]1.3.1.2	工业建筑供暖通风与空气调节设计规范	GB 50019—2015	
[A3]1.3.1.3	民用建筑供暖通风与空气调节设计规范	GB 50736—2012	
[A3]1.3.1.4	城市居住区热环境设计标准	JGJ 286—2013	
[A3]1.3.1.5	建筑照明设计标准	GB 50034—2013	
[A3]1.3.1.6	城市夜景照明设计规范	JGJ/T 163—2008	
[A3]1.3.1.7	室外作业场地照明设计标准	GB 50582—2010	
[A3]1.3.1.8	城市照明节能评价标准	JGJ/T 307—2013	
[A3]1.3.1.9	建筑电气节能设计标准	无	
[A3]1.3.1.10	建筑电器及办公设备节能标准	无	
[A3]1.3.1.11	建筑电梯节能设计标准	无	
[A3]1.3.1.12	燃气冷热电三联供工程技术规程	CJJ 145—2010	
[A3]1.3.1.13	城镇供热系统节能技术规范	CJJ/T 185—2012	
[A3]1.3.1.14	民用建筑太阳能热水系统应用技术标准	GB 50364—2018	
[A3]1.3.1.15	硬泡聚氨酯保温防水工程技术规范	GB 50404—2017	
[A3]1.3.1.16	屋面工程技术规范	GB 50345—2012	
[A3]1.3.1.17	外墙外保温工程技术标准	JGJ 144—2019	
[A3]1.3.1.18	建筑遮阳工程技术规范	JGJ 237—2011	
[A3]1.3.1.19	无机轻集料砂浆保温系统技术标准	JGJ/T 253—2019	
[A3]1.3.1.20	农村火炕系统通用技术规程	JGJ/T 358—2015	
[A3]1.3.1.21	自保温混凝土复合砌块墙体应用技术规程	JGJ/T 323—2014	
[A3]1.3.1.22	外墙内保温工程技术规程	JGJ/T 261—2011	
[A3]1.3.1.23	建筑室内通风技术规程	无	
[A3]1.3.1.24	集中生活热水工程技术规程	无	
[A3]1.3.1.25	外窗节能应用技术规程	无	
[A3]1.3.1.26	地源热泵系统工程技术规范	GB 50366—2005	
[A3]1.3.1.27	辐射供暖供冷技术规程	JGJ 142—2012	
[A3]1.3.1.28	蓄能空调工程技术标准	JGJ 158—2018	
[A3]1.3.1.29	多联机空调系统工程技术规程	JGJ 174—2010	
[A3]1.3.1.30	民用建筑太阳能空调工程技术规范	GB 50787—2012	
[A3]1.3.1.31	燃气热泵空调系统工程技术规程	CJJ/T 216—2014	
[A3]1.3.1.32	蒸发冷却制冷系统工程技术规程	JGJ 342—2014	

体系编码	标准名称	现行标准编号	备注
[A3] 1.3.1.33	空气热回收系统应用技术规程	无	
[A3] 1.3.1.34	水环热泵系统应用技术规程	无	
[A3] 1.3.1.35	体育场馆照明设计及检测标准	JGJ 153—2016	
[A3] 1.3.1.36	建筑光伏系统应用技术标准	GB/T 51368—2019	
[A3] 1.3.1.37	太阳能照明设计规范	无	
[A3] 1.3.1.38	民用建筑用电负荷设计标准	无	
[A3] 1.3.1.39	建筑设备监控系统设计规范	无	
[A3] 1.3.1.40	锅炉房设计标准	GB 50041—2020	
[A3] 1.3.1.41	太阳能供热采暖工程技术标准	GB 50495—2019	
[A3] 1.3.1.42	供热计量系统运行技术规程	CJJ/T 223—2014	
[A3] 1.3.1.43	城镇地热供热工程技术规程	CJJ 138—2010	
[A3] 1.3.1.44	城镇供热直埋热水管道技术规程	CJJ/T 81—2013	
[A3] 1.3.1.45	辐射供暖供冷技术规程	JGJ 142—2012	
[A3] 1.3.1.46	大中型沼气工程技术规范	GB/T 51063—2014	
[A3] 1.3.2	施工与验收环节标准		
[A3] 1.3.2.1	屋面工程技术规范	GB 50345—2012	
[A3] 1.3.2.2	外墙外保温工程技术标准	JGJ 144—2019	
[A3] 1.3.2.3	硬泡聚氨酯保温防水工程技术规范	GB 50404—2017	
[A3] 1.3.2.4	建筑遮阳工程技术规范	JGJ 237—2011	
[A3] 1.3.2.5	无机轻集料砂浆保温系统技术规程	JGJ/T 253—2019	
[A3] 1.3.2.6	自保温混凝土复合砌块墙体应用技术规程	JGJ/T 323—2014	
[A3] 1.3.2.7	外墙内保温工程技术规程	JGJ/T 261—2011	
[A3] 1.3.2.8	通风与空调工程施工质量验收规范	GB 50243—2016	
[A3] 1.3.2.9	通风管道技术规程	JGJ/T 141—2017	
[A3] 1.3.2.10	建筑给水排水及采暖工程施工质量验收规范	GB 50242—2002	
[A3] 1.3.2.11	辐射供暖供冷技术规程	JGJ 142—2012	
[A3] 1.3.2.12	蓄冷空调工程技术规程	JGJ 158—2008	
[A3] 1.3.2.13	多联机空调系统工程技术标准	JGJ 174—2018	
[A3] 1.3.2.14	民用建筑太阳能空调工程技术规范	GB 50787—2012	
[A3] 1.3.2.15	燃气热泵空调系统工程技术规程	CJJ/T 216—2014	
[A3] 1.3.2.16	蒸发冷却制冷系统工程技术规程	JGJ 342—2014	
[A3] 1.3.2.17	空气热回收系统应用技术规程	无	
[A3] 1.3.2.18	水环热泵系统应用技术规程	无	
[A3] 1.3.2.19	建筑电气照明装置施工与质量验收规范	GB 50617—2010	
[A3] 1.3.2.20	民用建筑太阳能热水系统应用技术标准	GB 50364—2018	
[A3] 1.3.2.21	地源热泵系统工程技术规程	GB 50366—2005	
[A3] 1.3.2.22	民用建筑太阳能空调工程技术规范	GB 50787—2012	
[A3] 1.3.2.23	建筑光伏系统应用技术标准	GB/T 51368—2019	
[A3] 1.3.2.24	城镇地热供热工程技术规程	CJJ 138—2010	
[A3] 1.3.2.25	城镇供热管网工程施工及验收规范	CJJ 28—2014	
[A3] 1.3.2.26	供热计量系统运行技术规程	CJJ/T 223—2014	

续表

体系编码	标准名称	现行标准编号	备注
[A3] 1.3.2.27	城镇供热直埋热水管道技术规程	CJJ/T 81—2013	
[A3] 1.3.2.28	辐射供暖供冷技术规程	JGJ 142—2012	
[A3] 1.3.2.29	大中型沼气工程技术规范	GB/T 51063—2014	
[A3] 1.3.3	运行与维护环节标准		
[A3] 1.3.3.1	公共机构办公用房节能改造建设标准		建标 157—2011
[A3] 1.3.3.2	城镇供热系统节能技术规范	CJJ/T 185—2012	
[A3] 1.3.3.3	既有居住建筑节能改造技术规程	JGJ/T 129—2012	
[A3] 1.3.3.4	供热系统节能改造技术规范	GB/T 50893—2013	
[A3] 1.3.3.5	建筑外墙维护与修缮技术规程	无	
[A3] 1.3.3.6	建筑屋面维护与修缮技术规程	无	
[A3] 1.3.3.7	建筑外窗检查与修缮技术规程	无	
[A3] 1.3.3.8	空调通风系统运行管理标准	GB 50365—2019	
[A3] 1.3.3.9	采暖系统运行管理规范	无	
[A3] 1.3.3.10	建筑采暖通风与空调设备维修技术规程	无	
[A3] 1.3.3.11	空调系统运行调试规程	无	
[A3] 1.3.3.12	蓄能空调工程技术标准	JGJ 158—2018	
[A3] 1.3.3.13	多联机空调系统工程技术规程	JGJ 174—2010	
[A3] 1.3.3.14	燃气热泵空调系统工程技术规程	CJJ/T 216—2014	
[A3] 1.3.3.15	蒸发冷却制冷系统工程技术规程	JGJ 342—2014	
[A3] 1.3.3.16	公共建筑电气照明节能运行管理技术规程	DB11/T 1247—2015	
[A3] 1.3.3.17	城镇供热系统运行维护技术规程	CJJ 88—2014	
[A3] 1.3.3.18	供热计量系统运行技术规程	CJJ/T 223—2014	
[A3] 1.3.3.19	燃气冷热电三联供工程技术规程	CJJ 145—2010	
[A3] 1.3.3.20	城镇供热系统节能技术规范	CJJ/T 185—2012	
[A3] 1.3.3.21	城镇供热直埋热水管道技术规程	CJJ/T 81—2013	
[A3] 1.3.3.22	民用建筑太阳能热水系统应用技术标准	GB 50364—2018	
[A3] 1.3.3.23	建筑光伏系统应用技术标准	GB/T 51368—2019	
[A3] 1.3.3.24	太阳能供热采暖工程技术标准	GB 50495—2019	
[A3] 1.3.3.25	地源热泵系统工程技术规范	GB 50366—2005	
[A3] 1.3.3.26	城镇地热供热工程技术规程	CJJ 138—2010	
[A3] 1.3.4	检测与评价环节标准		
[A3] 1.3.4.1	节能建筑评价标准	GB/T 50668—2011	
[A3] 1.3.4.2	建筑能效标识技术标准	JGJ/T 288—2012	
[A3] 1.3.4.3	城市照明节能评价标准	JGJ/T 307—2013	
[A3] 1.3.4.4	公共建筑能耗远程监测系统技术规程	JGJ/T 285—2014	
[A3] 1.3.4.5	建筑工程生命周期可持续性评价标准		在编
[A3] 1.3.4.6	建筑门窗工程检测技术规程	JGJ/T 205—2010	
[A3] 1.3.4.7	围护结构传热系数现场检测技术规程	JGJ/T 357—2015	
[A3] 1.3.4.8	建筑反射隔热涂料节能检测标准	JGJ/T 287—2014	
[A3] 1.3.4.9	建筑幕墙工程检测方法标准	JGJ/T 324—2014	
[A3] 1.3.4.10	采暖通风与空气调节工程检测技术规程	JGJ/T 260—2011	

体系编码	标准名称	现行标准编号	备注
[A3] 1.3.4.11	建筑热环境测试方法标准	JGJ/T 347—2014	
[A3] 1.3.4.12	建筑通风效果测试与评价标准	JGJ/T 309—2013	
[A3] 1.3.4.13	体育建筑照明设计及检测标准	JGJ 153—2016	
[A3] 1.3.4.14	城镇供热系统检测技术规程	CJJ/T 185—2012	
[A3] 1.3.4.15	太阳能热水器系统能效检测标准	无	
[A3] 1.3.4.16	太阳能光伏发电系统能效检测标准	无	
[A3] 1.3.4.17	民用建筑室内热湿环境评价标准	GB/T 50785—2012	
[A3] 1.3.4.18	风机、水泵系统节能运行评价标准	无	
[A3] 1.3.4.19	锅炉、空调机节能运行评价标准	无	
[A3] 1.3.4.20	空调蓄冷节能运行评价标准	无	
[A3] 1.3.4.21	光环境评价标准	GB/T 12454—2017	
[A3] 1.3.4.22	绿色照明检测及评价标准	GB/T 51268—2017	
[A3] 1.3.4.23	城镇供热系统评价标准	GB/T 50627—2010	
[A3] 1.3.4.24	民用建筑太阳能热水系统评价标准	GB/T 50604—2010	
[A3] 1.3.4.25	可再生能源建筑应用工程评价标准	GB/T 50801—2013	
[A3] 2	绿色低碳建筑		
[A3] 2.0	全文强制标准		
[A3] 2.0.0.1	绿色低碳建筑规范	无	
[A3] 2.X	政府推荐性标准和团体标准（绿色低碳建筑部分）		
[A3] 2.1	基础标准		
[A3] 2.1.0.1	建筑节能基本术语标准	GB/T 51140—2015	
[A3] 2.1.0.2	绿色低碳建筑设计深度标准	无	
[A3] 2.1.0.3	民用建筑绿色性能计算标准	JGJ/T 449—2018	
[A3] 2.1.0.4	绿色建筑碳排放数据采集标准	无	
[A3] 0.2.0.2	建筑碳排放计算标准	GB/T 51366—2019	
[A3] 2.2	通用标准		
[A3] 2.2.1	设计环节标准		
[A3] 2.2.1.1	民用建筑绿色设计规范	JGJ/T 229—2010	
[A3] 2.2.2	施工与验收环节标准		
[A3] 2.2.2.1	建筑工程绿色施工规范	GB/T 50905—2014	
[A3] 2.2.3	运行与维护环节标准		
[A3] 2.2.3.1	绿色建筑运行维护技术规范	JGJ/T 391—2016	
[A3] 2.2.3.2	既有建筑绿色改造评价标准	GB/T 51141—2015	
[A3] 2.2.3.3	民用建筑碳排放定额标准	无	
[A3] 2.2.4	检测与评价环节标准		
[A3] 2.2.4.1	绿色建筑评价标准	GB/T 50378—2019	
[A3] 2.2.4.1	绿色工业建筑评价标准	GB/T 50878—2013	
[A3] 2.2.4.2	绿色生态城区评价标准	GB/T 51255—2017	
[A3] 2.2.4.3	绿色办公建筑评价标准	GB/T 50908—2013	
[A3] 2.2.4.4	绿色铁路客站评价标准	TB/T 10429—2014	
[A3] 2.2.4.5	绿色医院建筑评价标准	GB/T 51153—2015	

体系编码	标准名称	现行标准编号	备注
[A3] 2.2.4.6	绿色商店建筑评价标准	GB/T 51100—2015	
[A3] 2.2.4.7	绿色饭店建筑评价标准	GB/T 51165—2016	
[A3] 2.2.4.8	绿色校园评价标准	GB/T 51356—2019	
[A3] 2.2.4.9	建筑工程绿色施工评价标准	GB/T 50640—2010	
[A3] 2.2.4.10	绿色仓库要求与评价	SB/T 11164—2016	
[A3] 2.2.4.11	绿色航站楼标准	MH/T 5033—2017	
[A3] 2.2.4.12	绿色养老建筑评价标准	T/CECS 584—2019	
[A3] 2.2.4.13	绿色居住区评价标准	无	
[A3] 2.2.4.14	烟草行业绿色工房评价标准	YC/T 396—2020	
[A3] 2.2.4.15	《绿色商场》	SB/T 11135—2015	
[A3] 2.2.4.16	健康建筑评价标准	T/ASC 02—2016	
[A3] 2.2.4.17	绿色旅游饭店	LB/T 007—2015	
[A3] 2.3	专用标准		
[A3] 2.3.1	设计环节标准		
[A3] 2.3.1.1	绿色保障性住房技术导则		建办 [2013] 195 号
	被动式超低能耗绿色建筑技术导则（试行）（居住建筑)		建科 [2015] 179 号
[A3] 2.3.2	施工与验收环节标准		
	绿色农房建设导则（试行）		建村 [2013] 190 号
[A3] 2.3.3	运行与维护环节标准		
	既有社区绿色化改造技术标准	JGJ/T 425—2017	
[A3] 2.3.4	检测与评价环节标准		
[A3] 2.3.4.1	绿色照明检测及评价标准	GB/T 51268—2017	
[A3] 2.3.4.2	绿色超高层建筑评价技术细则	建科 [2012] 76 号	
[A3] 2.3.4.3	绿色数据中心建筑评价技术细则	建科 [2015] 211 号	
[A3] 2.3.4.4	绿色建筑评价技术细则		
[A3] 2.3.4.5	绿色工业建筑评价技术细则		

4.4 标准体系实施路径及政策建议

4.4.1 实施路径

4.4.1.1 提升建筑节能标准

（1）建筑节能设计标准。目前建筑节能设计标准情况如表 4-3 所示。

建筑节能设计标准情况　　　　　　　　　表 4-3

标准	实施年份	节能率
《夏热冬冷地区居住建筑节能设计标准》	2010	50%
《夏热冬暖地区居住建筑节能设计标准》	2013	50%
《公共建筑节能设计标准》	2015	65%
《严寒和寒冷地区居住建筑节能设计标准》	2019	75%
《温和地区居住建筑节能设计标准》	2019	

"十四五"期间将进一步提升建筑节能设计标准水平：对于新建建筑居住建筑，夏热冬冷地区居住建筑节能标准节能率提升至 65%，夏热冬暖地区居住建筑节能标准节能率提升至 65%；对于新建公共建筑，公共建筑节能设计标准节能率提升到 75%。

（2）提升既有建筑节能改造标准，"十四五"时期启动对现行建筑节能改造标准的修编工作。

（3）引导实施更高要求的节能标准，推荐性国家标准《近零能耗建筑技术标准》GB/T 51350—2019 已于 2019 年 9 月 1 日实施。

4.4.1.2 建立建筑节能运行调适技术标准

建筑节能运行调适是指通过在设计、施工、验收和运行维护阶段的全过程监督和管理，保证建筑能够按照设计和用户要求，实现安全、高效的运行和控制的工作程序和方法。"调适"主要包含两个含义，首先是建筑"调试"，指建筑用能设备或系统安装完毕，在投入正式运行前进行的调试工作。其次是建筑"调适"，指建筑用能系统的优化，与用能需求相匹配，使之实现高效运行的过程。"十四五"期间，需要建立相应技术标准，包括政府推荐性标准《公共建筑机电系统调适技术标准》及相应配套的团体标准，推进建筑运行能耗的降低。

4.4.1.3 修订现行可再生能源建筑应用标准，提升技术应用水平及能效指标

可再生能源与建筑的结合，为发展节能建筑的必然趋势。可再生能源是替代常规能源、调整能源结构的重要方式，可再生能源建筑应用对于促进建筑节能、改善城市环境具有重要意义。未来可再生能源建筑应用将由太阳能光热为主逐步转向浅层低能和太阳能光伏。可再生能源建筑应用标准的提升重点内容包括：

（1）提高应用水平，提高系统综合性能系数，提高可再生能源与建筑一体化程度；

（2）控制能耗总量，提高建筑能效；

（3）从建筑本身的节能改造和供热计量改造两方面入手提高既有建筑能效水平。

4.4.2 实施计划

基于工程建设标准化改革大方向，为了推进和规范建筑节能低碳工作开展，未来我国建筑节能低碳标准体系将以"全文强制标准＋推荐性标准"的格局呈现。全文强制标准＋政府推荐性标准＋团体标准三种类型构成了我国建筑节能低碳发展全新的标准体系。现有标准体系及其标准可以向此新标准体系演变，即通过一些重点标准的修订和完善、内容相关或目标相同的标准合并、新建筑节能低碳目标（总量、强度约束＋措施控制的目标）而编制的新标准形成，具体标准制定计划如下：

全文强制标准：《建筑节能与可再生能源应用通用规范》《绿色低碳建筑规范》（对气候区、建筑类型分别给出结果性的要求）。

政府推荐性标准：《零碳建筑技术标准》《严寒和寒冷地区居住建筑节能设计标准》《夏热冬冷地区居住建筑节能设计标准》《夏热冬暖地区居住建筑节能设计标准》《净零能耗居住建筑设计标准》《公共建筑节能设计标准》《净零能耗公共建筑设计标准》《公共建筑机电系统调适技术标准》《农村居住建筑节能设计标准》《工业建筑节能改造技术标准》《工业建筑节能检测标准》《工业建筑节能评价标准》《建筑室内通风技术规程》《外窗节能应用技术规程》《集中生活热水工程技术规程》《建筑围护维护与修缮技术规程》《民用建

筑碳排放定额标准》。

团体标准：与全文强制标准和政府推荐性标准配套的相关技术标准、导则、指南、图集等。

产品标准：相关配套应用的产品标准。具体制（修）订计划如表 4-4 所示。

主要标准制（修）订计划   表 4-4

序号	标准类型	标准名称	2025 年	2030 年	2035 年	2050 年
1	全文强制标准（对气候区、建筑类型分别给出结果性的要求）	《建筑节能与可再生能源利用通用规范》	完成制订	完成修订	完成修订	
2		《绿色低碳建筑规范》	完成制订	完成修订	完成修订	
3	政府推荐性标准	《零碳建筑技术标准》	制定			
4		《严寒和寒冷地区居住建筑节能设计标准》		修订（节能 83%）		
5		《夏热冬冷地区居住建筑节能设计标准》	修订（节能 65%）		修订（节能 75%）	
6		《夏热冬暖地区居住建筑节能设计标准》	修订（节能 65%）		修订（节能 75%）	
7		《净零能耗居住建筑设计标准》			制订	
8		《公共建筑节能设计标准》	修订（节能 75%）		修订（节能 83%）	
9		《净零能耗公共建筑设计标准》			制订	
10		《公共建筑机电系统调适技术标准》	制订			
11		《农村居住建筑节能设计标准》	修订			
12		《工业建筑节能改造技术标准》	制订			
13		《工业建筑节能检测标准》	修订			
14		《工业建筑节能评价标准》	制订			
15		《建筑室内通风技术规程》	修订			
16		《外窗节能应用技术规程》	制订			
17		《集中生活热水工程技术规程》	制订			
18		《建筑围护维护与修缮技术规程》	修订			
19		《民用建筑碳排放定额标准》	制订		修订	修订
20	团体标准	与全文强制标准和政府推荐性标准配套的相关技术标准、导则、指南、图集等	制（修）订	制（修）订	制（修）订	制（修）订
21	产品标准	相关配套应用产品标准	制（修）订	制（修）订	制（修）订	制（修）订

4.4.3 "十四五"时期实施建议

"十四五"时期应建立以工程建设技术法规为统领、标准为配套、合规性判定为补充的技术支撑保障新模式，建立规范合理、水平先进、适用性强的技术法规和标准新体系，构建基础研究扎实、服务公开及时、监督实施有效的技术法规和标准管理新机制。

4.4.3.1 强化底线控制要求，建立工程规范体系

明确工程规范类别、层级。工程规范分为工程项目类和通用技术类。工程项目类主要规定总量规模、规划布局、功能、性能、关键技术措施，适用于特定类别的工程项目；通用技术类主要规定勘察、测量、设计、施工等通用技术要求，适用于多类工程项目。工程

规范分国家、行业、地方三级。行业工程规范可补充细化并应严于国家工程规范；地方工程规范可根据本地特点补充细化并应严于国家、行业工程规范。

合理确定工程规范技术内容。要系统分析辨别工程建设"风险点"，明确技术措施"控制点"，找准政府监管"发力点"。既要体现政府的监管要求，又要满足设计施工等单位的需求；既要确保管住管好，做到"兜底线、保基本"，又不能管多管死，限制企业创新。对工程规范中的性能化要求，应尽量明确可选择的具体技术措施。

严格控制工程规范的制定程序。工程规范的起草应参照法规制定程序，做到客观、公开、公正。工程规范管理机构、起草组及技术支撑专家与机构应各司其职，加强协调论证和试验验证。国家、行业、地方制定的工程标准，分别由国务院或国务院授权部门、国务院有关部门、省级人民政府审查批准。

4.4.3.2　精简政府标准规模，增加市场化标准供给

明确标准定位。标准是对工程规范更加具体、更加细化的推荐性规定，是对工程规范中性能化要求提出的技术路径和方法。标准分为政府标准、团体标准、企业标准。政府标准分为国家标准、行业标准、地方标准，分别由国务院住房城乡建设主管部门、国务院有关部门、省级住房城乡建设主管部门制定发布。团体和企业标准分别由社会团体制定发布。标准不得违反其适用范围内相应工程规范的要求。鼓励制定严于工程规范的高水平标准。

精简政府标准。政府标准要严格限定在政府职责和公益类范围内，主要是国家急需而市场缺失的标准。要优化"存量"政府标准，合并或转移为团体标准；要严控"增量"政府标准，完善立项评估机制，把好入口关，原则上不再新增国家标准。

积极培育发展团体和企业标准。对团体标准和企业标准制定主体资格，不设行政许可。发布团体标准和企业标准，不需行政备案。经合同约定，团体标准和企业标准可作为设计、施工、验收依据。鼓励第三方专业机构特别是公益类标准化机构，对已发布的团体标准和企业标准的内容是否符合工程规范进行判定。判定工作应秉持公平、公正、客观、科学和自愿的原则，判定结论应向社会公布。

4.4.3.3　加大实施指导监督力度，提高权威性和影响力

强化企业实施标准的主体意识。推广施工现场标准员岗位设置。引导企业增强标准化意识、质量意识和品牌意识，建立标准化工作体系，实施标准化战略和品牌战略。

优化政府监管体系。监管部门应依据工程规范开展全过程监管并严格执法，检查结果要及时公开通报并与诚信体系挂钩。监督检查要省、市、县三级联动，部门间协作运转，公开透明常态化。建立工程规范实施信息反馈机制，建立实施情况统计分析报告制度。

发展工程规范和标准咨询服务业。大力推进工程规范和标准实施服务能力的现代化和国际化建设，构建全国统一的建筑产品、性能认证标识体系，制定工程产品认证和标识管理办法，检测、认证结果与工程质量保险制度相衔接。充分利用信访、媒体等渠道，借助公众、舆论力量，发挥社会监督的作用。

建立工程项目合规性判定制度。工程项目采用工程规范之外新的技术措施且无相应标准的，应由建设单位组织设计、施工等单位以及相关专家，对是否满足工程规范的性能要求进行论证判定。判定程序应符合相关规定，判定依据应为相关实验数据和国内外实践经验，判定结论应告知工程项目所在地工程竣工验收备案机构。

第5章 技术体系

5.1 研究内容与技术路线

本章通过梳理总结目前我国建筑领域主要节能低碳技术和产品的发展与应用现状，基于前文对各阶段各项中长期工作目标和能耗总量测算结果，结合我国总体发展愿景，分析了建筑领域节能低碳技术体系的发展趋势和发展特征，构建了支撑中长期发展的技术体系，明确了各专项工作具体技术重点，并提出了具体的实施建议，确保建筑领域碳达峰碳中和工作有序推进。

主要内容如下：

（1）梳理总结目前我国建筑节能领域主要技术和产品的发展与应用现状；

（2）分析建筑领域节能低碳技术体系的发展趋势和发展特征；

（3）构建支撑建筑领域碳达峰碳中和的技术体系；

（4）提出具体实施建议。

5.2 我国建筑领域节能低碳技术和产品发展现状与障碍分析

5.2.1 围护结构节能技术与产品发展与应用现状

围护结构性能提升是我国建筑节能工作的重要组成部分。近三十年来，由于国家高度重视围护结构性能的改善，我国在新型墙体、高性能玻璃等方面涌现出很多创新技术、专利和产品，这些技术都极大地推动了整个建材产业和建筑节能事业。

5.2.1.1 墙体保温隔热技术

1. 技术与产品发展现状

经过近30年的发展及10多年的大规模应用，我国对于建筑保温隔热产品已经形成了全系列各种类型保温技术的应用，目前在建筑外墙中应用的保温形式主要有三种：外墙外保温、外墙内保温、墙体自保温。

（1）外墙外保温技术

建筑室内热环境与室外气候环境状态和建筑围护结构有密切联系，改进建筑围护结构形式以改善建筑热性能是建筑节能的重要途径。外墙外保温系统被证实是提高建筑围护结构热工性能的有效手段之一。目前在我国技术比较成熟、应用范围比较广的外墙外保温系统主要有以下六种形式：粘贴保温板薄抹灰外保温系统，保温板材料主要为 EPS 板、XPS 板、PU 板和岩棉等；胶粉聚苯颗粒保温浆料外保温系统；EPS 板现浇混凝土外保温系统；EPS 钢丝网架板现浇混凝土外保温系统；胶粉聚苯颗粒浆料贴砌 EPS 板外保温系统；现场喷涂硬泡聚氨酯外保温系统（表 5-1）。

外墙外保温体系分类 表 5-1

系统类型		构造及做法	系统特点
粘贴保温板薄抹灰外保温系统	模塑聚苯板（EPS）薄抹灰外墙外保温系统	用胶粘剂将保温板粘结在外墙上，保温板表面做玻纤网增强薄抹面层和饰面涂层	构造简单、可靠，只需改变 EPS 板厚度即可满足各地区节能要求；性价比最高，防护层维修简便，正常维修后可提高保温系统寿命
	挤塑聚苯板（XPS）薄抹灰外墙外保温系统		国外多用于倒置屋面，很少用于外保温；导热系数低于 EPS 板，但会随时间而增大；不易粘贴，尺寸稳定性不如 EPS 板
	硬泡聚氨酯板（PUR）薄抹灰外墙外保温系统		用于低能耗建筑和要求节能率较高的建筑时具有一定的优势；由于产品性能与配方和生产工艺关系很大，因而产品质量差异很大
胶粉聚苯颗粒保温浆料保温系统		由界面层、保温层、抹面层和饰面层构成。界面层材料应为界面砂浆；保温层材料应为胶粉聚苯颗粒保温浆料，经现场拌合均匀后抹在基层墙体上；抹面层材料应为抹面胶浆，抹面胶浆中满铺玻纤网；饰面层可为涂料或饰面砂浆	导热系数较大，一般用于夏热冬冷地区和夏热冬暖地区。在寒冷和严寒地区单独不能满足外墙外保温要求；蓄热能力较强，由此产生的温度应力也小，有利于表面抗裂；燃烧性能级别为 B1 级；胶粉聚苯颗粒保温浆料外保温系统不具有火焰传播性
EPS 板现浇混凝土外保温系统		以现浇混凝土外墙作为基层，EPS 板为保温层。EPS 板内表面（与现浇混凝土接触的表面）开有齿槽，内、外表面均满涂界面砂浆。在施工时将 EPS 板置于外模板内侧，并安装辅助固定件。浇灌混凝土后，墙体与 EPS 板以及锚栓结合为一体。EPS 板表面做抹面胶浆薄抹面层，抹面层中铺玻纤网。外表以涂料或饰面砂浆为饰面层	为了确保现浇混凝土与 EPS 板之间的可靠粘结，EPS 板两面应预涂界面砂浆，并应设置辅助固定件
EPS 钢丝网架板现浇混凝土外保温系统		以现浇混凝土外墙作为基层，EPS 钢丝网架板为保温层。钢丝网架板中的 EPS 板外侧开有凹凸槽。施工时将钢丝网架板外侧外模板内侧，并在 EPS 板上安装辅助固定件。浇灌混凝土后，钢丝网架板腹丝和辅助固定件与混凝土结合为一体。钢丝网架板表面抹外加剂含碘水泥砂浆厚抹面层，外表做饰面层	由于有大量腹丝埋在混凝土中，与结构对它的连接比较可靠，目前大多用作面砖饰面；有大量钢腹丝穿透 EPS 板，该系统为钢丝网水泥砂浆厚抹灰层，复合墙体构件属于难燃烧体

系统类型	构造及做法	系统特点
胶粉聚苯颗粒浆料贴砌 EPS 板外保温系统	由界面砂浆层、胶粉聚苯颗粒粘砌浆料层、EPS 板、胶粉聚苯颗粒粘砌浆料层、抹面层和涂料饰面层构成。抹面层中应满铺玻纤网。单板面积不大于 $0.3m^2$，与基层粘贴的一面开设凹槽（当采用 XPS 板时，每块板还应开两个通孔），EPS 板两面预喷刷界面砂浆	板之间的灰缝宽度为 10mm。灰缝和两个通孔填满贴砌浆料，计算保温层热阻是应考虑灰缝和两个通孔中贴砌浆料的热桥影响
现场喷涂硬泡聚氨酯外保温系统	由界面层、现场喷涂硬泡聚氨酯保温层、界面砂浆层、找平层、抹面层、和涂料饰面层组成。抹面层中满铺玻纤网。抹面层中应满铺玻纤网，饰面层可为涂料或饰面砂浆	由于保温层为连续喷涂，保温层没有缝隙，不会出现接缝渗水问题，因此具有较好的防雨水渗透性能

随着建筑安全性能要求的不断提高，尤其是建筑外保温防火问题成为热点问题之后，具备良好防火性能的新技术和新材料得到了推广。外墙外保温技术的应用范围包括新建建筑和既有建筑节能改造等。

（2）外墙自保温技术

外墙自保温体系一般是指由单一材料制成的具有保温隔热功能的砌块或块材，主要用来填充框架结构中的非承重外墙。

目前常见的墙体自保温材料有加气混凝土、淤泥烧结保温砖、混凝土复合保温砌块（砖）、石膏保温砌块等。

系统特点：与建筑同寿命；综合造价低；施工方便；便于维修改造；防火、环保、安全。

系统主要缺点：需要进行冷桥处理；仅适用于剪力墙占外墙面积比例不大的建筑或内隔墙的保温。

对于外墙夹芯保温，一般为外保温和内保温相互结合使用的系统，适用于建筑节能标准较高的建筑，目前应用较多的 EPS 保温砂浆外墙外保温及石膏基无机内保温相结合的方式，特别是夏热冬冷地区非常适用。

（3）外墙内保温技术

外墙内保温体系指的是保温隔热材料位于建筑物室内一侧的保温形式。外墙内保温主要应用于供暖使用频率不高的建筑物内部，因此在我国南方地区应用较为合适。外墙内保温体系构造与外保温体系构造类似，只不过是保温系统位于外墙内侧。外墙内保温体系各构造层所使用的材料与外保温体系类似。外墙内保温的特点是施工方便，多为干作业施工，有利于提高施工效率，同时保温层可有效避免墙体外部恶劣气候的破坏作用，对传统建筑立面设计、设备、管线的安装等不受影响，造价相对低廉。外墙内保温体系主要包括石膏基无机保温外墙内保温节能体系和酚醛板外墙内保温体系。

这两类系统的特点详见表 5-2。

外墙外保温体系分类　　　　表 5-2

系统类型	系统特点
石膏基无机保温外墙内保温节能体系	综合投资最低的系统之一； 施工工艺比较简单，内保温无需占用外施工脚手架，对基层墙体平整度要求不高，易于在各种形状的基层墙体上施工； 隔声效果好；防火性能好，保温材料阻燃性 A 级； 石膏基系统——呼吸式墙面系统； 抗裂效果好，可有效防止墙面出现裂纹； 特别适用于夏热冬冷地区的外墙内保温、内隔墙的保温或作为外墙外保温的补充； 热工性能低于有机系统，同样的热工性能有一定的厚度，影响一定的室内使用面积
酚醛板外墙内保温体系	防寒隔热，热工性能高，保温效果好；隔声效果好； 石膏基酚醛板系统防火等级为 A 级，防火性能好； 酚醛板应用技术目前国内还不够成熟，且无相关规范； 综合造价较高； 有热桥，须做热桥处理

2. 现阶段应用中存在的问题

由于近年来发生的几起由于外墙外保温材料引起的特大火灾事故，导致国家在建筑外墙外保温材料防火要求上有所提高或收紧，导致大部分防火能力不足的材料滞销。虽然涌现出一些基于现有材料进行改良或创新的产品，如真空绝热板、发泡水泥等，在防火性能上有了较大的提高，但其保温性能有很大的折扣，且还需要解决粘结安全、保温可靠、使用耐久等问题，如果只是简单地以这些材料替代聚苯板等，将会导致诸如保温性能不达标、开裂、空鼓甚至脱落等耐久性问题。

对于国外应用较多的岩棉外保温系统，国内近两年相关生产厂商也做出了非常大的努力，但由于国内的厂商绝大多数以矿棉为主，而矿棉的综合性能与岩棉产品差距甚大，目前国内仅有几家有能力生产符合外保温要求的岩棉制品，同时国内主要岩棉厂家的生产工艺与国外发达国家也还存在一定差距，产品的匀质性还需进一步加强。另外，由于国内高层和超高层住宅建设比例远高于发达国家，节点设计也与国外不完全一致，实际试点工程尚少，因此适合中国国情的岩棉外保温应用技术同样也是目前亟需研究完善的重要内容。

5.2.1.2　屋面保温隔热技术

屋面热传导对建筑室内热环境影响颇大，同时由于屋面遭受季节性变化破坏和气候环境的侵蚀，容易发生诸如冻裂或胀裂的情况，因此屋面保温隔热技术不仅影响建筑节能，也关系到工程质量问题。

1. 技术与产品发展现状

屋面保温隔热材料一般分三类：一是松散型材料，如炉渣、矿渣、膨胀珍珠岩等；二是现场浇注型材料，如现场喷涂硬泡聚氨酯整体防水屋面、水泥炉渣、沥青膨胀珍珠岩等；三是板材型，如 EPS 板、XPS 板、PU 板、岩棉板、泡沫混凝土板、膨胀珍珠岩板等。

目前，我国常见的屋面保温隔热技术大致有如下几种：架空板隔热屋面；蓄水屋面；倒置式屋面；浅色坡屋面；种植绿化屋面。各种屋面构造做法及特点详见表 5-3。

屋面保温隔热技术分类 表 5-3

技术类型	构造及做法	技术特点
架空板隔热屋面	在已经做好防水层的屋面上，架设平板通风隔热层，并设置通风屋脊，设置进风口等，使屋面不被太阳直射，并通过隔热板和屋面之间的空气间层进行隔热和节能	施工简单，对屋面结构荷载增加不大，重量轻，隔热效果好，且板底具有合理的排气结构，又有一定的保湿作用，在我国早期的老式建筑上有广泛的应用
蓄水屋面	在刚性防水屋面上蓄一层水，其目的是利用水蒸发时带走水中的热量，大量消耗屋面的太阳辐射热，从而有效地减弱了屋面的传热量和降低屋面温度	是一种较好的隔热措施，是改善屋面热工性能的有效途径
倒置式屋面	将传统屋面构造中的保温层与防水层颠倒，把保温层放在防水层的上面	特别强调了"憎水性"保温材料，这类保温材料如果吸湿后，其导热系数将陡增，所以才出现了普通保温屋面中需在保温层上做防水层，在保温层下做隔气层，从而增加了造价，使构造复杂化；防水材料暴露于最上层，加速其老化，缩短了防水层的使用寿命，故应在防水层上加做保护层，这又将增加额外的投资；对于封闭式保温层而言，施工中因受天气、工期等影响，很难做到其含水率相当于自然风干状态下的含水率
浅色坡屋面	将平屋面改为坡屋面，并在屋面上做保温隔热材料	提高屋面的热工性能，还有可能提供新的使用空间（顶层面积可增加约60%）也有利于防水（因为坡屋面有自身较大坡度），并有检修维护费用低、耐久等优点；用于坡屋面的坡瓦材料形式多，色彩选择广；坡屋面若设计构造不合理、施工质量不好，也可能出现渗漏现象
种植绿化屋面	以建筑物顶部平台为依托，进行蓄水、覆土并营造园林景观的一种空间绿化美化形式	改善局部地区小气候环境，缓解城市热岛效应；保护建筑防水层，延长其使用寿命；降低空气中飘浮的尘埃和烟雾；减少降雨时屋顶形成的径流，保持水分；充分利用空间，节省土地；提高屋顶的保湿性能，节约资源；降低城市噪声等

随着科技的不断发展进步，国内外应用于屋面保温隔热的高效新技术和新材料越来越多，如聚氨酯屋面保温隔热技术等，温隔热性能好、耐候性突出、使用寿命长、施工高效快捷等。

2. 现阶段应用中存在的问题

对于相关技术的安全性还需要进一步研究，如采用架空隔热屋面对于抗风的要求以及满足建筑艺术造型多样时所带来的牢固性问题；采用蓄水屋面带来的屋顶承重的问题；采用种植绿化屋顶所采用的植物种类以及土壤等均需要根据不同的气候条件进行合理的选择，以防导致生态环境问题。这些均需要专业系统的考量。

对于技术的成熟性，如蓄水屋面以及屋顶绿化要考虑渗漏问题。对于屋面绿化，由于植被下面长期保持湿润，并且有酸、碱、盐的腐蚀作用，会对防水层造成长期破坏；同时，屋顶植物的根系会侵入防水层，破坏房屋屋面结构，造成渗漏；屋顶花园防漏还有个难点是：屋顶上面有土壤和绿化物覆盖，如果渗漏，很难发现漏点在哪里，难以根治。

5.2.1.3　外窗与幕墙节能技术

1. 外窗节能技术

外窗是建筑围护结构的开口部位，首先应满足采光、通风、日照、视野等的基本要求，还应具备良好的保温隔热、密闭隔声的性能。由于我国幅员广阔，气候多样，对外窗的性能要求也不尽相同。我国北方采暖地区对外窗的要求之一就是冬季要阻止室内热量传递到室外，并具有良好的气密性；我国南方地区则要特别重视外窗的隔热性能，主要是指夏季阻止外部热量向室内传递。与建筑墙体相比，外窗属于轻质薄壁构件，是建筑能耗比例较大的部件，也是节能技术的重点。

目前提高外窗保温隔热性能以便降低能耗的主要措施有以下几点：

1）采用导热系数低的材料制作窗框，如 PVC 塑料窗框、铝合金断热桥窗框、塑钢窗框、铝塑复合窗框、铝木复合窗框等，加强窗户框料的阻热性能，有效改善金属窗框热传导带来的能量损失。此外，还可提高窗框型材的保温隔热能力，大力发展断热型材和断热构造。

2）设计合理的外窗密封结构，选用性能优良的密封材料，提高外窗的气密性、水密性和抗风压能力，减少热量流失，降低建筑能耗。

3）提高外窗玻璃的隔热品质，减少通过采光玻璃的辐射与热传导所带来的能量损失。

4）根据当地条件选择适宜的窗型。

由以上措施要求发展起来的外窗节能技术包括：

1）断热桥铝合金外窗

断热桥铝合金外窗是在铝合金外窗的基础上为了提高保温性能而做出的改进型，通过导热系数小的隔条将铝合金型材分为内外两部分，阻隔了铝的热传导，减少了室内热损失。

断热桥铝合金外窗的突出优点是强度高，保温隔热性能好，刚性和防火性能较好，同时采光面积大，耐大气腐蚀性好，综合性能高，使用寿命长。在目前建筑节能形势的要求下，使用断热桥铝合金外窗是提高建筑用窗性能的首选。

2）中空玻璃外窗

中空玻璃是由两片（或两片以上）平行的玻璃板，以内部注满专用干燥剂（高效分子筛吸附剂）的铝管间隔框隔出一定宽度的空间，使用高强度密封胶沿着玻璃的四周边部粘合而成的玻璃组件。

中空玻璃外窗指以中空玻璃为主要隔热部件的外窗。如在中空玻璃中充装惰性气体将进一步增大中空玻璃的热阻；如采用热反射镀膜玻璃或 Low-E 镀膜玻璃更可显著提高外窗的保温性能。

3）玻璃隔热涂料技术和贴膜技术等

既有建筑节能改造需要大量使用玻璃隔热涂料技术和贴膜技术等。玻璃隔热涂料和贴膜技术夏季可以有效反射太阳辐射热量，冬季能将热量保持在室内。该技术的优点在于增强了外窗的保温隔热性能，施工环保快捷，提高了建筑物性能。目前国际上已有技术推广，国内建筑使用较少。

我国门窗制造产业近年来发展迅速。根据《2018—2023 年中国门窗行业市场前瞻与投资规划分析报告》，我国门窗行业市场规模保持增长。2017 年门窗行业市场规模达到 6605 亿元。随着国家在节能环保领域的相关政策和标准的不断提升，通过学习借鉴发达国家先进经验与技术，制造能力和水平大大增长，高端产品已经接近或部分达到国际先进水平。

2. 幕墙节能技术

经过多年的发展，现有幕墙种类有：明框、隐框、金属、石材、单元、框架、点式幕墙等逐渐成熟，部分越来越具有中国特色，双层幕墙、光电幕墙、遮阳幕墙、生态幕墙、智能幕墙、膜结构幕墙等逐渐被广泛应用，已有或将产生更多的自主研发知识产权新技术出现，有些已达到国际先进水平。

建筑幕墙仍将是公共建筑围护结构节能的重点。北京奥运会、上海世博会、广州亚运会等大量的建筑工程是国内建筑幕墙的亮点，是国内以及世界优秀幕墙公司展示自己实力和最新技术的舞台。未来几年，我国建筑幕墙产品还将继续保持稳步增长的态势，其产品结构会有大幅度的改变，隔热铝型材、中空玻璃、优质五金配件等产品的幕墙使用比例将很大程度上提高。

5.2.1.4 外遮阳技术

1. 技术与产品发展现状

我国目前的外遮阳技术基本为国外引进技术，尤其是欧洲技术。欧洲属地中海气候，而我国主要属于大陆季风气候和亚热带气候，二者差别较大。适应于欧洲气候特点（主要指抗风性）的产品未必适合我国大多数地区，尤其是东南沿海地区。而且从量大面广的居住建筑来说，其技术特点不完全适应我国居住建筑的形式要求。欧洲的居住建筑多为独栋低层别墅或多层公寓，而我国则多为高层建筑。因此，除了遮阳产品的适应性外，外遮阳的相关技术配套措施目前也不完善，且不能照搬欧洲的技术。在我国居住建筑安装活动式外遮阳应着重解决建筑与外遮阳的一体化问题。

目前国内的遮阳外资企业产品，其各种配件大多以进口为主，在国内只完成组装的任务。国内部分做高端遮阳产品的企业虽然同样使用进口原材料与配件，但在设计理念、人性化设计、装配精度、质量控制等方面与国外企业还有一定的差距。

2. 现阶段应用中存在的问题

（1）研发和自主创新能力不足，相关研究仍需加强

我国目前相当一部分建筑遮阳技术主要从欧洲引进，但两地纬度、气候、环境以及建筑特点差异较大，技术特点不完全适应我国居住建筑的形式要求。应加快研制生产适用于我国具体情况下不同环境气候特点的建筑遮阳产品。

（2）产品形式单一，需因地制宜

我国幅员辽阔，各地气候环境差异巨大，外遮阳产品在不同地区的节能效果和环境适应性研究尚未系统开展。应当通过科研立项，进行相关的基础性研究，系统的对相关影响因素开展广泛研究工作，对未来我国建筑遮阳的应用与推广奠定良好基础。

（3）结合建筑整体设计水平有待提高

我国建筑遮阳在实际应用中与发达国家相比，最突出的差距在于遮阳工程的设计。不

少建筑设计单位没有将遮阳工程设计纳入建筑设计的范畴，而是完成建筑设计后再将内遮阳产品作为补充。而发达国家在建筑设计过程中将外遮阳设计与建筑立面融为一体，十分重视整体规划，具有整体美感。在国内主要的建筑设计科研单位，缺少专门针对建筑遮阳方面的研究设计人才，大多数设计师将遮阳仅仅当作一种建筑装饰的附加配套设施，目的是为了标榜该建筑的造价及档次，过于注重表现遮阳的符号性，而忽略了节能的重要含义。或者在设计中，过于片面强调建筑物的立面效果，而忽略了基本的建筑日照设计与节能设计，虽然设计了外遮阳设施，但遮阳的节能效果并没有得到很好的体现。

5.2.2　设备与系统节能技术与产品发展与应用现状

5.2.2.1　供热节能技术

1. 技术与产品发展现状

建筑供暖能耗与建筑围护结构热工性能、用户使用行为模式、热力管网系统运行调节方式、输配管网效率和热源设备效率密切相关，除了全面提高新建建筑节能标准和实施既有建筑和老旧管网改造外，供热节能技术主要有以下几类。

（1）清洁能源供热技术

1）天然气供热技术

天然气供热主要有 3 种形式，即燃气锅炉、燃气热电联产和燃气热泵。燃气锅炉是采用天然气燃烧产生的热量直接供热，是最简单的一种供热方式，适用于一家一户和小片区域供热的小型燃气锅炉以及大片区域集中供热的区域性燃气锅炉；热电联产系统则在发电的同时将燃料燃烧所产成的余热用于供热，这种方式实现了对能量的梯级利用，因此其能源利用率比燃气锅炉要高得多，可达到 80％以上；燃气热泵采用燃气作为驱动动力，搜集环境中的能量用于供热，其供热量是燃气热量和环境热量的总和，因此能效比较高，环境介质可以是空气、地热、水源或者余热等。

2）蓄热式电锅炉供热技术

目前，在燃气（热力）管网无法达到或可再生能源电力亟待消纳地区的老旧城区、城乡接合部或居民住宅，蓄热式电锅炉供热是推进散煤清洁化替代的技术措施之一，是采用清洁能源电力作为供热的热量来源，通过电加热器将电能转化为热能直接放热或者通过热媒在管道中循环供热。在新能源富集地区，利用低谷富余电力，实施蓄能供暖。

3）地源热泵供热技术

地源热泵是通过地下埋管中的循环水与地下的砂石、黏土换热，提取地层中的热量，再通过热泵提升热量的品位，以满足建筑供热需求。常用地源热泵地下埋管深度为 100m 左右，换热后的循环水温度一般在 10～15℃之间，能效比为 3～4。近年来，我国西北地区研发成功 2000～3000m 深的地下埋管热泵系统，循环水出水温度可达到 20～30℃，其能效比可达到 4～5。

4）余热利用供热技术

工业生产过程中排出的低品位余热也是清洁供热的重要热源，工业余热的利用实现了对热能的梯级利用，提升了热能的整体利用效率。据估算，我国北方地区冬季按 4 个月计算，低品位工业余热量折合约为 1 亿 tce，可以满足北方供热地区近 1/2 的供热热量需求，是供热领域未来发展的重要方向。

（2）烟气余热回收技术

燃气锅炉的烟气温度通常在150℃左右，既包含有显热，也有大量水蒸气携带的潜热，可以通过在锅炉烟道上设的冷凝式换热器回收热量。其原理是将锅炉给水与烟气通过板壳式换热器进行热交换，一部分烟气显热传递给水，使烟气温度降至80～90℃。另一部分是潜热，通过水蒸气冷凝成水的相变来实现。两者综合作用效果提高了锅炉给水温度，并使锅炉热效率提高3%～8%。

（3）循环水泵变频技术

大量统计数据表明，泵的容量过大是大多数热力系统常见的现象。如安装的是定速泵，由于使用阀门节流，泵实际所消耗的电量比在工频下运转要多。装置大泵的原因通常是过多地考虑了安全余量或未来新增用户的需求。在这种情况下，选用变频泵可以灵活地适应系统负荷的变化。

变频泵是通过改变水泵叶轮转速而调整泵的扬程和流量。其原理是在泵的电机上连接一个变频器，它可以改变电源的频率，从而使电机的转速发生变化。在安装变频器的同时，还需要安装相应的控制设备，如在管网末端的压差控制点安装压差变送器，并将数据传到循环泵的控制系统以调节转速。由于水泵的电功率与转速的3次方成正比，因此水泵变频特别是变低频将会节省更多的电能。

（4）供热计量技术

分户热计量从计量结算的角度看，分为两种方法：一种是采用楼栋热量表进行楼栋计量再按户分摊；另一种是采用户用热量表按户计量直接结算。其中，按户分摊的方法又有若干种，具体方法如下：

① 散热器热分配计法。通过安装在每组散热器上散热器热分配计进行用户热分摊的方式。

② 流量温度法。通过连续测量散热器或共用立管的分户独立系统的进出口温差，结合测算的每个立管或分户独立系统与热力人口的流量比例关系进行用户热分摊的方式。

③ 通断时间面积法。通过温控装置控制安装在每户供暖系统入口支管上的电动通断阀门，根据阀门的接通时间与每户的建筑面积进行用户热分摊的方式。

④ 户用热量表法。通过安装在每户的户用热量表进行用户热分摊的方式，采用户表作为分摊依据时，楼栋或者热力站需要确定一个热量结算点，由户表分摊总热量值。该方式与户用热量表直接计量结算的做法是不同的。采用户表直接结算的方式时，结算点确定在每户供暖系统上，设在楼栋或者热力站的热量表不可再作结算之用；如果公共区域有独立供暖系统，应考虑这部分热量由谁承担的问题。

2. 现阶段应用中存在的问题

清洁能源供热取得了显著成效，但是仍面临着一些挑战，主要包括：

（1）传统"煤改电"能效低、费用高

"煤改电"主要包括3种方式：电锅炉等集中式供热；发热电缆、电热膜、蓄热电暖器等分散式电供热；各类电驱动热泵供热。"煤改电"并非简单大规模地使用电热设备供热，目前我国70%以上的电力通过火电产生，发电热效率不足40%，通常电直热的方式存在高能低用、配套建设费用和运行费用较高等问题。而各类电驱动热泵供热机组前期投入成本高，后期运行费用也较高，且在极端条件下热泵机组运行难以稳定，对于城乡居民来说经济负担过大。以空气源热泵为例，在不考虑设备初装费的前提下，运营阶段执行工商业用电价格（0.75 元/kWh）时供热成本达到 34 元/m²。通常情况下，单一的可再生能源供热技术需要国家补贴和电价的政策倾斜才能实现经济收益。

（2）对财政补贴依赖性较高

目前，由于清洁能源现有替代技术的成本高，用户需要改造补贴和运行补贴予以扶持，各级财政承担着较大压力。尤其是河北、山东、河南、山西等地，未来减煤任务量都比北京和天津大得多，而地方财政补贴能力有限，长期维持难以为继。但是，如果没有长期、充足、及时的补贴，一旦受到经济因素影响，用户很有可能仍会重新使用燃煤供热。

（3）可再生能源供热技术亟待创新

可再生能源供热深度依赖供热区域资源禀赋，区域性单一的可再生能源供热技术在极端条件下难以保障稳定性、可靠性和经济性；单一技术对于局部可再生资源的开发存在环境承载力过大的风险。目前，我国多种能源利用形式已有所发展，但是尚未形成统一调度和优化配置的能量流调控系统。如何综合利用多种可再生能源，结合技术含量和经济效益较高的储能蓄热系统，实现供热系统的低碳、清洁、稳定、高效、安全运行，亟待更多的技术创新和实践。

5.2.2.2 高效制冷技术

随着技术不断创新发展，冷水机组的效率不断提高，各种新型高效制冷技术也不断涌现，本节简单介绍以下几种在实际应用中取得很好节能效果的制冷技术。

1. 蒸发冷却空调技术

蒸发冷却空调技术主要是利用自然环境的空气具有干湿球温差进行制冷。其中水是热量交换的媒介物质，即制冷剂，这样可以节省资源。其具体的工作原理主要是通过对水的蒸发，进而吸收热量。传统的空调机组成本高，并且运行过程中会消耗大量的电能，要制取相同的冷量蒸发冷却空调机组能够节约 80% 的电能，经济性好，可以为用户节省大量使用经费。直接蒸发冷却的主要过程是利用循环水在蒸发的过程中会吸收周围干空气的热量，从而使空气温度降低，降温后的空气直接送风。水蒸气分压力在填料的水表面和空气中的数值不一样，它们的差值可以促进水蒸发，并作为水蒸发的主要动力。间接蒸发冷却的主要目的是为了解决蒸发冷却加湿的问题。在这一具体的技术中，由于空气和水不会直接接触，所以能够通过空气进行冷却，减少空气中的湿度。

对于直接蒸发冷却空调系统来说，其属于直流式空气系统，所以其对成本的消耗较低，对能源的消耗较少，同时还可以增加空气湿度，因此，一些湿度较低的地区可以使用直接蒸发冷却空调系统。而对于间接蒸发冷却空调系统来说，其主要对环境空气中的干球温度进行利用，并使其与露点的温度差进行配合，通过水与空气的湿热交换实现冷却。因为其在现实中不会对传统空调技术造成室内污染，因此其适用的范围比直接蒸发冷却空调系统更为广泛。

目前的蒸发冷却空调技术主要使用全新风，同时还安装了空气过滤器与加湿器，所以对于蒸发冷却空调系统来说，其新风量会超过其他空调系统，而其基本的室内空气也会低于其他空调系统。有研究认为，蒸发冷却的实施可以减少部分病菌的传播。如果能够在现实情况中将蒸发冷却应用到空调系统中，就可以维持温度与湿度之间的平衡，如此就能够在让人感觉舒适的基础上，节约能源。此外，蒸发冷却空调技术的具体应用也可以减少对室内面积的占用，应用范围较广。

2. 辐射供冷供热技术

辐射供冷供热是指提升或降低围护结构内表面中的一个或多个表面的温度，形成冷（热）辐射面，通过辐射面以辐射和对流的传热方式向室内供热或供冷的供热供冷方式。辐射面可以是地面、顶棚或墙面；工作媒介可以是电热、冷（热）空气或冷（热）水；系统可以单独供暖或供冷，也可以同一系统夏季供冷、冬季供暖。

近年来辐射供冷供热技术发展很快。辐射供热技术较为成熟，地面辐射供冷的成熟性仍存在质疑，包括结露问题、实际的调节效果以及施工技术等。

3. 磁悬浮冷机

磁悬浮冷机主要采用磁悬浮轴承，一般设计成两级压缩的离心式冷机，结合数字变频控制技术，压缩机转速可以在 $10000 \sim 48000$ r/min 之间调节，从而具有优异的部分负荷性能，其 IPLV（综合能效系数）能到达 0.41kW/ton。目前有制冷量范围在 $100 \sim 1500$ 冷吨之间磁悬浮冷机可供选择。磁悬浮冷机具有以下优点：

（1）节能高效。磁悬浮冷机无油系统，制冷剂中不会混入润滑油，提高了冷凝器和蒸发器的换热效率。磁悬浮轴承与传统的轴承相比，磁悬浮轴承的摩擦损失仅为前者的 2% 左右，从而提高了机械效率。另外，磁悬浮冷机采用数字变频控制技术，提高了冷机部分负荷效率。

（2）启动电流低。普通大型冷机启动电流能达到 $200 \sim 600$A，对电网冲击很大。磁悬浮冷机采用变频软启动，启动电流很小，在断电后恢复供电时多台冷机可以同时启动。

（3）结构紧凑。磁悬浮冷机转速能达到 48000r/min，普通离心式冷机转速一般为 3000r/min，从而磁悬浮冷机较普通冷机尺寸更小，重量更轻。

（4）运行安静。磁悬浮冷机没有机械摩擦，机组产生的噪声和振动极低，压缩机噪声低于 77dB，普通离心式压缩机裸机噪声在 100dB 以上。

（5）系统可持续性高。在传统的制冷压缩机中，机械轴承是必需的部件，并且要有润滑油系统来保证机械轴承工作。据统计，在所有烧毁的压缩机中，90% 是润滑失效引起的。磁悬浮冷机无需油润滑系统，没有机械摩擦，较传统冷机的可持续性更高。数据中心 IT 设备宕机，会造成严重后果，从而数据中心对关键设施的可靠性要求极高，采用磁悬浮冷机能够提高空调系统的可靠性，降低空调系统停机概率。

（6）日常维护费用低。磁悬浮机组运动部件少，没有复杂的油路系统、油冷却系统，减少了冷机维护内容。数据中心空调系统全年不间断运行，设备维护是运维人员的日常工作内容。采用磁悬浮冷机，能有效减少冷机维护内容，减少运维人员工作量，有效降低日常维护费用。

尽管磁悬浮冷机具有显著的优点，但由于其集成磁悬浮轴承和数字变频控制系统，从而设备初投资较普通冷机有较大提高，仍是目前推广使用的较大障碍。

5.2.2.3 通风技术

通风技术是维持室内良好空气质量的重要手段，如何通过合理的通风方式，营造一个健康、舒适、节能、可靠的建筑室内环境，一直是建筑环境领域的重要课题。实现室内通风的方式主要包括自然通风和机械通风两种，是两种不同的室内环境营造方向和理念，一种是与室内用户密切结合，通过不定量、间歇、反馈的方式调节室内空气品质、热湿参数和降低能耗；另一种是通过定量、持续、恒定的方式为室内提供服务。受经济发展水平和生活习惯等因素影响，通过开窗的自然通风换气方式是目前最广泛的通风方式，耗能低。对于具有室内人员密度低、人员活动随机性大、房间进深小等特点的居住建筑或中小型办公室，通过开窗的自然通风方式是较为适宜和推荐的技术方式。

5.2.2.4　照明与家电设备节能技术

照明与各类设备用能占到我国建筑运行总能耗的 20% 以上，也是建筑节能的重要组成部分。照明光源节能的主要技术措施是推广高光效、长寿命、显色好、安全和稳定的光源，如 LED 产品。照明控制的主要措施是采用智能照明技术等。这一部分的节能主要包括两个方面：一是设备能效的提升，二是避免高耗能设备占有率与使用率的盲目增加。

我国于 20 世纪 80 年代中后期发布实施了第一批家用电器能效标准。此后，随着能效标准、能效提升等工作稳步推进，各类能效提升政策逐步发展。比如：截至 2015 年年底，我国的强制性能效标准已经发布了 64 项，涉及家用耗能器具、照明器具、商用设备、工业设备以及电子信息产品五大类；截至 2016 年年底，共有 35 类产品纳入能效标识目录范围。"十二五"时期，我国累计颁发节能产品认证证书超过 5.6 万张。此外，我国还先后出台了政府节能采购、能效"领跑者"制度、节能产品惠民工程等相关政策。

在能效标准标识制度的推动下，日益丰富的高效节能产品市场为我国实施建筑节能、绿色照明等节能改造工程、合同能源管理推广工程等节能重点工程提供了充足的产品选择，支撑了一系列节能政策的落地实施，全面促进了建筑等领域节能工作的开展。

经过 30 多年的发展，我国在家电领域的节能政策取得了重要进步：在政策数量上，已经达到了美国等发达国家的水平；在政策体系的全面性、财政投入规模等方面，甚至超过美国、欧盟等发达国家和地区。

根据中国标准化研究院的测算，截至 2020 年，由于能效标识制度的实施，累计带来了超过 5000 亿 kWh 的节电量[1]。尽管取得了重大进步，我国家电领域节能政策还需要进一步增强各项政策措施的协调性，发挥各方合力，以促进政策的有效实施，建立政策评估机制，进一步扩大节能评估体系的覆盖范围。

基于中外对比可以发现，我国家电设备户均电耗约为 470kWh，约为美国的 7%。这一差异的主要原因在于部分特殊家电的占有率、部分家电设备类型及使用方式。有些家电在其他国家占有率较高，但在我国仅极少的家庭拥有并使用，比如烘干机、冷柜、烤箱、洗碗机等。在美国，普通家庭仅家用电烘干机年电耗即达到 1000kWh，大约为我国居民住户平均家电电耗的 2 倍。部分家电类型也会对能耗造成较大影响。在我国，绝大部分住户的电冰箱容量在 200L 以下，日耗电量小于 0.5kWh；在美国，95% 的家庭使用的冰箱在 14ft³（约 396L）以上，日耗电量超过 0.9kWh。

家电的使用模式也是家电用能的关键因素。对于部分家电，比如电视、电脑，我国与其他国家的使用模式并不存在较大差异。但也有一些家电，比如洗衣机，其行为模式的差别可能造成接近 10 倍的能耗差别。用冷水洗衣服一次的能耗约为使用温水的 1/3，使用热水的 1/7。在美国，一般家庭一年洗衣服近 400 次，耗电量约 110kWh；而在我国，一般家庭一年的洗衣次数约为 150 次。

---

[1] 徐风. 实施 15 年来持续创新升级取得显著成效，我国能效标识制度覆盖 41 类用能产品. 中国质量报，2020 年 7 月 1 日。

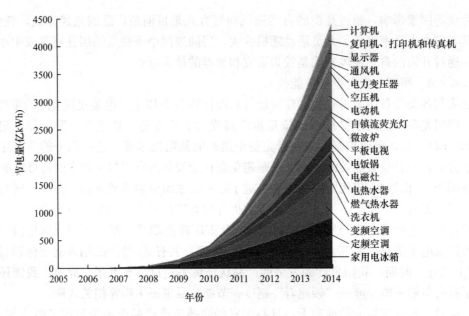

图 5-1　2005—2014 年间各产品能效标识累积节电量

5.2.3　可再生能源建筑应用技术与产品发展和应用现状

5.2.3.1　太阳能光热利用技术

目前，我国太阳能光热在建筑中的应用技术成熟，发展稳定，技术类型主要包括：

1. 太阳能热水系统

太阳能光热在建筑领域的应用主要是太阳能热水器，且太阳能热水器也主要应用在城乡建筑中，由于技术门槛相对较低，技术较为成熟，各方面发展较为稳定。

太阳能生活热水技术将太阳能转化成热能并传导给水箱内的水，按照辅助能源类型，可分为无辅助热源、电辅热和燃气辅热三类，其中以电辅热最为常见。根据集热器结构不同可分为真空管式和平板式。

2. 被动式太阳房

被动式太阳能供暖技术在我国已应用于学校、住宅、办公、旅馆等民用建筑以及通信、边防哨所、气象台站、公路道班、乡镇卫生院等专用建筑。其应用和分布非常广泛。

被动式太阳房的定义是不用机械动力而在建筑物本身采取一定措施，利用太阳能进行冬季供暖的房屋。被动式太阳能供暖建筑不需要专门的集热器、热交换器、水泵等设备，只是通过建筑朝向和周围环境的合理布置、内部空间和外部形体的巧妙处理以及建筑材料和结构构造的恰当选择，使其在冬季能集取、保持、储存和分配太阳热能，夏季能遮蔽太阳辐射，散逸室内热量，达到供暖和降温的目的，适度解决建筑物的热舒适问题。运用被动式太阳能供暖原理建造的房屋称之为被动式供暖太阳房。

南向玻璃窗是被动式太阳房中利用太阳能的一个最基本的部件和组成部分。为使房间温度在夜间不致过低以及白天温度不致过高，还需要有蓄热物质和夜间保温装置（如窗帘、保温板等）。通常，被动式太阳能集热部件与房屋结构合为一体，作为围护结构的一部分。这样既可达到利用太阳能的目的，又可作为房屋总体结构中的一个组成部分而发挥它的多功能作用。

3. 太阳能供暖系统

太阳能供暖系统是指将太阳能转化成热能，供给建筑物冬季供暖的系统，系统主要包括集热器、贮热器、供暖末端设备、辅助加热装置和自动控制系统等。按集热系统与蓄热系统的换热方式不同，太阳能供暖系统还可分为直接式系统和间接式系统。按蓄热系统的蓄热能力不同，太阳能供暖系统可分为短期蓄热系统与季节蓄热系统。

太阳能热水是我国在太阳能热利用领域具有自主知识产权、技术最成熟、依赖国内市场产业化发展最快、市场潜力最大的技术，也是我国在可再生能源领域唯一达到国际领先水平的自主开发技术。但是，目前太阳能热利用市场化推广方面仍存在以下不足：

（1）产品结构单一，平板型集热器应用量少

我国的太阳能热水器市场与发达国家相比一个很大的不同点是产品品种的市场结构，发达国家占市场份额 90% 以上的是平板型集热器、分离式太阳能热水系统，无论是产品的安全性、可靠性、耐久性还是系统形式，都非常适宜和建筑结合。而我国的太阳能热水器产品绝大多数是紧凑直插式产品，是一次循环系统、非承压的。紧凑式系统的最大问题是水箱只能和集热器一起放置在屋顶上，不易实现与建筑外观的融合，经常对建筑景观和城市景观造成不好的影响。此外，真空管型太阳能热水器是我国的主流产品，而平板型太阳能热水器市场占比较小。因此，产品品种单一也是我国推广与建筑结合太阳能热水系统的障碍所在。

（2）与建筑结合太阳能热水工程的数量偏少，技术水平参差不齐，与建筑结合水平不高

太阳能热水系统与建筑一体化结合的理念，已经在太阳能利用学术界、产业界和建筑业界形成共识，并得到国家发展和改革委员会、住房和城乡建设部、省市建设厅等各级政府机构的大力支持。但在与建筑结合的太阳能热水技术和工程应用领域，我国的整体水平和应用规模，与发达国家相比仍有不小差距。各地的发展不平衡，存在一些认识上的误区，大部分建筑设计院和房地产开发商对建筑一体化太阳能热水系统的关注较少，部分太阳能热水器企业对建筑一体化的认识停留在概念上，没有投入实质性的努力；在产品性能、与建筑结合的适用性和系统设计等方面都亟待提高。

（3）与建筑一体化的设计能力跟不上

作为建筑设计主体的各建筑设计院，过去基本上没有介入太阳能热水系统的设计，对太阳能集热系统缺乏了解；设计人员在进行太阳能热水系统设计时，缺乏必要的基础设计参数。常规生活热水供应系统所用的热源，比如热水锅炉等，其额定产热水量可以从产品样本上非常方便地查出，而太阳能热水器则没有任何一个企业能在产品样本中给出适用于不同气候条件、不同季节比较准确的产热水量。这就使设计人员感到心中无数，导致其对没有依据的设计缺乏积极性。

5.2.3.2 太阳能光伏发电技术

建筑集成光伏（Building Integrated Photovoltaics，BIPV）是指将光伏系统与建筑物集成一体，光伏组件成为建筑结构不可分割的一部分，如光伏屋顶、光伏幕墙、光伏瓦和光伏遮阳装置等。把光伏组件作为建材，必须具备建材所要求的几项条件，如坚固耐用、

保温隔热、防水防潮、适当的强度和刚度等。若是用于窗户、天窗等，则必须能够透光，就是说既可发电又可采光。除此之外，还要考虑安全性能、外观和施工简便等因素。用光伏组件代替部分建材，在将来随着应用面的扩大，光伏组件的生产规模也随之增大，则可从规模效益上降低光伏组件的成本，有利于光伏产品的推广应用，所以存在着巨大的潜在市场。

建筑集成光伏系统（BIPV）可以划分为两种形式：一种是建筑与光伏系统相结合；另外一种是建筑与光伏组件相结合。建筑与光伏系统相结合：把封装好的光伏组件安装在居民住宅或建筑物的屋顶上，再与逆变器、蓄电池、控制器、负载等装置组成一个发电系统。建筑与光伏组件相结合：建筑与光伏的进一步结合是将光伏组件与建筑材料集成一体。用光伏组件代替屋顶、窗户和外墙，形成光伏与建筑材料集成产品，既可以当建材，又能利用绿色太阳能资源发电，可谓两全其美。

光伏与建筑相结合的应用形式主要包括与屋顶相结合、与墙面相结合、与遮阳装置相结合等方式，如表5-4所示，下面分别进行介绍。

BIPV 形式分类 表 5-4

BIPV 形式	光伏组件	建筑要求	类型
光电采光顶（天窗）	光伏玻璃组件	建筑效果、结构强度、采光、遮风挡雨	集成
光电屋顶	光伏屋面瓦	建筑效果、结构强度、遮风挡雨	集成
光电幕墙（透明幕墙）	光伏玻璃组件（透明）	建筑效果、结构强度、采光、遮风挡雨	集成
光电幕墙（非透明幕墙）	光伏玻璃组件（非透明）	建筑效果、结构强度、遮风挡雨	集成
光电遮阳板（有采光要求）	光伏玻璃组件（透明）	建筑效果、结构强度、采光	集成
光电遮阳板（无采光要求）	光伏玻璃组件（非透明）	建筑效果、结构强度	集成
屋顶光伏方阵	普通光伏组件	建筑效果	结合

1. 光伏与屋顶相结合

建筑物屋顶作为吸收太阳光部件有其特有的优势，日照条件好，不易受遮挡，可以充分接受太阳辐射，系统可以紧贴屋顶结构安装，减少风力的不利影响，并且，太阳能电池组件可替代保温隔热层遮挡屋面。此外，与屋面一体化的大面积太阳能电池组件由于综合使用材料，不但节约了成本，单位面积上的太阳能转换设施的价格也可以大大降低，有效利用的屋面不再局限于坡屋顶，利用光电材料将建筑屋面做成的弧形和球形可以吸收更多的太阳能。

与屋顶相结合的另外一种光伏系统：太阳能瓦。太阳能瓦是太阳能电池与屋顶瓦板结合形成一体化的产品，这一材料的创新之处在于使太阳能与建筑达到真正意义上的一体化，该系统直接铺在屋面上，不需要在屋顶上安装支架，太阳能瓦由光电模块的形状、尺寸、铺装时的构造方法都与平板式的大片屋面瓦一样。

2. 光伏与墙相结合

对于多、高层建筑来说，外墙是与太阳光接触面积最大的外表面。为了合理利用墙面收集太阳能，可采用各种墙体构造和材料，包括与太阳能电池一体化的玻璃幕墙、透明绝热材料以及附加于墙面的集热器等。

此外，太阳能光电玻璃也可以作为建筑物的外围护构件。太阳能光电玻璃将光电技术融入玻璃，突破了传统玻璃幕墙单一的围护功能，把以前被当作有害因素而屏蔽在建筑物表面的太阳光，转化为能被人们利用的电能，同时这种复合材料不多占用建筑面积，而且优美的外观具有特殊的装饰效果，更赋予建筑物鲜明的现代科技和时代特色。

3. 与遮阳装置的一体化设计

将太阳能电池组件与遮阳装置构成多功能建筑构件，一物多用，既可有效的利用空间，又可以提供能源，在美学与功能两方面都达到了完美的统一，如停车棚等。

4. 与其他光伏建筑构件一体化设计

光伏系统还可与景观小品，如路灯、围栏等相组合构成一体化设计。此外，双面发电技术采用了正反两面都可以捕捉光线的"PN结"结构，有效提高了电池的输出功率，这种电池与传统电池的最大不同点在于它完全突破了太阳能电池使用空间和安装区域的限制，可以不必考虑太阳运动对电池发电量的影响，很好地解决了在有限的空间保证功率需求的问题。

总之，光伏系统和建筑是两个独立的系统，将这两个系统相结合，所涉及的方面很多，要发展光伏与建筑集成化系统，并不是光伏制作者能独立胜任的，必须与建筑材料、建筑设计、建筑施工等相关方面紧密配合，共同努力，并有适当的政策支持，才能成功。

光伏并网发电和建筑一体化的发展，标志着光伏发电由边远地区向城市过渡，由补充能源向替代能源过渡，人类社会向可持续发展的能源体系过渡。太阳能光伏发电将作为最具可持续发展理想特征的能源技术进入能源结构，其比例将越来越大，并成为能源主体构成之一。

太阳能发电是目前相对来说发展最快、技术也最为成熟的可再生能源技术之一。近二十年来，太阳能光伏电池的效率迅速提升、成本显著下降。预计在下一阶段，太阳能光伏技术会持续发展，更多类型的光伏电池类型将成为新的可再生发电选项。传统的太阳能发电系统往往安装在屋顶，会受到屋顶面积的制约。近年来，已有许多建筑开始通过在立面上大幅使用太阳能电池，或者采用太阳能电池板作为围护结构的一部分（如薄膜电池），尽管立面光伏板的效率相对较低，但由于能够增加太阳能光伏板的铺设面积，发电总量能够进一步增加。因此，需要根据太阳能光伏发电需求、当地太阳辐射条件以及投资成本等进行核算。

此外，温度、湿度、风速、光伏板倾斜角度、空气洁净度、积灰情况等都会对光伏发电效率产生影响。因此，需要综合考虑当地气象、太阳能资源、技术成本等确定太阳能发电方案，优化建筑中太阳能发电设备的设计与运行。

5.2.3.3 热泵技术

1. 地源热泵系统

地源热泵作为一种可再生能源的冷热源方案目前在我国许多地区得到大力推广。有些城市把这种方式作为应用可再生能源的一种方式，给予各种经济和政策上的优惠；也有些城市将其作为考核是否实现建筑节能的重要标志。目前我国长江中下游地区的许多住宅小区均采用水（地）源热泵作为冷热源。有观点认为由于水（地）源热泵系统具有经济、节能、环保等诸多方面的优势，弥补了我国传统的供暖空调方式存在的问题，符合我国环境保护和能源节约的政策，水（地）源热泵在我国住宅中的应用具有良好的应用前景。

地源热泵的形式包括：以地下埋管形式构成土壤源换热器，通过水或其他防冻介质在埋管中流动，与土壤换热，获取低温热量，然后通过热泵提升其温度，制备供暖用热水；直接提取地下水，经过热泵提升温度，制备供暖用热水。被提取了热量、温度降低了的地下水再重新回灌到地下。

但是，基于大量案例分析，发现地源热泵对于供暖而言，不同地区遇到的关键问题是不一致的。对于我国严寒地区（如哈尔滨），年均温度低，冬季地下水温或地下土壤温度低，水源地源热泵本身的性能是关键技术瓶颈。而对于符合水（地）源热泵使用的地域（山东、河南、陕西和长江流域），热泵机组本身的高性能比较容易保障（根据实测数据，热泵 COP 一般能够达到 3 以上），但水泵电耗有时占总电耗的一半左右，因此输配性能成为该项技术是否适用的前提。

由于多数地源热泵并没有显著的节能效果，因此不应作为有效的节能措施给予各类财政补贴。只有通过实际检测，发现实际能耗确实低于常规系统时，才能给予适当的财政补贴。实际上补贴应该根据能耗状况，而不应该只看其采用什么技术。

对于适合地源热泵的地区的住宅建筑，由于室内外温差不是构成冷热负荷的主导因素，因此各房间之间负荷的不同步性严重。在严寒地区（如哈尔滨），因为影响负荷的主要因素为室内外温差，因此不同房间之间的负荷均匀度较高，基尼系数在 0.3 的水平。在寒冷地区（如北京），负荷受到外温及室内热扰的双重影响，负荷均匀度呈现中间水平，基尼系数在 0.5 的水平。而在夏热冬冷地区（如上海），影响外温的主要因素为室内热扰，因此房间的负荷均匀度很低，基尼系数达到 0.8。因此在夏热冬冷地区，住宅建筑负荷具有较大的不均匀性，其也成为影响热泵系统适用性的主要因素。

应用热泵系统进行区域供冷时，其面临的问题与夏热冬冷地区的供热问题是一致的。由于在供冷过程中，室内外温差仅为 8℃ 左右，甚至更小，室内热扰是冷负荷的主要影响因素。因此，冷负荷也具有较大的不均匀特性，当采用热泵系统进行区域供冷时，输配系统的能耗成为一大难点。

2. 空气源热泵

空气源热泵是以空气中的热量为能量来源，通过压缩机将空气中的热量转移到热媒介中，实现热能品位的提升，以满足供热需求。当室外空气温度在 0℃ 左右时，空气源热泵的电—热转换效率能效比可达到 3。近年来，我国在此方向的技术进步迅速，通过新的压缩机技术、变频技术和新的系统集成，已经把空气源热泵的应用范围扩展到 −20℃ 的低温环境。但我国空气源热泵制造仍存在瓶颈与问题，尤其是压缩机等核心部件技术不过关，多采用国外进口核心部件，严重限制着我国空气源热泵的发展。

3. 复合热泵系统

为实现地源热泵系统长期高效运行，应使地源热泵每年从地下取热和排热总量基本达到平衡。因此，对于冷热负荷差别比较大，或者单纯利用地源热泵系统不能满足冷负荷或热负荷需求时，可采用复合式地源热泵系统。

当冷负荷大于热负荷时，可采用"冷却塔＋地源热泵"的方式，地源热泵系统承担的容量由冬季热负荷确定，夏季超出的部分由冷却塔提供。当冷负荷小于热负荷时，可采用"辅助热源＋地源热泵"的方式，地源热泵系统承担的容量由夏季冷负荷确定，冬季超出的部分由辅助热源提供。通常采用的辅助热源方式有：太阳能、燃气锅炉、电加热或余热利用等。采用复合式地源热泵系统后，可以使得吸、排热量大体持平。典型的复合式地源热泵系统，如：地源热泵与太阳能复合式系统、地源热泵与冰蓄冷复合式系统、地源热泵与冷却塔复合式系统、地源热泵热水系统等。

5.3 建筑节能低碳技术体系发展趋势分析

自 20 世纪 80 年代以来，我国的建筑节能工作经过三十多年的发展取得了举世瞩目的成就，通过"三步走"战略实现各类建筑节能标准不断提高，建筑能效水平显著提升（图 5-2）。"十三五"以来，随着国家标准《民用建筑能耗标准》GB/T 51161—2016 发布实施，建筑节能工作正逐步由提高建筑能效转向以降低建筑实际能耗为主要目标，将实施建筑能耗总量和强度"双控"作为重要发展方向。

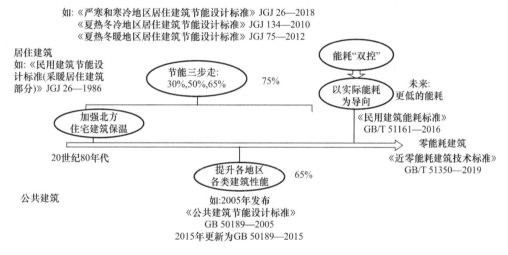

图 5-2 我国建筑节能工作发展历程

同时，随着"十四五"发展新时期的到来，我国城镇化面临的主要矛盾已经发生变化，城镇化率与城市基础设施不适应社会经济发展需要的基本状态已经出现了转变，城市建设已基本上满足社会和经济发展的需要，城镇化也将从以前的迸发式增长阶段转为缓慢增长期。而建筑节能领域中长期的发展应基于我国现阶段发展的主要战略需要。

5.3.1 积极应对气候变化发展战略

目前我国已成为全球碳排放量最大的国家，承受较大的国际减排压力。建筑领域是能源消耗的三大领域之一，建筑能耗在全球能源消耗总量中约占 30%。伴随城镇化进程的不断加快，城市进入后工业时期，随着服务业对经济的贡献比例不断提升，城乡居民生活水平不断提高，建筑领域在我国碳排放增长驱动因素中的占比将不断提升。要在生态文明的理念下实现城市的可持续发展，必须把工作的重点从大规模建设转移到消除贫困、解决能源与环境问题，以及交通拥堵治理上。按照《巴黎协定》的要求，如果要实现全球平均温升不超过 2℃的目标，2050 年全球二氧化碳排放总量应在 150 亿 t 以内，人均年碳排放量应控制在 2.5t 以下。2050 年我国人口为 14 亿人的话，碳排放总量应不超过 35 亿 t，仅为目前的 1/3。如何在 30 年左右的时间内，在满足我国社会和经济持续发展的前提下，既实现我国建成现代化强国、实现中国梦的目标，又使二氧化碳排放总量控制在仅为目前的 1/3，这是我国今后三十年能源领域发展面临的巨大挑战。

5.3.2 "四个革命、一个合作"的能源发展战略

实现能源结构根本性转变，提升可再生能源比重、提高能源效率以及逐步淘汰化石能源，是我国能源转型的主要方向，也是建筑领域能源革命的主要方向。只有彻底改变目前的能源供给结构，从以碳基燃煤为主的能源结构变为以可再生能源为主导的低碳能源供给结构，才有可能彻底消除污染物和碳的排放。而新的能源供给结构需要有新的能源消费模式，需要彻底改变目前对应于燃煤为主的能源消费模式，以适应低碳能源的供给结构。同时，还需要尽可能降低用能需求，减轻发展低碳能源的压力。

5.3.3 新时代高质量绿色发展要求

城镇化是现代化的必由之路，以促进人的城镇化为核心、提高质量为导向的新型城镇化战略，是新时代中国特色社会主义发展的重要实践。城镇化高质量发展应体现下述核心特征："绿色健康"，推进城镇绿色低碳发展，如全面推广建筑节能和绿色建筑、开展城镇水生态修复治理、实施国家节水行动、出台资源循环利用基地建设实施方案、推进生活垃圾分类立法等，建立城镇绿色发展指标体系；"智慧创新"，以科技进步为支撑，全面提升城乡发展智能化、智慧化水平；"文化繁荣"，停止对历史文化资源的破坏，并应该充分发挥创造力，为未来留下一份带有中国特色的文化遗产；"治理现代"，城镇治理能力现代化是城镇化持续健康发展的基本保障，涉及国土管理、结构优化、质量提升、整体和谐、协同治理等一系列问题。

新型城镇化集"扩内需、聚产业、促创新"于一体，为农业现代化提供有力支撑，也为工业化和信息化发展提供空间，是新旧动能转换的必由之路。新动能既来自于新经济的发展壮大，也来自于传统产业改造升级。实现新旧动能转换，必须加快培育新技术、新业态、新模式，实现产业智慧化、智慧产业化、跨界融合化、品牌高端化。推动传统产业改造升级，激发壮大新动能，实现新旧动能转换。通过改革、开放、创新的办法，全面破除影响城镇化高质量发展的各种障碍，激发更多创新活力。基于此，建筑领域碳达峰碳中和背景下，建筑节能、绿色建筑与低碳发展的相关的技术体系发展和集成应用过程也逐渐呈现出以下三个重要特征：

1. 信息化

信息化是以现代通信、网络、数据库技术为基础，对所研究对象各要素汇总至数据库，供特定人群生活、工作、学习、辅助决策等。信息化代表了一种信息技术被高度应用，信息资源被高度共享，从而使得人的智能潜力以及社会物质资源潜力被充分发挥，个人行为、组织决策和社会运行趋于合理化的理想状态。随着以人工智能、移动通信、物联网、区块链等为代表的新一代信息技术加速突破应用，建筑建造方式、能源生产和消费方式等都随之发生了根本性的转变。对于用能系统较为复杂的公共建筑，建立可溯源的能源监管信息化体系，强化能源精细化管理水平，提供安全、便捷、有效的能源管理信息服务，是该领域相关技术发展的重要方向。

2. 数据化

用数据说话是未来建筑领域实施用能总量控制的前提条件,从建筑到城市,不同尺度的数据平台建设和数据应用服务逐渐完善和丰富,建筑负荷预测、用能系统调适与优化运行、建筑用能监测与数据挖掘等领域将成为该领域相关技术发展的重要方向。

3. 智能化

智能化是现代人类文明发展的趋势,也是我国新时期各领域技术发展的重要特征,是指事物在大数据、物联网和人工智能等技术的支持下,所具有的能动地满足人的各种需求的属性。建筑节能低碳技术的发展也正逐步与传感器物联网、移动互联网、大数据分析等技术融为一体,通过集成应用以尽可能低的能源消耗创造一个安全、便捷、舒适、高效、合理的投资和低能耗的生活或工作环境,满足人对建筑室内环境的需要。

5.4　中长期技术体系

基于上述对我国建筑节能、低碳技术的发展现状和障碍分析,结合我国社会中长期发展愿景和主要发展需求,建议通过构建以下五方面技术体系全面支撑建筑领域碳达峰碳中和中长期发展目标。

5.4.1　构建更高性能新建建筑技术体系

5.4.1.1　技术路线考虑

随着全球气候问题日益严峻,以高能效、低排放为核心的高性能建筑发展正为实现国家的能源安全和可持续发展起到至关重要的作用。近年来,欧美发达国家陆续将"零能耗建筑"作为建筑节能的发展方向,相继开展了技术研究与工程示范,零能耗建筑被视为消减化石燃料消耗和温室气体排放的终极解决方案。相较于欧美国家,我国零能耗建筑研究与试点示范起步较晚,研究表明,零能耗建筑:一是在保证一定舒适度的前提下,通过被动式建筑节能技术和高效主动式建筑节能技术,最大幅度降低建筑终端用能需求和能耗;二是充分利用场地内可再生能源产能,替代或抵消建筑对常规能源的需求;三是合理配置可再生能源和储能系统容量,大幅度降低常规能源峰值负荷,成为电网友好型的建筑负载。我国气候分区多且差异大,不同气候区能源需求不同,技术路径侧重点不同,明确技术路径是促进我国发展零能耗建筑首要核心问题。因此"零能耗建筑"技术路径建议从以下四个环节进行考虑(图5-3)。

一是合理用能需求。应充分考虑气候特点、用能习惯、服务水平等因素确定建筑的用能需求,特别是不应以牺牲基本舒适度来实现"零能耗建筑"。近年来夏热冬冷地区冬季室内环境改善需求显著,零能耗建筑的设计应兼顾能效与室内环境舒适性改善问题。

二是优化能源供给。太阳能光伏发电系统是零能耗建筑产能的主要技术措施,近年来光伏发电成本快速降低,加速了零能耗建筑的发展,通过加快对需求响应式能源供给、智能微网控制和建筑直流供电等技术的研发和应用,进一步形成更加高效充足的能源供给方式,是促进零能耗建筑发展的关键技术领域。

三是进一步降低建筑能耗需求。应进一步研究高保温、高断热、高气密性围护结构,以及自然通风、自然采光等各类被动式技术在我国不同气候区的适用性，提升技术集成和应用水平，不断降低建筑基本用能需求。

四是进一步提高建筑设备与系统的能效水平。一方面是通过技术创新进一步提升设备效率；另一方面是通过建筑调适等技术进一步提升用能系统运行管理水平，从而实现主动式设备和系统的能效水平的整体提升和优化运行。

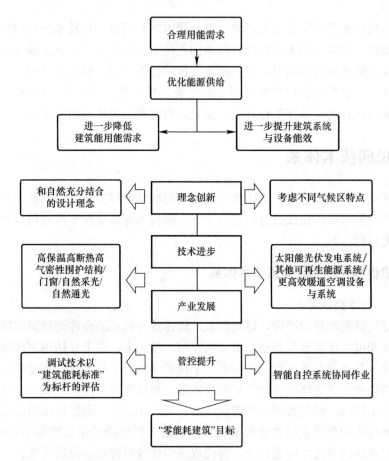

图 5-3　我国实现"零能耗建筑"的技术路径

5.4.1.2　不同气候区技术路线

1. 严寒和寒冷地区

严寒和寒冷地区的技术路线强调提高建筑围护结构保温性能及气密性，扩大可再生能源应用量。简单来说，严寒和寒冷地区重点应在最大化提升建筑围护结构性能基础上，强调"高保温、高断热及高气密性"的要求。在使用高效保温材料、高性能门窗的同时，注重外围护结构保温构造和气密性做法。在最大限度减少冬季供暖能耗的同时，兼顾降低夏季供冷负荷。另外，大幅度提高能源设备和系统效率，强化新风节能，并通过可再生能源与蓄能技术集成应用，平衡建筑能源的需求与供给。

技术路线的实施可以分为以下三个步骤：

（1）建筑围护结构采用高效保温材料、高气密性材料、相变材料和墙体储能材料。以《公共建筑节能设计标准》GB 50189—2015 为例，通过围护结构热工性能提升，可实现建筑本体节能率 30% 以上。

（2）结合主动式策略，采用低能耗照明设备、高性能供热设备，包括太阳能供热设备、地道风新风预热、太阳能制冷等技术，最大限度降低供暖能耗。以《公共建筑节能设计标准》GB 50189—2015 为例，可以实现建筑能耗（包含供暖、供冷、通风、生活热水和照明）在基准建筑能耗的基础上节能 70% 以上。

（3）进一步扩大可再生能源应用量，根据所在地资源条件，采用太阳能光热、光伏直流供电、风电和储能等技术，达到建筑能量供给与需求平衡。建议可再生能源利用率在一般地区不小于 10%，特别在我国西部太阳能资源富集地区，最大限度提高建筑太阳能供热量和太阳能发电量，可再生能源利用率达到 100%。

2. 夏热冬冷地区

夏热冬冷地区的技术路线强调最大限度利用气候条件（自然光、自然通风），将高性能设备及可再生能源集成应用。简单地说，夏热冬冷地区应首先最大限度采用建筑自然通风、自然采光、建筑遮阳，合理控制保温隔热层厚度，以降低空调能耗为主，兼顾供暖能耗。另外，通过主动技术和智能控制措施，最大幅度提高能源设备和系统效率，并结合蓄能技术，采取间歇用能模式，最大幅度降低建筑终端能耗。最后，必须充分利用建筑场地内可再生能源，结合负荷侧的需求响应，实现建筑能源的需求与供给平衡。

技术路线的实施可以分为以下三个步骤：

（1）通过被动式建筑设计和技术手段，合理优化建筑布局、朝向、体形系数和功能布局，充分利用建筑自然通风、自然采光、建筑遮阳与保温隔热措施，建筑围护结构采用高效保温材料、高气密性材料、相变材料和墙体储能材料，合理控制保温隔热层厚度，最大幅度降低建筑供冷供热需求。以《公共建筑节能设计标准》GB 50189—2015 为例，可以实现建筑本体节能率 30% 以上。

（2）结合主动式策略，采用低能耗照明设备、高性能制冷设备，包括太阳能储能设备、地道风新风预热、太阳能制冷、跨季节储能等技术。以《公共建筑节能设计标准》GB 50189—2015 为例，可以实现建筑能耗（包含供暖、供冷、通风、生活热水和照明）在基准建筑能耗的基础上节能 70% 以上。

（3）进一步利用可再生能源和蓄能系统，包括太阳能光热、光伏直流供电和储能技术，达到建筑能量供给与需求平衡。实现可再生能源利用率不小于 10%。

3. 夏热冬暖地区

夏热冬暖地区的技术路线强调最大限度利用气候条件（自然光、自然通风），将高性能设备及可再生能源集成应用。首先，通过被动式建筑节能技术，合理优化建筑布局、朝向、体形系数和功能布局，充分利用自然通风、天然采光、遮阳与隔热措施，适度提高围护结构保温及气密性，最大幅度降低建筑终端用能需求。其次，通过主动技术措施最大幅度提高能源设备和系统效率，并结合智能控制技术，最大幅度降低建筑终端能耗。最后，充分利用建筑场地内可再生能源，在降低建筑常规能源消耗总量和峰值的同时，合理配置储能系统，提高建筑对电网的友好性。根据以上路径结合需求响应策略，合理优化光伏与储能配置，大大降低市电峰值。

技术路线的实施可以分为以下三个步骤：

（1）通过被动式建筑节能技术和高效主动式建筑节能技术，最大幅度降低建筑终端用能需求和能耗。

（2）充分利用场地内可再生能源资源（包括建筑本体和场地红线内的可再生能源，占终端用能量 50％以上），最大幅度降低建筑的常规能源消耗量，以最少的能源消耗提供舒适的室内环境。

（3）合理配置可再生能源和储能系统容量，大幅度降低常规能源峰值负荷（装机容量降低 50％以上），成为电网友好型的建筑负载。

5.4.1.3 关键技术方向

结合科研和示范，应在以下关键技术方向进行攻关：

1. 更新设计理念，重视气候适应性的室内环境营造和气候响应设计

气候响应设计是指适应气候特征和自然条件，以气候特征为引导进行建筑方案设计，基于项目当地的气象条件、生活居住习惯，借鉴本地传统建筑被动式措施进行建筑平面总体布局、朝向、采光通风、室内空间布局的适应性设计。以地域特征为基础的气候响应设计，能够以最小的经济代价营造一个优良的建筑本体，为建筑节能创建良好的基础条件，应该成为零能耗建筑在设计时的首要原则。

2. 优化设计方法，强化以能耗目标为导向的建筑节能设计方法

常规的建筑节能设计是以节能措施的应用为导向。对于零能耗建筑而言，设计应该转变思路，以明确的能耗目标为导向开展反向设计。所谓"以能耗目标为导向的建筑节能设计"是指以建筑能耗指标为性能目标，利用能耗模拟计算软件，对设计方案进行逐步优化，最终达到预定性能目标要求的设计过程。基于能耗目标为导向的定量化设计与优化，分析计算确定各部分性能参数，围绕能耗目标，综合考虑建筑本体设计、围护结构、机电设备及可再生能源利用各部分的节能技术，优化设计与技术组合，以求相互配合，共同实现节能目标。

3. 加快装配式建造方式下的建筑保温体系研发

装配式建造方式是建筑工业化的重要内容，与传统建造方式相比，装配拼接缝更容易产生渗漏和热桥问题，因此急需因地制宜研发适合不同气候区的高性能建筑保温体系、新型高效节点构造及施工技术。

4. 降低高性能门窗成本

建筑门窗是建筑节能关键之一，应当着重处理门窗的密封性能和保温性能。我国各地目前应用的节能门窗，其整体传热系数通常在 $2.0W/(m^2 \cdot K)$ 以上，气密性通常在 6 级以上。而要实现零能耗，需要更高性能的门窗应用。如按照德国被动房标准，通常外窗传热系数要达到 $0.80W/(m^2 \cdot K)$，外窗气密性达到 8 级以上。该类高性能门窗，需要热工性能更优的窗框及玻璃，通常采用三玻两腔中空玻璃、真空玻璃等高性能材料，而窗框除了塑钢、铝合金等传统型材，也有铝包木、铝木复层、玻纤聚氨酯等新型型材。为了保证更高的气密性指标，需要更严密的气密性构造。目前我国高性能门窗产品已达到国际水平，但成本较高，是规模化推广零能耗建筑的障碍之一。

5. 加快高效制冷技术和产品的研发和应用

除了建筑围护结构保温等被动式技术及可再生能源外，提高建筑暖通空调系统的能效

也是实现建筑节能减排的重要途径。根据国家发展和改革委员会等 7 部委联合印发的《绿色高效制冷行动方案》，到 2022 年，我国家用空调、多联机等制冷产品的市场能效水平要在 2017 年的基础上提升 30％以上，绿色高效制冷产品的市场占有率提高 20％；到 2030 年，大型公共建筑制冷能效提升 30％，制冷总体能效水平提升 25％以上，绿色高效制冷产品的市场占有率提高 40％以上。不断提升空调制冷产品能效，发展应用磁悬浮等新型高效空调设备，将是推进零能耗建筑发展的重要市场助力。

5.4.2　构建更绿色经济的既有居住建筑改造技术体系

5.4.2.1　关键技术

既有建筑节能改造与新建建筑不同，由于受建筑本身和周边环境限制，以及要充分考虑房屋所有者和使用者的意愿和感受，既有建筑节能改造应遵循降低干扰、减少污染、快速施工、安全可靠的基本原则。目前既有居住建筑改造的技术体系相对成熟，关键技术主要包括：

1. 建筑围护结构保温技术

（1）外墙保温技术

按照保温材料设置位置不同，外墙保温技术分为外墙外保温、外墙内保温、外墙自保温和外墙复合保温技术。根据保温材料的性质不同，分为有机保温系统、无机保温系统和复合保温系统。其中，常用的有机保温材料包括胶粉聚苯颗粒、模塑聚苯板、挤塑聚苯板、硬泡聚氨酯板、酚醛板等；无机保温材料包括玻化微珠（闭孔珍珠岩）保温砂浆、泡沫混凝土保温板、岩棉保温板、泡沫玻璃保温板、轻质陶瓷板等；复合保温材料通常指由无机和有机材料制成的保温材料，如聚苯颗粒水泥保温板。根据施工工艺不同，分为湿贴法、喷涂法、分层涂抹法、机械固定法、整墙浇筑法等。

考虑到既有建筑节能改造应遵循的基本原则，应优先选择外墙外保温技术，当既有建筑外立面需要保护或不具备施工条件时，可选择外墙内保温技术。但是应注意外墙混凝土梁、柱处的冷桥处理。考虑到既有建筑节能改造的经济成本和安全性，应优先选择无机保温材料或满足防火性能要求的有机保温材料。对于施工工艺，应优先选择对周边环境影响较小、施工质量容易把握的湿贴法。对于扩建项目，可选择自保温或复合保温技术。

（2）屋面保温技术

建筑屋面按照保温层位置不同，分为正置式和倒置式；按照构造形式不同，分为平屋面和坡屋面；按照荷载不同，分为可上人屋面和不可上人屋面。由于建筑屋面防水性能要求较高，在选择保温材料和防水材料时应注意相互之间的协调。因此，应选择防水性能较好的保温材料，宜优选兼具保温和防水功能于一体的保温技术。

（3）门窗保温技术

目前常用的门窗系统根据型材不同，分为木门窗、塑料门窗、铝合金门窗，以及复合型材门窗；根据玻璃设置不同，分为单层玻璃门窗、双层中空玻璃门窗、三层中空玻璃门窗；根据所用玻璃不同，分为普通玻璃门窗、低辐射（Low-E）玻璃门窗和热反射玻璃门窗；根据开启方式不同，主要分为推拉门窗和平开门窗。

对于既有建筑门窗改造，首先从保温性能考虑应选择采取保温措施的塑料或铝合金型材的双玻中空门窗。其次，考虑到门窗的气密性、水密性和隔声性能，应选择平开门窗。

2. 空调与供热改造技术

对于空调与供热改造，首先应充分挖掘原系统的节能潜力，或者通过较少的投入提高系统运行效率，降低能耗。当现有方法无法满足节能要求时，可考虑更换相关设备。在选择相关设备时，应根据实际使用环境，合理确定设备功率。

建筑室内通风系统主要分为强制通风系统和自然通风系统。其中强制通风系统是在建筑室内不同部位设置进风口和出风口，利用电力驱动风扇转动实现通风换气；自然通风系统是根据当地气候条件，通过合理选择进风口和出风口，在无需其他能源驱动下，利用建筑室内外气压差完成通风换气。

关于供热分户计量改造，目前常用的技术包括热量表分配计量法、通断时间面积法和温度面积分配法。上述三种方法各有特点，且适用条件和范围各不相同。在实际选择时应根据改造工程实际情况确定分户供热计量技术路线。

3. 可再生能源利用技术

目前建筑普遍利用的可再生能源包括太阳能和地热能。太阳能利用在建筑中的应用主要分为供暖、热水和光伏发电三类技术。由于我国太阳能资源分布不均，此外，考虑到不同季节对太阳能的利用效率不同，为满足全天候使用要求，太阳能通常与其他常规能源配套利用。

地热能利用根据使用介质不同，分为直接使用地下水和使用专用冷热媒。由于直接使用地下水涉及回灌问题，增加设备投入，处理不好将造成地下水的污染和流失。因此，对于符合使用地源热泵技术的改造项目应优先选择专用介质作为冷热媒。

4. 采光与遮阳技术

建筑遮阳技术根据遮阳主体不同，分为人工遮阳和自然遮阳。其中，自然遮阳是指利用植物或在建筑设计时考虑朝向、建筑体形等实现遮阳；人工遮阳是指利用人工产品实现遮阳。根据遮阳设施在建筑上设置的位置不同，分为内遮阳、外遮阳和自遮阳。其中，外遮阳技术的遮阳效果最好，内遮阳的效果相对最差。根据遮阳产品不同分为软帘遮阳、百叶遮阳、卷帘遮阳、叶片遮阳、蓬遮阳等。根据遮阳形式不同，分为垂直遮阳、水平遮阳、综合遮阳、固定遮阳和活动遮阳等。

建筑采光包括自然采光和人工照明。在既有建筑改造中，应充分利用现有条件，优先选择自然采光以降低改造成本和能耗。当实际条件无法满足采光需求时，应优先通过调整控制策略，改变行为习惯实现无成本改造，其次通过更换节能光源和设备降低能耗。

5.4.2.2 不同气候区技术路线

不同气候区的技术路线有所不同，技术要求也各有侧重。

1. 严寒和寒冷地区

目前，严寒和寒冷地区既有建筑节能改造主要包括围护结构节能改造、供暖系统节能改造和供暖系统计量改造等内容。

（1）围护结构节能改造

严寒和寒冷地区外墙节能改造应优选保温性能好且满足防火要求的模塑聚苯板（或硬泡聚氨酯板）薄抹灰外墙外保温系统和保温装饰复合板外墙外保温系统。

模塑聚苯板（或硬泡聚氨酯板）薄抹灰外墙外保温系统由模塑聚苯板（或硬泡聚氨酯

板）保温层、薄抹灰抗裂防护层和涂料饰面层构成。保温板用锚栓和粘结剂固定于墙体基层，薄抹灰面层中应满铺耐碱玻纤网格布。系统耐候性、防火性能应符合现行相关标准和规定要求。保温层施工前，应对墙体基层进行处理；施工期间以及完工后 24h 内，基层及环境温度不应低于 5℃；保温板粘贴面积不低于 40%，粘贴后应及时进行抹面，并压入耐碱玻纤网格布，抹面层厚度不小于 3mm；保温板表面不得长期裸露；夏季应避免阳光暴晒，在 5 级以上大风天气和雨天不得施工。

保温装饰复合板外墙外保温系统是采用具有良好保温隔热性能的保温材料作为保温层，以陶瓷板、涂敷防护层的纤维水泥板等无机非金属板材作为饰面板，通过工厂复合（必要时对保温层全封闭处理）而成。该复合板可采用机械连接或粘锚结合的方式固定于建筑外墙，并对板缝进行密封处理或榫接，达到集保温、防水、装饰于一体的效果。复合板燃烧性能应达到 A 级。其中，保温层热工性能应符合相关标准要求；无机饰面板应具有较低的吸水率和较高的刚度。板材安装前要进行排版设计，避免施工现场切割加工；安装过程中要确保安装牢靠，并消除温度应力；采用机械连接时，复合板的连接件不可直接固定于保温材料上；利用龙骨安装时要进行断热桥处理，并采取有效防火隔断避免烟囱效应；采用粘锚结合的方式要保证有效粘贴面积≥40%；板材拼缝处理应确保密封质量；应根据实际情况设置连通板材与基墙间隙和外部的透气构造。

门窗改造应优先选择在原有门窗外侧加装一层门窗，以减少对原门窗及室内环境的破坏。当不具备加装门窗条件时，可选择更换玻璃、门窗扇，甚至更换整门窗。当更换整门窗时，严寒和寒冷地区应选择采取断冷桥措施的塑料或铝合金双玻中空平开门窗产品。个别地区可选择三玻中空玻璃门窗。整门窗更换时，还应注意附框应安装牢固；门窗框安装时应注意处理好冷桥问题；门窗与建筑墙体缝隙应采用保温气密材料进行封堵，并做好防水处理。

屋面改造时应优先选择倒置式保温屋面构造。采用保温、防水性能好的保温材料。对于可上人屋面宜采用强度较高的挤塑聚苯板作为保温材料。当平屋面改坡屋面时，可在屋面吊顶内铺放吸水率小的轻质保温材料。为防止平改坡后吊顶内结露，宜在坡屋面上加铺保温材料。

（2）供暖系统节能改造

热源和供热管网节能改造应优选供热调节技术，即通过在集中供热系统的热源和热网上安装自动控制装置，使热源的供热量随着室外温度和用户末端的需求而变化，实现适量供热；供热管网输送热量时采用变流量技术，降低热网的输送能耗。

有条件的地区可以选择太阳能供暖（热水）系统。该系统由太阳能集热系统、辅助能源保障系统、低温热水地板辐射供暖系统/风机盘管系统及生活热水供应系统组成。太阳能集热系统为直接加热强制循环系统，由集热器、循环水泵及储热水箱等组成。辅助能源保障系统在连续阴雨天气或其他特殊供暖需求太阳能集热系统无法保障时启动辅助能源系统，以满足建筑物的供热需求。

（3）供热计量改造

散热器热分配计法由各热用户的散热器热量分配计以及建筑物热力入口设置的楼栋热量表或热力站设置的热量表组成。通过修正后的各热量分配计的测试数据，测算出各个热用户的用热比例，按此比例对楼栋或热力站热量表测量出的建筑物总供热量进行户间热量分摊。修正因素包括散热器的类型、散热量、连接方式等。按照基本的工作原理，散热器热量分配表分为蒸发式热量分配表与电子式热量分配表两种基本类型。蒸发式热量分配表初投资较低，但需要入户读表。电子式热量分配表初投资相对较高，但该表具有入户读表与远传读表两种方式可供选择。电子式热量分配表有传感式和一体式两种，若散热器被遮蔽，可选择安装传感式热量分配表。安装散热器热量分配表时，不需要对既有室内供暖系统进行改造，适用于以散热器为散热设备的室内供暖系统。

户用热量表法由各户用热量表以及建筑物热力入口或热力站设置的热量表组成。户用热量表测量出的每户供热量可以作为计量热费结算依据，也可以通过户用热量表测量出的每户供热量，测算出各个热用户的用热比例，按此比例对楼栋或热力站热量表测量出的建筑物总供热量进行户间热量分摊。根据热量表的流量计的测量方式不同，热量表的主要类型有机械式热量表、电磁式热量表、超声波式热量表。机械式热量表的初投资相对较低，但是由于热量表的流量计的转动部件容易被阻塞，影响仪表的正常工作，因此对水质有一定要求。电磁式热量表的初投资相对机械式热量表要高，但仪表的流量计比机械式的精度要高、压损小。电磁式热量表的流量计工作需要外部电源，而且必须水平安装，还需较长的直管段，这使得仪表的安装、拆卸和维护较为不便，多用于大口径热力管道。超声波热量表的初投资相对较高，仪表的流量计具有精度高、压损小、不易堵塞等特点，但流量计的管壁锈蚀程度、水中杂质含量、管道振动等因素将影响流量计的精度。目前，超声波热量表在实际工程中应用数量越来越多。户用热量表法适用于分户独立式室内供暖系统及地面辐射供暖系统。

此外，通断时间面积分摊法和流量温度分摊法等其他热分配方法也有较大的工程应用量，有条件的地区可以根据实际情况考虑使用。

2. 夏热冬冷地区

夏热冬冷地区既有建筑节能改造应充分考虑地区气候特点，以夏季隔热为主，并兼顾冬季保温。因此，该地区既有建筑节能改造主要包括围护结构改造、空调系统、采光与照明系统、供暖与热水系统改造。

（1）围护结构改造

夏热冬冷地区既有建筑围护结构改造同样包括外墙、屋面和门窗改造。与严寒和寒冷地区不同，该地区围护结构改造主要是阻隔夏季室外热量向室内传递，兼顾冬季保温。因此，外围护结构改造宜优先采用浅色系饰面材料及热反射隔热涂料。

夏热冬冷地区外墙需要进行保温改造时，除采用外保温技术外，也可采用内保温技术。保温系统应优先选择玻化微珠保温砂浆外墙保温系统。玻化微珠保温砂浆是以玻化微珠为保温功能组分，配以水泥、可再分散乳胶粉、抗裂纤维、憎水剂等配制而成单组分砂浆。该系统施工时宜从上至下分遍施工，每遍厚度 10mm 左右，间隔时间以底层干燥（约 24h）为宜；涂刷底漆时，护面层的含水率≤10%，pH≤10.4；各构造层在凝结前应防止水冲，撞击和振动；施工温度宜在 5~35℃，空气湿度宜<85%。

夏热冬冷地区建筑外门窗改造技术方案与严寒和寒冷地区类似。此外，考虑夏季日照强烈，应在门窗采取加设遮阳设施或在玻璃上涂敷隔热涂料（膜）降低太阳热辐射。其中，玻璃用隔热涂料是以水性聚氨酯乳液为基料，以纳米级氧化锡锑（ATO）为隔热功能材料，配以特种助剂和其他组分制成。该产品具有与玻璃附着力强、良好的漆膜硬度、耐磨性和耐擦洗性，较高的可见光透射比和较低的太阳辐射总透射比，可在不影响室内采光的情况下，取得良好的隔热节能效果。加设遮阳设施优先选用可活动式外遮阳设施，也可在双层门窗或双层中空玻璃间采用百叶或卷帘等自遮阳措施。外遮阳设施安装时应注意安装牢固，抗风性能应满足相应标准要求。

夏热冬冷地区建筑屋面改造技术方案与严寒和寒冷地区类似。此外，考虑该地区气候条件，可以在原平屋面采取种植屋面技术。种植屋面包括保温隔热层、找平层、普通防水层、耐根穿刺层，通过营养土配制和植被选择与维护，解决屋面绿化防水等问题，具有屋面负荷低、施工速度快、保温隔热等特点。

（2）其他系统改造

空调系统改造应优先选择自然通风系统。采光与照明系统改造应优先选择自然采光，当条件不具备或无法满足采光要求时可优先通过调整控制策略实现低成本甚至是无成本照明系统改造。当上述措施若无法满足要求时，可考虑更换节能光源及设备，并增加自动控制装置，在满足照明需求的前提下降低照明能耗。供暖与热水供应系统改造应优先选择平板式太阳能供暖（热水）系统或空气源热泵系统，且应设置供水温度可调的温度自控装置。系统安装时应注意安装牢固，且不影响既有建筑屋面防水系统和避雷设施。

5.4.3　构建更智慧高效的公共建筑运行维护技术体系

5.4.3.1　关键技术

我国通过公共建筑能效提升重点城市工作开展公共建筑节能改造，随着公共建筑节能改造工作的不断推进与完善，改造技术呈现多样化发展，空调热源、空调冷源、空调输配系统、电梯、控制系统和照明系统的改造技术在各类建筑中被普遍应用。基于工程案例，改造可以实现15％节能率目标。所以现有公共建筑节能改造技术相对成熟，技术上可以满足不同阶段节能目标实现。

但是实际工程实践中，并非所有的建筑都适用以上技术，不同技术的年节能率、投资回收期特点差别巨大；不同技术在不同应用条件下所达到的节能效果差别巨大。在开展既有公共节能改造时，必须深入分析建筑实际情况、改造前用能诊断，找到改造建筑用能薄弱环节，根据建筑能耗特点制定最优改造方案，选择适宜的节能技术，使得有限的改造资源得到最合理的利用。

梳理不同气候区公共建筑节能改造经验，公共建筑的节能改造主要围绕五个方面开展：外围护结构热工系统、供暖通风与空调系统、生活热水供应系统、供配电与照明系统、建筑运行管理系统。以下对五个方面相应技术作简单介绍。

外围护结构热工系统：指建筑物各外表面的围挡物，如墙体、屋面、门窗、架空楼板和地面等，对应的包含墙体保温隔热技术、外墙外表面浅层饰面、反射隔热材料、墙体屋面垂直绿化、屋面保温、遮阳、屋面绿化、节能门窗、门窗遮阳等。

供暖通风与空调系统：供热系统包括集中供热系统和分散供热系统，集中供热系统包括自动控制的气候补偿技术实现基于需求的自动调节、锅炉自动控制系统、燃气锅炉烟气余热回收装置、采集供热参数自动采集与集中远程监测升级控制系统实现基于负荷变化自动调节供热等，分散供热系统主要体现在设备能效提升；空调系统包括空调冷源改造、冷热水输配系统改造、终端用能改造三个部分。输配系统作为空调系统的"血管"，风机水泵老化、设备选型偏大等是导致输配系统高能耗的主要原因，一般采取替换和变频改造解决以上问题；冷源在工程上的主要问题是设备老化、逐级负载率偏低、逐级运行策略不合理、逐级换热效率偏低等，一般常见的改造措施包括更换高效冷机、更换变频改造、冷机清洗、自动优化等；通过中央空调末端更换变频器调温、风机电机交流变频调速技术等提高终端用能能效。

生活热水供应系统：公共建筑生活热水设备主要是锅炉，该部分改造主要是锅炉改造，例如更换热水锅炉为空气源热泵热水器、更换热泵锅炉为 CO_2 热泵热水器、锅炉烟气余热回收改造、蒸汽凝结水余热回收改造、更换太阳能热水器、热源塔热泵热水器等；选用合适保温材料提升热水管道热效率等提高输配效率。

供配电与照明系统：供配电与照明系统的主要电耗来源为照明灯具，以及电梯、扶梯、室内用用电设备等，同样具备节能改造的潜力。对于照明系统，在设计阶段应充分利用自然采光以尽量降低负荷，同时应优化节能型光源，例如更换荧光灯、卤化物灯、无极灯为 LED 灯具，根据需求优化灯具控制线路改造，优化灯具开启时间，减少无效照明能耗，改造成本较低或零成本，且改造收益与建筑无效照明比例密切相关等；其他用电设备方面，多台电梯应采取群控措施，安装电梯反馈装置，扶梯应采用空载低速运行或自动暂停的措施。

建筑运行管理系统：主要包括建筑环境控制系统节能及行为节能。其中建筑环境控制系统节能主要是采用空调系统的自动化控制技术、电梯智能控制技术、智能控制照明技术等，出于对运行能耗数据心中有数，从而达到精准控制的目的。对公共建筑实施整体能耗监测及综合能效管控很有必要，在改造时应充分发挥监测设备及智能化作用，实现数据共享，同时应尽量做到数据的自动实时采集，并达到较全面的覆盖率；行为节能主要指人走关灯、人走关空调、开空调时关窗以及提高夏季空调设定温度等措施。据统计，对于采用中央空调系统的公共建筑而言，运行管理因素可占节能潜力的30％～50％甚至更高。公共建筑的节能改造应加强建筑运行管理节能。

5.4.3.2　不同气候区技术路线

由于我国地域广阔、南北温差大，不同地区的建筑能耗有着不同的特征：严寒地区以供暖为主；寒冷地区供暖和空调兼备，但以供暖为主；夏热冬冷地区空调与供暖兼备；夏热冬暖地区以空调为主；温和地区部分需要供暖或空调。建筑节能改造工作需结合不同区域的气候条件、经济水平、能源供应、消费观念等各种因素有差别地组织开展。

1. 严寒地区

我国严寒地区建筑供暖周期约 6 个月，供暖期能耗非常大，公共建筑更加凸显。所以针对严寒地区主要是围护结构改造，包括提高供热管网效率、提升用户侧智能化控制避免过度供热、提升锅炉房效率等，另外，对于建筑本体而言可以通过增强墙体屋面保温，使用更高气密性的门窗降低建筑本身需热量。

2. 寒冷地区

对于寒冷地区是冬季较长且寒冷干燥，夏季凉爽干热但持续时间短，冬夏两季的两极气候差异巨大是其主要特点之一，所以寒冷地区的建议以满足冬季保温设计为主、适当兼顾夏李放热。针对围护结构的节能改造，寒冷地区应重点增加外墙、屋面等外保温，针对暖通空调系统的改造,寒冷地区强调锅炉与供热管网效率的提升以及夏季天然冷源的利用。

为推广大型公共建筑低成本节能改造技术,2009年北京市住房和城乡建设委员会编制了《大型公共建筑低成本节能改造技术导则》,针对大型公共建筑,提出低成本节能改造技术措施(表5-5)。

北京市住房和城乡建设委员会推荐的低成本节能改造技术　　　　表5-5

系统	节能技术
外门窗	贴膜、涂抹措施、遮阳措施、设置门斗
供热供冷系统	水力平衡、气候补偿、余热回收、设备群控等
风系统	风系统平衡、变频、过渡季采用新风作冷源、排风热回收
照明系统	高效照明灯具、合理划分布局控制开关时间、选择声控、光控、红外控制等自动控制等措施
配电节能	末端配电系统相序平衡调整、变压器通风散热、降低变压器负载损耗
管理	用能管理系统,对变压器、冷水机组、分体空调、照明插座、电梯回路等进行分项计量

3. 夏热冬冷地区

夏热冬冷地区,公共建筑的规划设计(如选址、布局、窗墙比等)相对固定,建筑热工性能相对较差,使得该地区公共建筑能耗呈现季节性变化明显、夏季能耗最高以及空调能耗占比最大且主要为制冷能耗两个显著特点。夏热冬冷地区应更换掉热工性能差的门窗,并根据测算结果适当提升围护结构的隔热保温性能,强调空调系统(包括冷源和末端)的能效提升以及夏季热回收技术的应用等。上海市公共建筑节能改造成本及回收期见表5-6。

目前公共建筑节能改造的主要技术体系以照明插座系统、空调系统改造为核心,供配电系统、动力系统、特殊用能系统改造为辅助,整体实现21%左右的总节能率。随着节能工作的推进,类似于可再生能源建筑应用等进一步的用能优化将会有更多的应用。

上海市公共建筑节能改造成本及回收期　　　　表5-6

类别		节能率	投资回收期
照明系统改造		4%~15%	2~4a
冷热水输配系统改造		2%~8%	4~7a
(热水系统)锅炉改造		3%~11%	3~5a
空调冷源改造	更换高效冷机	2%~15%	6~10a
	冷机变频	3%~5%	2~4a
	冷源自控优化改造	1%~5%	2~4a
	冷机清洗	0.4%~0.8%	2~4 年
围护结构改造		2%~8%	5~15a

4. 夏热冬暖地区

夏热冬暖地区夏季炎热时间长、太阳辐射强烈、供冷时间长,冬季温暖、基本不需要供暖。夏热冬暖地区建筑节能要求很复杂,要求白天隔热,晚上散热,工程实践表明部分楼宇在屋顶与外墙增加保温措施以后,建筑能耗反而增大了,因此该地区需要对围护结构进行合理的隔热(而非保温)。实践表明,对空调负荷以及全年能耗影响最大的是玻璃的遮阳系数，其次是传热系数，因此强调围护结构遮阳和空调系统（包括冷源和末端）的能效提升以及夏季热回收技术的应用等。夏热冬暖地区常见节能改造技术经济性分析见表5-7。

夏热冬暖地区常见节能改造技术经济性分析情况表　　　　表5-7

类别	改造措施	平均年节能贡献率（%）	项目平均动态投资回收周期（a）	节能服务公司平均动态投资回收周期（a）
暖通空调系统	中央空调系统改造	10.0	2.0	2.7
照明系统	LED灯具改造	13.7	2.2	2.7
建筑运行管理	建筑运行管理	3.3	2.4	3.3
建筑电气节能	电梯能量回馈装置	—	2.5	3.0
围护结构	玻璃幕墙贴膜	0.4	8.5	大于13
合同能源管理项目		19.2	2.5	3.5

在合同能源管理市场化改造模式下，中央空调系统改造和LED灯具改造因其动态投资回收周期最短，经济性最好，是最受建筑业主或节能服务公司欢迎的节能措施，其次分别是电梯能量回馈装置改造和建筑运行管理。夏热冬暖地区推荐技术及适宜性分析见表5-8、表5-9。

夏热冬暖地区推荐技术　　　　表5-8

系统	细分项	技术
外围护结构	外墙	外墙外表面做浅层饰面、反射隔热材料、墙面垂直绿化等
	屋顶	屋顶绿化、屋顶表面做浅色涂料层、屋顶遮阳、通风屋顶和蒸发屋顶等
	外窗	遮阳玻璃、涂透明隔热玻璃涂料、玻璃贴膜、外遮阳
通风空调系统	设备选择合理	合理选择且经济适宜，杜绝"大马拉小车"；建筑周围有电厂二次蒸汽或余热等，可考虑采用溴化锂吸收式空调机组
	水泵变频节能改造	
	冷水机组在线清洗除垢	
	热回收利用技术	排风热回收利用技术；冷凝热回收利用技术
照明系统	合理配置照明功率密度及照度 照明分区控制 正确选择灯光安装形式 照明节能宣传，人离关灯	

不同技术实施适宜性分析　　　　表5-9

改造方向	节能改造技术	改造难易程度	节能效果	改造费用	适宜性
外墙	浅色饰面	难	一般	高	差
	涂反射涂层	容易	好	低	优
	垂直绿化	一般	较好	一般	良
	加设保温层	难	一般	高	差
屋顶	涂反射材料	容易	好	低	优
	平改坡	难	好	高	差
	屋顶绿化	难	较好	较高	差
	遮阳	一般	较好	一般	良

续表

改造方向	节能改造技术	改造难易程度	节能效果	改造费用	适宜性
外窗	更换节能窗 涂透明隔热玻璃涂层 贴隔热膜 增加外遮阳	难 容易 容易 一般	好 好 好 好	高 低 低 一般	差 优 优 良
可再生能源应用	太阳能热水系统 太阳能光伏发电 太阳能照明	一般 一般 容易	— — —	较高 高 高	良 差 良

5.4.3.3　技术方向

通过对公共建筑节能改造技术梳理，主要从设备更新适宜等角度实现节能，未来我国公共建筑节能改造更加侧重能源应用的智能化和绿色化，更加注重可再生能源（光热、光电和热泵）应用，保障提升建筑舒适性的同时更好地节约能源消耗。

1. 绿色化和海绵化改造

目前我国正大力推进海绵城市建设，相关研究表明随着城镇化水平的不断提高，海绵化改造应从集中式转向分布式，将每栋建筑改造为立体海绵单元。因此，在夏热冬冷地区既有公共建筑绿色化改造中应充分结合城镇化发展及政策推动进行屋顶绿化、室外场地改造、雨水回收利用等的海绵化改造。特别是夏热冬冷和夏热冬暖地区，可通过外墙和屋面绿化达到很好的日间遮阳效果。

2. 建筑用能设备与系统调适技术

空调系统中合理选择且经济适宜，杜绝"大马拉小车"；建筑周围有电厂二次蒸汽或余热等，可考虑采用溴化锂吸收式空调机组；末端配电系统相序平衡调整；多台电梯应实施群控措施，扶梯应采用空载低速运行或自动暂停的措施。

3. 人工智能的智能运维技术

《新一代人工智能发展规划》指出，要加强人工智能技术与家具建筑系统的融合应用，提升建筑设备及家具产品的智能化水平，促进社区服务系统与居民智能家庭系统协同。人工智能技术应用于建筑内部设施及运维管理，可以促进智能建筑、智慧社区和智能城市的建设。引入人工智能技术，可以智能地调整大型建筑物的室内照明系统、空气循环系统、光伏发电系统等设施，降低整个建筑物的能耗。

4. 基于人行为的用能系统控制技术

从人机工程学方面提出基于行为控制的控制系统，从人的舒适度方面出发，利用空调的定向送风，使人摆脱现在空调这种固定送风的弊端，提高空调的节能效率，通过行为智能传感器检测人的行为特征，实现自动开关机，通过检测人的行为特征进行制冷（热）量的控制，实现最经济的按需制冷或制热，实现节能。

5.4.4　构建更清洁宜居的农村建筑节能技术体系

在过去相当长的时期内，由于农村固有的生活、资源特性，农村住宅用能一直以秸秆、薪柴等生物质能为主，形成了独有的"自给自足"型能源供应方式，需要从外部输入的商品能很少。然而，随着农村经济水平的不断提高和新农村建设的全面开展，农村住宅的用能结构和消费水平也发生了巨大的变化。20 世纪 90 年代煤炭价格较低，农村开始大量使用燃煤，后来由于煤炭价格的逐年上涨，而农民由于使用惯性等原因很难一时改变这种习惯，从而供暖和炊事用煤逐渐成为了农民较大的经济负担，目前北方农村每户的年平均取暖费用为 1000～3000 元，占到年收入的 10%～20%。即使在收入水平较高的北京地区农村，也有 80% 左右的农民认为目前取暖负担较重。因此，通过合理的技术手段实现散煤替代，不仅有利于节能和环境改善，也有利于减轻农民的经济负担，改善农村人居环境和民生。

我国南方地区气候适宜，雨量丰富，河流众多，具有更为优越的生态环境。因此，南方农村发展的目标是充分利用该地区的气候、资源等优势，在不使用煤炭的前提下，以尽可能低的商品能源消耗，通过被动式建筑节能技术和可再生能源的利用，建造具有优越室内外环境的现代农宅，真正实现建筑与自然和谐互融的低碳化发展模式。该模式不同于以高能耗为代价、完全依靠机械式手段构造的西方式建筑模式，而是在继承传统生活追求"人与自然""建筑与环境"和谐发展理念的基础上，通过科学的规划和技术的创新，所形成的一种符合我国南方地区特点的可持续发展模式。

我国农村状况与城镇大不相同，有相对充足的空间、有足够的屋顶、可以提供充足的作为能源的生物质资源、有充分消纳生物质能源生成物的条件等，这就使得农村完全可以发展出一套全新的基于生物质能源和可再生能源（太阳能、风能、小水力能）的农村建筑能源系统，再用电力、燃气等清洁商品能作为补充，摆脱依靠燃煤的局面，全面解决农村生活，甚至生产和交通用能，还青山绿水于村庄。重点技术方向应包括：

1. 清洁能源利用技术

农村住宅不使用燃煤，而是以生物质、太阳能等可再生能源解决全部或大部分供暖、炊事和生活热水用能；不足时，用电、液化气等清洁能源进行补充，同时满足农宅照明、家电等正常用电需求。

2. 低成本围护结构节能技术

农村住宅围护结构具备良好的保温性能，从而大大减少供暖用能需求。应研究适合农村建筑的低成本围护结构节能技术方案。

3. 农村建筑室内热舒适评价技术研究

农村住宅需要满足与农村地区居民相适应的热舒适要求，同时避免由非清洁用能引起的室内外空气污染及环境恶化。

5.4.5 构建更经济稳定的可再生能源建筑应用技术体系

根据国家能源结构转型的发展战略需要，未来我国电气化水平将进一步提高，太阳能光伏建筑一体化应用水平将成为建筑节能领域，特别是以零能耗建筑为代表的高性能建筑的关键问题。与传统化石能源相比，风电、光电等可再生能源受到气象参数的影响，具有较强的不确定性，其占比的不断提高会使得能源供给侧的不稳定性迅速增加，需要采取措施增强电网稳定性、减少波动，这可以通过各种用能终端改变负荷特性实现，即包括建筑运行在内的用能部门除了作为单纯的使用者，还需要可以承担一定的削峰填谷、提高风电与光电入网率等功能。建筑中的许多用能需求,如供暖空调、家用电器等,在许多情况下,与工业生产相比,时间与强度都是相对柔性的,具有较强的可调节性,能够实现较好的用能负荷调节功能。因此,就增加可再生能源利用而言,需要进一步发展的技术除了单纯增加可再生能源利用外,还包括储能类技术以提升建筑负载柔度,重点应在以下方向开展技术攻关:

1. 直流供电和分布式蓄电技术

2017 年 9 月,国家发展改革委、财政部、科技部、工信部与能源局五部委共同印发《关于促进储能技术与产业发展的指导意见》,指出在"十三五"期间,要实现储能技术由研发示范向商业化初期过渡,在"十四五"期间,要实现由商业化初期向规模化发展转变。2017 年 11 月,国家能源局制定了《完善电力辅助服务补偿(市场)机制工作方案》,明确鼓励储能设备、需求侧资源参与提供电力辅助服务。

储能技术是提升建筑本体消纳可再生能源的主要技术。结合建筑本体用能特征,可以考虑发展建筑直流供电和分布式蓄电技术。

目前,大多数末端用电设备都已要求直流供电;建筑光伏发电可预见将成为下一阶段大力发展的可再生能源技术,而光伏电池的输出也为直流电,如果可以不经过逆变直接接入,有助于实现光伏输出的最大化;同时可以实现与智能充电桩的有机结合。通过这一技术,可以实现恒功率取电、实现建筑末端柔性用电、降低区域配网容量、回收蓄电池成本,提高用电可靠性和供电质量,改善建筑内用电安全性,改变建筑内用电过程反复转换的现象并减少损耗,与周边的智能充电桩统一规划、优化运行,有利于建筑光伏发电的应用,以及可降低大多数用电器具(如 LED)的成本。另外,随着电动汽车的推广,通过安装充电桩利用电动汽车电池的充放电潜能,将建筑用电从以前的刚性负荷特性变为可根据要求调控的弹性负荷特性,从而可实现"需求侧响应"方式的弹性负荷。未来我国建筑年用电量将在 2.5 万亿 kWh 以上,并预计拥有 2 亿辆充电式电动汽车,带有智能直流充电桩的柔性建筑可吸纳近一半由风电、光电所造成的发电侧波动,还能有效解决建筑本身用电变化导致的峰谷差变化。

目前这一技术还存在一些问题需要研究,包括系统标准与设计方法(电压等级、接地方法、短路和过流保护方式、安全保障等)、系统架构和节点方式(蓄电池连接方式、直流总线滤波、稳压和消除整流器前的高次谐波、避免大容量负载启停对直流总线的冲击、直流电量的计量、支流机械开关灭弧等)、调控方法(恒功率取电调控、需求侧相应模式调控、峰谷电价模式调控等)、消防安全问题(电池分散设置需要解决散热、排烟、防爆问题等)。

我国在直流建筑这一领域已取得一定进展,各项关键技术近年发展较快,并且已经建成了几座示范工程。在下一阶段,有望通过这一技术优化建筑在能源系统中起到的作用,助力能源革命的不断推进。

2. 智能微电网与人工智能技术

可再生能源发电成本不断下降,性能水平快速提升,各项技术的竞争优势不断增强,传统的大规模、自上而下和集中分布的能源生产模式正被模块化、消费者驱动和均匀分布的发电模式所取代。智能微电网是一种本地能源电网,既可以独立运行,也可以连接到较大的传统电网。它们在紧急情况下提供能源独立、效率和保护。利用区块链、人工智能（AI）的机器学习能力和微网格控制器，可以持续适应和改进操作，微电网的部署速度将大大加快。

与传统能源相比，太阳能和风能的效率和成本效益更高，不断发展的技术将继续提高它们的价格和性能。结合经济效益和低环境影响，可以预期可再生能源将从可接受的能源转变为首选能源。

5.5　中长期实施路径及政策建议

5.5.1　实施路径

5.5.1.1　加快技术性能提升和优化，推动标准不断升级和全面实施

建筑节能低碳技术主要分为围护结构性能、设备与系统以及可再生能源的应用三类，各类技术在性能指标方面与发达国家相比仍有差距，因此在中长期发展中，特别是"十四五"时期，仍应着力提升和优化各项技术性能。

1. 围护结构性能的提升

围护结构性能的提升是我国建筑节能工作的重要组成部分。从机理上看，围护结构性能应当以降低建筑空调、供暖与采光需求为核心。不同气象条件、使用模式下围护结构的适宜情况存在较大差别。故需要结合当地气候特征与使用模式，确定不同建筑类型的围护结构性能需求，制定性能提升方案。同时，门窗作为建筑围护结构节能的薄弱环节，几乎在所有气候区都是围护结构节能的重点。目前我国门窗的性能与欧美发达国家，仍有不小差距，部分地方标准如北京，目前已发布五步节能标准，其门窗热工性能已与发达国家水平接近。从全国来看，各个气候区仍应逐步提升围护结构节能性能，加快标准升级以及全面推广应用。

2. 设备系统效率的提升

我国还应出现了许多"高能效、高能耗"案例，即在安装了高能效的设备系统之后，能耗也随之增长，这主要是由于设备系统的改变带来了行为模式的变化。因此，对于设备系统的改进，应该更好地与住户行为模式相匹配，以避免设备系统产生"高能效、高能耗"现象，同时应加快建筑调适技术的研究与应用，进而推动设备系统效率进一步提升。

3. 可再生能源利用的优化

可再生能源利用在未来中长期发展中的作用将日益突显，对零能耗建筑等高性能建筑来说，太阳能光伏发电是重要的能源生产方式，可再生能源利用存在一定竞争性，比如太阳能光电与光热对屋顶空间资源的竞争等，需要解决可再生能源优化利用的问题。考虑我国能源系统的转型需求，可再生能源利用需要扩大应用规模、提升应用质量，同时综合考虑供给与需求侧的特征，进行系统与运行的优化。

5.5.1.2　提高科技创新水平，加快开展关键技术研发

基于对建筑节能领域中长期发展总量控制目标的测算，需集中攻关一批建筑节能与绿色建筑关键技术产品，重点在净零能耗建筑、公共建筑智慧运维、建筑调适、低成本清洁

供暖、基于太阳能光伏发电的建筑直流供电与储能等技术领域取得突破，提升各类技术应用集成水平，健全建筑节能和绿色建筑重点节能技术推广制度，发布技术公告，组织实施科技示范工程，加快成熟技术和集成技术的工程化推广应用，如加快推进各气候区净零能耗建筑综合示范，探索区域建筑实现净零能耗的技术体系。加强国际合作，积极引进、消化、吸收国际先进理念、技术和管理经验，增强自主创新能力。

5.5.1.3　强化市场机制创新，加速技术成果转化

技术发展到应用是一个极为复杂与漫长的过程。要做好推广各类技术的相关工作，达到发展目标，需要在各个方面给予支持与引导，除了政策强有力的支持外，建立完善的市场机制也对技术推进有很重要的作用。建筑节能技术也是如此。

在国务院印发的《"十三五"国家科技创新规划》中，提出要发展支撑科技发展与科技创新的政策体系与市场机制，包括"深入推进科技管理体制改革""强化企业创新主体地位和主导作用""落实和完善创新政策法规""完善科技创新投入机制""加强规划实施与管理"等。在《能源技术革命创新行动计划（2016—2030 年）》中，提出要"坚持市场导向""坚持统筹协调"，强化市场与企业的主体作用，加快政府职能转变，健全各类机制。具体地，包括完善能源技术创新环境、激发企业技术创新活力等。

为了更好地推进节能技术的全链条发展，需要制定适宜的政策体系予以支撑。同时，市场与企业是技术进步的重要依托，需要完善的市场机制充分发挥市场作用，促进技术的合理、适宜发展。

5.5.2　实施计划

技术实施计划如表 5-10 所示。

技术体系实施计划

表 5-10

关键技术体系	2021—2025 年	2026—2030 年	2031—2035 年	2036—2050 年
高性能新建建筑技术体系	通过国际合作引进吸收和加强自主创新，重点在建筑新型围护结构保温体系、直流供电和储能技术、适应被动式设计的室内环境营造技术、建筑调适与智慧运维等方面开展技术攻关，全面提升净零能耗建筑设计、施工和运维技术水平，开展净零能耗建筑试点示范	推动净零能耗建筑关键技术和产品实现产业化，重点在学校、低层办公建筑和低层住宅等类型建筑中全面推广。对云南、青海等太阳能资源丰富、经济相对不发达的地区，可适当鼓励建筑本体能效水平进一步提升，从区域发展角度，推动净零能耗建筑园区、社区或建筑群的探索与示范	研究形成既有建筑零能耗改造技术体系，开展试点示范	形成成熟的净零能耗建筑设计和建造技术，可再生能源应用比例和常规能源替代能力显著提高
绿色经济既有建筑改造技术体系	研究既有居住建筑绿色化改造关键技术，开展试点示范	研究形成较为成熟的既有居住建筑绿色化改造关键技术体系，开展规模化应用和推广	研究既有居住建筑零能耗改造关键技术，开展试点示范	研究形成较为成熟的既有居住建筑零能耗改造技术体系，开展规模化应用和推广

关键技术体系	2021—2025 年	2026—2030 年	2031—2035 年	2036—2050 年
智慧高效公共建筑运行维护技术体系	建立公共建筑调适技术体系，研发各类建筑用能系统的调适方法；研发人工智能与建筑系统融合的各类产品；研发基于人行为的运行控制技术	推动基于人工智能的建筑系统实现技术和产品产业化；推动基于人行为的运行控制技术和产品的研发	推动基于人行为的运行控制技术和产品实现产业化	形成较为成熟的智慧运维技术体系和运维模式，实现规模化应用和推广
清洁宜居农村建筑节能技术体系	因地制宜研究农村低成本建筑节能技术，开展试点示范	研究形成较为成熟的低成本建筑节能技术体系，开展规模化应用和推广		
经济稳定可再生能源建筑应用技术体系	研发新型太阳能光伏建筑一体化构件或产品，提高热泵效率和应用水平，研发直流供电和分布式蓄电关键技术的等，开展试点示范	形成较为成熟的智能微电网技术，开展规模化应用和推广		形成较为成熟的直流供电和分布式蓄电关键技术体系，相关产品实现产业化，储能产品成本大幅降低

5.5.3 "十四五"时期实施建议

5.5.3.1 开展不同气候区零能耗建筑试点

通过国际合作引进吸收和加强自主创新，重点在建筑新型围护结构保温体系、直流供电和储能技术、适应被动式设计的室内环境营造技术、建筑调适与智慧运维等方面开展技术攻关，全面提升零能耗建筑设计、施工和运维技术水平，开展零能耗建筑试点示范。通过试点示范，构建不同气候区零能耗建筑建设技术指南。

5.5.3.2 研究经济适宜的分气候区既有居住建筑改造技术

2020 年 7 月 20 日发布的《国务院办公厅关于全面推进城镇老旧小区改造工作的指导意见》，明确提出：到"十四五"期末，结合各地实际，力争基本完成 2000 年年底前建成的需改造城镇老旧小区改造任务。既有居住建筑综合改造是国家"十四五"时期重要工作，开展不同气候区经济适宜的居住建筑改造技术能有效提升综合改造深度，对于居民居住环境提升具有重要意义。

5.5.3.3 推动公共建筑绿色化改造技术和智能化调试技术

目前公共建筑不同气候区节能改造技术都比较成熟，在夏热冬冷地区既有公共建筑绿色化改造中应充分结合城镇化发展及政策推动进行屋顶绿化、室外场地改造、雨水回收利用等海绵化改造。特别是夏热冬冷地区和夏热冬暖地区可通过外墙和屋面绿化达到很好的日间遮阳效果。

推动公共建筑基于物联网的智能化能源管理系统建设，推动基于人行为智能化开关技术，通过智能传感器检测人的行为特征实现自动开关机，通过检测人的行为特征来进行制冷（热）量大小的控制，达到最经济的按需制冷或制热目的，实现节能。

5.5.3.4 开展农村改造试点工作

因地制宜研究农村低成本建筑节能技术，开展试点示范。

5.5.3.5 开展不同区域经济稳定的可再生能源技术

研发新型太阳能光伏建筑一体化构件或产品，提高热泵效率和应用水平，研发直流供电和分布式蓄电关键技术的等，开展试点示范。

第 **6** 章 数据信息体系

6.1 研究内容及技术路线

数据信息是标准制定、技术评价、节能工作考核的重要依据，根据我国建筑领域碳达峰碳中和的中长期战略及目标，研究提出适用于建筑用能和排放"双控"目标的数据信息统计体系，建立科学合理、有法律政策和制度保障的数据收集、分析及发布机制，保障"双控"目标顺利落到实处。

基于技术路线，研究主要内容如下：

1. 建立完善的统计指标体系

建立统计指标体系，解决"统计什么"的问题。以定量反映建筑领域碳达峰碳中和背景下，建筑节能、绿色建筑及低碳发展指标体系为导向，梳理细化相应的统计指标体系，构建完整的数据指标体系，为数据统计工作和地方"双控"目标考核奠定基础。

2. 建立完善的统计制度体系

建立完善的数据统计制度，解决"数据获取渠道"的问题。梳理统计制度现状，对接建筑领域碳达峰碳中和目标任务，分析现有统计制度的不足，逐步建立并完善民用建筑能源资源消耗统计报表制度等相应的统计制度，建立持续畅通的数据收集工作的体系。梳理现有建筑能耗统计制度、分析现有统计制度不足及待增补清单，提出民用建筑能耗统计制度建议。

3. 建立数据收集的政策保障机制

研究统计工作的政策保障机制，通过修订《民用建筑节能条例》等相关法律法规和相应的配套措施为支撑条件，明确民用建筑能耗计量、统计和信息公开要求，研究房管局、统计局、电力公司、燃气公司等建筑能耗相关部门和单位定期报送建筑能耗数据的可行性，破除目前跨部门获取数据难的障碍。

4. 构建建筑节能数据平台

逐步解决数据孤岛现象，研究建立数据共建共享机制，推动公共建筑能耗监测、建筑能效测评标识、房屋建筑概况统计等相关统计监测数据信息的深度融合，构建建筑能耗能效数据平台，并实现与国家统计部门数据相互检验，充分发挥大数据在建筑节能、绿色建筑和低碳发展决策中的辅助作用。

5. 构建数据发布机制

推动数据应用和发布制度研究，采用能耗信息发布手段，提高建筑能耗数据的透明度，逐步推动能耗数据公开，建立用数据说话、用数据决策的新机制。

6.2 国内外数据信息体系现状

6.2.1 国外数据信息体系现状

通过梳理各国自上而下宏观层面统计指标，明显看出美国、日本、韩国、英国等，都能在其能源统计年鉴（或数据手册）中方便地找到建筑部门的能耗数据。而我国依据《国民经济行业分类》进行能耗统计，并未将建筑能耗单独列示出来，所以不能从宏观统计层面直接获取相关数据，也就是说基于"双控"数据信息统计体系还未建立，需要重新构建。

通过梳理各国自下而上微观层面统计指标，美国、日本、韩国等国都有比较完善的统计方法，例如美国已经形成科学合理的统计方法和完善的相关能力配套，统计数据在专业网站上对外公开，并通过鼓励性和强制性政策引导高能耗建筑实施节能改造，发挥数据作用。在微观数据统计和数据应用方面，我们需要更多的借鉴国外经验，实现科学完善的微观数据统计，实现数据在市场化改造中的高效应用。

6.2.2 我国数据信息体系现状及现存问题

6.2.2.1 我国数据信息体系现状

目前建筑能耗相关统计指标分布在国家统计局、住房和城乡建设部、国家机关事务管理局、电力企业联合会、农业农村部，还有协会和科研机构，数据分散，不成体系，不能支撑建筑能耗总量和强度"双控"目标的分解实施。本节从国家宏观考核指标、国家能耗相关统计指标以及协会科研机构统计调研指标出发，梳理我国建筑数据信息体系现状。

1. 国家宏观指标

（1）建筑节能与绿色建筑"十三五"指标

住房和城乡建设部于2017年发布《建筑节能与绿色建筑发展"十三五"规划》，对建筑节能工作在"十三五"时期进行了总体规划，提出了"十三五"时期建筑节能发展的10个指标，包括城镇新建建筑能效提升、城镇绿色建筑占新建建筑比重等。其中涉及本课题研究范围的主要包括城镇新建建筑能效提升、实施既有居住建筑节能改造、公共建筑节能改造面积、北方城镇居住建筑单位面积平均供暖能耗强度下降比例、城镇既有公共建筑能耗强度下降比例、城镇建筑中可再生能源替代率、城镇既有居住建筑中节能建筑所占比例、经济发达地区及重点发展区域农村住宅采用节能措施比例8个指标（表6-1）。

"十三五"时期建筑节能和绿色建筑主要发展指标　　　　表6-1

指标	2015年	2020年	年均增速［累计］	性质
城镇新建建筑能效提升（%）	—	—	［20］	约束性
城镇绿色建筑占新建建筑比重（%）	20	50	［30］	约束性

指标	2015 年	2020 年	年均增速［累计］	性质
城镇新建建筑中绿色建材应用比例（%）	—	—	［40］	预期性
实施既有居住建筑节能改造（亿 m²）	—	—	［5］	约束性
公共建筑节能改造面积（亿 m²）	—	—	［1］	约束性
北方城镇居住建筑单位面积平均供暖能耗强度下降比例（%）	—	—	［-15］	预期性
城镇既有公共建筑能耗强度下降比例（%）	—	—	［-5］	预期性
城镇建筑中可再生能源替代率（%）	4	6▲	［2］	预期性
城镇既有居住建筑中节能建筑所占比例（%）	40	60▲	［20］	预期值
经济发达地区及重点发展区域农村住宅采用节能措施比例（%）	—	10▲	［10］	预期值

注：1. 加黑的指标为国务院节能减排综合工作方案、国家新型城镇化发展规划（2014—2020 年）、中央城市工作会议提出的指标。

2. 加注▲号的为预测值。

3. ［ ］内为 5 年累计值。

（2）住房和城乡建设部建筑节能与绿色建筑节能检查指标

住房和城乡建设部每年对各省份建筑节能和绿色建筑开展情况进行一次检查，同时要求各省级管理部门上报建筑节能工作完成情况。建筑节能数据报送包含 7 项内容，相关指标见表 6-2。

年度检查中建筑节能工作指标　　　　　　　　　　　　表 6-2

类别	指标
基本情况	建筑能耗总量、城乡既有建筑总量、城镇既有建筑面积、城镇居住建筑面积、城镇公共建筑面积、城镇既有节能建筑面积
新建建筑执行节能情况	城镇新增建筑面积、农村新增建筑面积、城镇新增居住建筑面积、城镇新增公共建筑面积、设计阶段执行节能设计标准比例、竣工验收阶段执行节能标准比例
可再生能源	新增太阳能光热面积、累计太阳能光热面积、新增浅层地热面积、累计浅层地热面积、新增太阳能光电装机容量、累计太阳能光电装机容量
北方既有居住建筑节能改造	既有非节能居住建筑存量、既有非节能居住建筑中有改造价值建筑存量、城镇集中供热建筑面积、城镇集中供热居住建筑面积、改造面积占非节能面积比例、年度改造面积、计划改造面积
夏热冬冷地区既有居住建筑节能改造	既有非节能居住建筑存量、节能改造面积占比、年度完成节能改造面积、改造计划面积
公共建筑节能监测体系	城镇既有公共建筑面积，大型公共建筑栋数和面积，本年度完成及累计的能耗统计、审计、公示、监测栋数和面积，节约型校园情况，年度节能改造面积，累计节能改造面积，计划节能改造面积
建筑节能体制机制建设	建筑节能法制建设情况、建筑节能经济政策、建筑节能考核评价

（3）开展总量和强度"双控"分解指标

1）北京地区

2016 年 8 月，北京市人民政府印发《北京市"十三五"时期节能降耗及应对气候变化规划》，对于住房和城乡建设委员会考核指标为新建居住建筑单位面积能耗下降率和建筑领域能源消耗总量 2 个指标；对于商务委、旅游委、金融局、教委、卫生计生委等建筑使用者管理部门的考核，根据性质分别设定了综合能耗和单位能耗 2 个指标（表 6-3）。

北京市"十三五"时期重点行业领域节能目标分解方案 表 6-3

序号	行业名称	指标名称	单位	目标	牵头责任部门
1	农、林、牧、渔业	单位增加值能耗下降率	%	5	市农委
		"十三五"末能源消费总量	万 tce	85	
2	工业	单位增加值能耗下降率	%	12	市经济信息化委
		"十三五"末能源消费总量	万 tce	1800	
3	建筑领域	新建居住建筑单位面积能耗下降率	%	25	市住房城乡建设委
		建筑领域能源消费总量	万 tce	4100	
4	交通运输、仓储和邮政业	"十三五"末能源消费总量	万 tce	1700	市交通委
		单位人公里出行能耗下降率	%	5	
5	批发与零售业	单位增加值能耗下降率	%	10	市商务委
		"十三五"末能源消费总量	万 tce	210	
6	租赁和商务服务业	单位增加值能耗下降率	%	15	
		"十三五"末能源消费总量	万 tce	240	
7	住宿和餐饮业	单位增加值能耗下降率	%	10	市旅游委 市商务委
		"十三五"末能源消费总量	万 tce	330	
8	金融业	单位增加值能耗下降率	%	10	市金融局
		"十三五"末能源消费总量	万 tce	80	
9	公共机构	单位建筑面积能耗下降率	%	10	市发展改革委、市政府办公厅
		"十三五"末能源消费总量	万 tce	180	
	其中：教育	生均能耗下降率	%	12	市教委
		"十三五"末能源消费总量	万 tce	80	
	卫生	单位增加值能耗下降率	%	10	市卫生计生委
		"十三五"末能源消费总量	万 tce	30	
10	供热	单位建筑面积供暖能耗下降率	%	6	市城市管理

2）上海地区

2017年3月，上海市人民政府发布《上海市节能和应对气候变化"十三五"规划》，按照"条块结合、市区联动"的方法，基于"确保全市节能目标完成、尽可能与节能工作成效相挂钩、兼顾可行性和操作性"等原则，将全市能耗总量和强度、碳排放强度控制目标分解到各部门和各区（表 6-4）。其中建筑领域指标包括多领域单位建筑面积能耗（碳排放）下降率和教育领域单位建筑面积能耗（碳排放）下降率两个指标，针对市机关事务管理局、住房城乡建设管理委、旅游局、商务委、卫生委、金融办、教委等不同类型管理部门下达不同任务。

"十三五"上海市各领域能源消耗和碳排放目标分解表 表 6-4

领域	指标名称	单位	"十三五"累计	责任部门
工业、电信业	规模工业能源消费总量净增量	万 tce	−180	市经济信息化委
	规模工业万元增加值能耗下降率	%	15	
	规模工业万元增加值氨排放下降率	%	16	
	重点电信企业单位电信业务总量综合能耗（碳排放）下降率	%	10	

续表

领域	指标名称	单位	"十三五"累计	责任部门
交通运输业	交通运输业能源消费总量净增量	万tce	380以内	市交通委
	营运船舶、航空客货运单位运输周转量能耗（碳排放）下降率	%	4	
建筑	多领域单位建筑面积能耗（碳排放）下降率	%	8	市机管局
		%	5	市住房城乡建设管理委、市旅游局、市商务委、市卫生计生委、市金融办
	教育领域单位建筑面积能耗（碳排放）上升率	%	5以下	市教委

2. 国家统计体系

（1）统计局统计指标

为了解和反映能源生产、销售、库存、消费等情况，为各级政府制定能源政策、进行能源管理、开展节能降耗统计监测提供依据，国家统计局制定了《能源统计报表制度》，有关建筑能耗统计指标见表6-5。

能源统计报表制度相关指标　　　　　　　　　　表6-5

行业分类	主要指标
交通运输、仓储和邮政业	煤（原煤、清洗煤、型煤等）、油（原油、汽油、煤油、柴油等）、液化石油气、天然气、液化天然气、热力、电力、其他能源
批发零售、住宿餐饮业	
其他	
生活消费	
城镇	
农村	

（2）住房和城乡建设部统计指标

住房和城乡建设部制定"城乡建设统计报表制度"，每年开展城乡建设方面统计，其中包括对城市和县城的燃气和供热情况进行统计，具体指标如表6-6和表6-7所示。同时，住房和城乡建设部制定"民用建筑能源资源统计报告制度"，每年开展建筑能耗方面统计，主要反映城镇居住建筑、公共建筑、国家机关办公建筑等不同类型单体建筑在使用过程中的电力、煤炭、天然气、液化石油气、热力等化石能源和可再生能源消耗、用水消耗量以及城镇新建建筑数量和面积统计内容，具体统计见表6-8。

城市（县城）燃气统计指标　　　　　　　　　　表6-6

人工煤气	天然气	液化石油气
供应	供应	供应
供气总量	供气总量	供气总量
销售气量	销售气量	销售气量
其中：居民家庭	其中：居民家庭	其中：居民家庭

续表

人工煤气	天然气	液化石油气
—	其中：集中供热	其中：集中供热
—	其中：燃气汽车	其中：燃气汽车
燃气损失量	燃气损失量	燃气损失量
服务	**服务**	**服务**
用气户数	用气户数	用气户数
其中：居民家庭	其中：居民家庭	其中：居民家庭
用气人口	用气人口	用气人口

城市（县城）集中供热统计指标 表 6-7

指标名称	供热能力 （MW、t/h）	供热总量 （万 GJ）	供热面积 （万 m²）		
				住宅	公共建筑
热水					
热电厂					
燃煤热水锅炉					
燃气热水锅炉					
区域锅炉房					
燃煤热水锅炉					
其中：单台能力 7 兆瓦以下					
燃气热水锅炉					
燃油热水锅炉					
其他热水锅炉					
余热回收					
蒸汽					
热电厂					
燃煤蒸汽锅炉					
燃气蒸汽锅炉					
区域锅炉房					
燃煤蒸汽锅炉					
其中：单台能力 10t/h 以下					
燃气蒸汽锅炉					
燃油蒸汽锅炉					
其他蒸汽锅炉					

民用建筑能源资源消耗统计指标 表 6-8

基本信息	能耗信息	北方供暖
建筑名称	电力	锅炉房名称
建筑地址	煤炭	热源情况（类型、能力）
竣工时间	天然气	供热面积（居住建筑、公共建筑）
建筑类型	液化石油气	安装供热装置面积 （公共建筑、居住建筑）
建筑功能	人工煤气	燃料情况（种类、热值）

续表

基本信息	能耗信息	北方供暖
建筑层数	其他能源	燃料消耗量（单位、合计）
建筑面积	水	总供热量
供热方式	太阳能光热利用系统（集热器面积）	
供冷方式	太阳能光电利用系统（装机容量）	
所执行的建筑节能标准 是否实施节能改造	浅层地热能利用系统 （装机容量、辅助热量供应量）	

（3）国家机关事务管理局统计指标

为全面掌握公共机构能源资源消费的实际状况，规范公共机构能源资源消费统计工作，国家机关事务管理局负责全国公共机构能源资源消耗统计工作，制定《公共机构能源资源消耗统计制度》，其中统计指标包括基本信息和用能信息。基本信息包括公共机构数量、用地面积、建筑面积、用能人数、编制人数、车辆数量等；用能信息包括电、水、煤炭、天然气、汽油（车辆用汽油、其他用汽油）、柴油（车辆用柴油、其他用柴油）、液化石油气、热力、其他能源消耗量和实际费用情况（表6-9）。

另外，公共机构的中心机房和供暖占比较高，所以将这两项单独统计。中心机房统计包括机房建筑面积、机柜总数量、设备总功率、UPS装机容量、总用电量等。公共机构供暖能耗包括供暖面积（独立供暖面积、集中供暖面积）、供暖天数、水、电、煤炭、天然气、柴油、热力、其他能源消耗量和实际费用情况。

公共机构建筑能源资源消耗统计指标 表6-9

基本信息	能耗信息	中心机房	北方供暖
公共机构数量	电力	机房建筑面积	供暖天数
用地面积	煤炭	机柜总数量	水
建筑面积	天然气	设备总功率	煤炭
用能人数	液化石油气	UPS装机容量	天然气
编制人数	热力	总用电量	柴油
车辆数量	水		热力
	柴油		其他能源消耗量
	汽油		

（4）中国电力企业联合会统计指标

中国电力企业联合会对全国各行业用电情况进行月度统计，统计指标见表6-10。

全社会用电量统计指标 表6-10

类别	用户个数 （个）	用户用电装 接容量（kW）	用电量（万 kWh）			
			本月	上年同月	累计	上年累计
甲	1	2	3	4	5	6
全社会用电总计						
A、全行业用电合计						
第一产业						

类别	用户个数（个）	用户用电装接容量（kW）	用电量（万 kWh）			
			本月	上年同月	累计	上年累计
第二产业						
第三产业						
B、城乡居民生活用电合计						
城镇居民						
乡村居民						
全行业用电分类						
一、农林、牧、渔业						
二、工业						
三、建筑业						
四、交通运输、仓储和邮政业						
1. 铁路运输业						
其中：电气化铁路						
2. 道路运输业						
其中：城市公共交通运输						
3. 水上运输业						
其中：港口岸电						
4. 航空运输业						
5. 管道运输业						
6. 多式联运和运输代理业						
7. 装卸搬运和仓储业						
8. 邮政业						
五、信息传输、软件和信息技术服务业						
1. 电信、广播电视和卫星传输服务						
2. 互联网和相关服务						
其中：互联网数据服务						
3. 软件和信息技术服务业						
六、批发和零售业						
其中：充换电服务业						
七、住宿和餐饮业						
八、金融业						
九、房地产业						
十、租赁和商务服务业						
其中：租赁业						
十一、公共服务及管理组织						
1. 科学研究和技术服务业						
其中：地质勘查						
其中：科技推广和应用服务业						
2. 水利、环境和公共设施管理业						
其中：水利管理业						
其中：公共照明						
3. 居民服务、修理和其他服务业						
4. 教育、文化、体育和娱乐业						
其中：教育						
5. 卫生和社会工作						
6. 公共管理和社会组织、国际组织						

（5）农村农业部统计指标

农村生活用能包括煤炭、电力、成品油的实物量和标准量，以及天然气、煤气、液化石油气的用气户数、使用量和标准量等指标。除此之外，农村农业部统计农村非商品用能，具体包括秸秆、薪柴、沼气、太阳能等使用量（表6-11）。

农村生活用能指标 表6-11

农村生活用能——商品用能	农村生活用能——非商品用能
煤炭 电力 成品油 天然气 煤气 液化石油气	秸秆 薪柴 沼气 太阳能 面积

3. 协会及科研机构统计

（1）中国城镇供热协会

近年来，中国城镇供热协会发动会员单位开展城市集中供热方面的专项统计，主要统计指标包括企业基本信息、供热基础指标、供热能耗指标、财务指标、税收减免5个部分，其中供热能耗指标与供热能源消耗密切相关。供热能耗指标分为运行基础信息（供热天数、室外平均气温、室内平均气温、供暖度日数等）、电热联产多热源联网供热（实际供热面积、供热量、热源燃料消耗、热源输出等指标）、区域锅炉房供热（实际供热面积、总供热量、热源燃料消耗、热源输出等指标），主要从电热联产（热电厂、调峰锅炉房）以及区域锅炉房供热方面开展数据统计，统计覆盖一次能源消耗、热力加工转换中的电力和水消耗、热源输出情况以及管网损失等供热全流程数据指标。

（2）清华大学建筑节能研究中心

自2007年开始，清华大学节能研究中心开始全国范围内建筑能耗使用情况调研。2012年、2013年、2014年、2015年、2018年陆续开展全国大范围住宅问卷调查，已收集问卷约4.5万份。调查内容主要包括建筑基本信息、建筑使用方式、建筑运行用能、建筑环境状况、使用者满意度和用能意愿等，重点聚焦行为方式调研，指标非常丰富。

（3）中国人民大学国家发展与战略研究院

2012年开始中国家庭能源消费调查，该调查旨在收集代表中国各个区域的家庭能源消费的高质量微观数据，以了解当前城乡之间能源消费模式的差异，分析城镇化过程对能源消费的动态影响，评估相应的能源政策有效性。现已成功实施了四轮"中国居民能源消费入户问卷调查"，形成了较为稳定的问卷结构和模块，构建了国内首个大样本家庭能源消费微观数据库（包含22556户样本）。问卷设计内容丰富，包括以下6个组成部分：家庭人口特征、住房特征、家电拥有和使用情况、空间取暖与制冷、私人交通出行概况、家庭电力消费情况以及对相关能源政策的了解情况。农村家庭调查问卷分为6个模块，包括：农村家庭的基本情况、住房基本信息、炊事燃料和家用电器、供暖与制冷设备及使用方式、交通出行方式、对收支和能源消费及主观认知信息。

6.2.2.2 现存问题分析

为满足全国建筑能耗总量和强度"双控"目标分解和实施，将能耗总量和强度目标分解到各省、直辖市和自治区，需要分析现有统计制度在城镇居住建筑非供暖能耗、公共建筑非供暖能耗、农村住宅非供暖能耗和集中供暖能耗四个模块的匹配度。以下针对现有能耗数据与四个模块的匹配做详细分析。

（1）统计制度不成体系

目前的统计制度形不成体系，主要表现在以下几个方面：①未覆盖全部指标体系，例如城镇居住建筑面积、公共建筑面积、空置面积等相关统计制度需要建立。②统计指标分散，各部门结合自身工作需要开展的统计，未形成针对能源消耗的统计制度。包括电力统计、燃气统计、集中供热统计，但是缺少城镇和农村居民生活用煤的统计数据。③统计数据汇总困难并不及时。不同统计制度归属不同部门，数据报送周期、报送日期、对外公开日期均不同，所以数据汇总困难，数据汇总不及时，阻碍"双控"目标的分解和考核。

（2）统计制度多采用"法人经营地统计原则"

按照对各省份建筑能耗总量和强度"双控"目标分解要求，理论上应按照"在地统计原则"进行，但目前多数统计制度按照"法人经营地统计原则"进行统计，法人统计是指要求各法人单位按照实际生产经营地（办公地）向当地政府统计机构报送统计数据；产业活动单位由其归属的法人单位进行统计。国家统计局能源司第三产业统计数据是按照"法人经营地统计原则"开展，这样会造成像北京、上海等企业注册地的能耗较高，分支机构实际经营地能耗较低，因此不建议此类统计数据作为目标分解的基础数据。

公共机构能源资源报表制度规定，中央国家机关各部门、各单位负责所属公共机构的能源资源消费统计工作，包括派驻地方的公共机构；各省（区、市）公共机构节能管理部门负责组织本行政区域内公共机构能源资源消耗信息统计工作。可见该制度并非在地原则统计，因此也不建议此类统计数据作为目标分解的基础数据。

（3）统计制度归属部门和采集频率不同

能耗指标体系相关统计制度归属于国家统计局、国家能源局、住房和城乡建设部、农村农业部、国家机关事务管理局等不同的管理部门。数据采集频率差距较大，有月度数据、季度数据和年度数据。考虑到数据整理和出版，隔年初或者年中才可查看对外公开出版物（例如，2019 年初或者年中可查看 2017 年度数据），数据的及时性较差（表 6-12）。也因为如此，目前各机构发布的建筑能耗总量和强度数据均滞后两年，即 2019 年发布 2017 年度建筑能源消耗数据。为了方便"双控"目标考核和目标分解，需要联合以上数据所属单位共同建立数据库，满足数据的及时性需求。

统计制度部门归属和采集频率、出版时间   表 6-12

序号	统计制度	采集部门	归属部门	采集频率	上报时间	出版时间
1	能源统计报表制度	国家统计局	国家统计局	季度	—	隔年公开
2	电力统计制度	中国电力企业联合会	国家能源局	月度	次月 8 日前	不公开月度；隔年公开年度数据
3	城市（县城）和村镇建设统计调查制度	住房和城乡建设部	住房和城乡建设部	年度	次年 3 月 15 日	隔年公开
4	全国农村可再生能源统计调查制度	农业农村部	农业农村部	年度	次年 1 月 15 日	不公开
5	民用建筑能源资源消耗统计报表制度	住房和城乡建设部	住房和城乡建设部	年度	次年 5 月 31 日	不公开

续表

序号	统计制度	采集部门	归属部门	采集频率	上报时间	出版时间
6	公共机构统计报表制度	国家机关事务管理局	国家机关事务管理局	月度	次月 20 日前	不公开
7	中国统计年鉴	国家统计局	国家统计局	年度	次年初	公开

（4）统计范围非全口径

基于各省份"双控"目标分解和目标考核，需要全口径的建筑能耗数据。目前国家统计局能源司的能源统计报表制度对第三产业为重点调查反推得到总量，对生活用能（城镇生活和农村生活用能）为抽样调查后通过反推得到总量。能源供应企业统计统计制度中，除了电力部门为全口径统计外，燃气只统计了城市和县城的能源消费，集中供暖仅统计了城市和县城范围内的规模以上企业供热状况，非全口径统计，与各省份建筑能耗无法匹配。

6.2.2.3 数据边界研究分析

1. 建筑能耗研究边界

与建筑能耗相类似的概念有"建筑业能耗""建筑行业能耗""建筑领域能耗""广义建筑能耗""建筑全寿命周期能耗"等，各个概念使用较为混乱，不同的建筑能耗界定导致计算结果差异很大（图 6-1）。广义建筑能耗是指从建筑材料制造、建筑施工，一直到建筑使用的全过程能耗。《中国统计年鉴》中的建筑业能耗指的是建筑施工能耗以及建筑拆除处理能耗，该能耗归口工业领域。本书所指的建筑能耗，符合《民用建筑能耗标准》GB/T 51161—2016 中定义，即：建筑使用过程中由外部输入的能源，包括维持建筑环境的用能（如供暖、制冷、通风、空调和照明等）和各类建筑内活动（如办公、家电、电梯、生活热水等）的用能。另外，农村住宅能耗包含商业用能（电、燃气、煤等）和非商业用能（秸秆、薪柴等），考虑到通过各省级建筑能耗和强度"双控"达到节能降碳的目的，农村非商品用能不会增加二氧化碳排放量，所以对于农村住宅用能仅指商业用能部分。

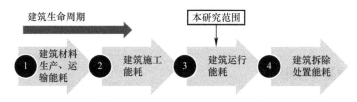

图 6-1 建筑能耗边界

2. 城镇乡村划分边界

城镇，是指城市、县城和镇建成区以及这些地区的公共设施、居住设施和市政公用设施等能够连接到的区域。

（1）城市包括：市本级街道办事处所辖地域；城市公共设施、居住设施和市政公用设施等连接到的其他镇（乡）地域；常住人口在 3000 人以上独立的工矿区、开发区、科研单位、大专院校等特殊区域。

（2）县城包括：县政府驻地的镇、乡或街道办事处地域；县城公共设施、居住设施和市政公用设施等连接到的其他镇（乡）地域；县域内常住人口在 3000 人以上独立的工矿区、开发区、科研单位、大专院校等特殊区域。

（3）建制镇建成区包括：镇所辖的居民委员会地域；镇的公共设施、居住设施和市政公用设施等连接到的其他地域。

农村概念界定：农村是指除城市、县城和镇建成区以外的区域，主要包括乡和村。

3. 民用建筑边界

民用建筑是指非生产性的居住建筑和公共建筑。《民用建筑节能条例》中的民用建筑是指居住建筑、国家机关办公建筑和商业、服务业、教育、卫生等其他公共建筑。企业配套办公楼以及对应的能源支出都归入单位产品能耗，企业建设的居民楼，目前都已经单独计量其能源消费并归入居民生活用能，无法拆分的是企业供给自己和配套居民的热，这部分用量较少，所以暂时忽略不计。

城镇供暖分为集中供暖和分散供暖，分散供暖消耗的燃气、电已经计入公共建筑或居住建筑自身能耗，所以在分类中供暖能耗特指集中供热能耗，供暖面积特指集中供暖面积。同时，调峰锅炉房是配套热电联产在气候极冷的天气下才使用的，所以调峰锅炉房对应的能耗应计入总供暖能耗，调峰锅炉房面积不应计入供暖面积，避免和热电联产供热面积重复。

所以民用建筑包括全部的居住建筑、除工业企业自用办公楼外的公共建筑。民用建筑能耗包括城镇居住建筑用能、农村住宅用能、城镇集中供暖用能、公共建筑用能四个部分。

4. 供暖统计年度测算周期

除供暖外，能耗采用自然年统计。北方采暖地区的供暖能耗，为了避免数据混乱，以一个取暖季为一个单位。同时为了尽早给出年度能源消耗数据，匹配不同统计制度报送时间，建议统计上报上年度供暖季能源消耗量，例如 2022 年应填报 2021 年冬季至 2022 年春季供暖周期的相关信息。

6.3　数据信息体系构建

6.3.1　体系构建基本原则

为满足建筑能耗总量和强度"双控"需求，数据信息统计系统应该满足准确性、及时性、可持续性、不重复性这四个基本原则。

可靠性：数据准确可靠是考核的基础，也是数据可否发挥其作用的关键。不准确的数据会严重影响建筑能耗强度和总量目标分解效果，导致指标分解不合理、不科学现象，基于此优先考虑自上而下的全口径的统计数据，数据可靠性高。而自下而上推算数据可以作为校验，或者在"双控"开展初期没有全口径数据支撑时作为基础数据。

及时性：数据的及时性是数据信息有效的必要条件。目前，建筑能耗和建筑面积相关数据均为次年初上报，数据需要专业人员进行清洗、整理、汇总，排版发布时间一般是第二年年初，数据是严重滞后的。为了解决该问题，需要构建数据统计平台，将各部门、各渠道上报的建筑能耗和建筑面积等相关指标信息与次年年初同步上传到建筑能耗"双控"支持平台，数据经过专业人员处理，能够及时有效地支撑能耗"双控"工作。

可持续性：数据的可持续性是保证"双控"指标制定和考核的关键。为了保证数据的持续可获取性，首先考虑通过统计制度上报的数据，例如能源统计制度、电力行业统计制度、能源资源消耗统计制度等。清华大学建筑节能研究中心和人民大学国家发展与战略研究院的专项调研数据是不定期开展的，建议相关的调研结果作为校验数据，目标指标确认和考核应以统计数据为依据。

不重复性：统计体系构建需要对统计原则有深入了解。《中华人民共和国统计法》第二章第一条：统计调查项目包括国家统计调查项目、部门统计调查项目和地方统计调查项目。国家统计调查项目是指全国性基本情况的统计调查项目。部门统计调查项目是指国务院有关部门的专业性统计调查项目。地方统计调查项目是指县级以上地方人民政府及其部门的地方性统计调查项目。国家统计调查项目、部门统计调查项目、地方统计调查项目应当明确分工，互相衔接，不得重复。因此在构建以"双控"为目标的数据统计体系时，需要充分利用现有统计制度实现相关数据获取，完全的另起炉灶不符合《中华人民共和国统计法》的规定。

6.3.2　构建统计指标体系

从各省份建筑能耗总量和强度"双控"出发，构建建筑能耗统计指标体系，一级指标包括基本信息、建筑面积、建筑能耗、能耗强度和专项工作五部分（表 6-13）。

基本信息是为能耗强度计算提供数据基础，同时作为客观因素直接影响地区建筑能耗，为地区能耗预测提供数据支撑，例如农村人口向城镇流动直接导致建筑用能从低密度区向高密度区迁移，提高城镇用能总量，这些因素是能耗提升的核心驱动力。基本信息分为人口信息、户数信息、气候条件信息和产业产值信息。

建筑面积为能耗强度计算提供数据基础，同时通过地区人均面积计算和对标，估算地区建筑面积增量空间，作为驱动力影响地区未来建筑能耗总量。建筑面积包含建筑面积存量和竣工面积两个指标。

建筑能耗总量反映各省份建筑运行能耗实际消费量，是建筑能耗总量和强度"双控"核心指标之一。按照建筑用能特点，将建筑能耗指标分为城镇居住建筑能耗（除集中供暖外）、公共建筑能耗（除集中供暖外）、农村住宅能耗和集中供暖能耗四个模块。根据现有数据基础情况，将分居住建筑和公共建筑的非供暖用能分为电力、天然气、液化石油气、人工煤气、煤炭 5 个指标，通过不同类型建筑、不同品种能耗总量数据，可以计算地区的建筑碳排放量，为地区温室气体排放考核提供数据支撑。因集中供暖的特殊性，按照不同供热方式分为电热厂供热、区域锅炉房供热和工业余热供热 3 个指标。

能耗强度反映地区建筑运行能效水平，是建筑能耗总量和强度"双控"核心指标之一。按照用能特点，能耗强度分为城镇居住建筑能耗强度（除集中供暖外）、公共建筑能耗强度（除集中供暖外）、农村住宅能耗强度和供暖能耗 4 个二级指标。城镇居住建筑能耗强度可以分为户均能耗强度、户均电耗强度、户均天然气能耗强度 3 个三级指标；公共建筑能耗可以分为单位面积能耗强度和单位面积能耗强度 2 个三级指标；农村住宅能耗可以分为户均能耗强度、户均电耗强度和用煤占比 3 个三级指标；供暖能耗分为单位面积供暖能耗强度、单位供暖日单位面积能耗强度、热电联产与工业余热占比 3 个三级指标。

167

表 6-13

统计指标体系及数据来源

一级指标	二级指标	三级指标	统计/计算	统计频率	上报时间	主管部门	统计制度	满足双控需求	增补建议
基本信息	人口信息	总人口	统计	年度	次年2~3月	国家统计局	中国统计年鉴	是	—
		城镇人口	统计	年度	次年2~3月	国家统计局	中国统计年鉴	是	—
		农村人口	统计	年度	次年2~3月	国家统计局	中国统计年鉴	是	—
		第三产业从业人口	统计	年度	次年2~3月	国家统计局	中国统计年鉴	是	—
		城镇第三产业从业人口	统计	年度	次年2~3月	国家统计局	中国统计年鉴	是	—
		农村第三产业从业人口	统计	年度	次年2~3月	国家统计局	中国统计年鉴	是	—
	户数信息	总户数	统计	年度	次年2~3月	国家统计局	中国统计年鉴	是	—
		城镇居民户数	统计	年度	次年2~3月	国家统计局	中国统计年鉴	是	—
		农村居民户数	统计	年度	次年2~3月	国家统计局	中国统计年鉴	是	—
	气候条件信息	集中供暖天数	统计	年度	次年2~3月	国家统计局	中国统计年鉴	是	—
	产业增加值	第三产业总产值	统计	年度	次年2~3月	国家统计局	中国统计年鉴	是	—
		第三产业占比	计算	—	—	国家统计局	中国统计年鉴	是	—
建筑面积	建筑面积总量	建筑面积总量	计算	—	—	—	—	否	城乡建设统计中增加该指标统计
		城镇居民建筑面积	计算	—	—	—	—	否	增加该指标统计
		公共建筑面积	计算	—	—	—	—	否	增加该指标统计
		农村住宅面积	统计	年度	次年2~3月	住房和城乡建设部	城市（县城）和村镇建设统计报表制度	是	—
		集中供暖面积	计算	—	—	—	—	是	—
		城镇居民住宅建筑竣工面积	统计	年度	次年2~3月	国家统计局	固定资产投资统计制度	否	作为增量面积校验数据
			统计	年度	次年2~3月	国家统计局	建筑业统计制度	否	作为增量面积校验数据
			统计	年度	次年2~3月	国家统计局	房地产统计制度	否	作为增量面积校验数据
		公共建筑竣工面积	计算	—	—	—	—	否	

续表

一级指标	二级指标	三级指标	统计/计算	统计频率	上报时间	主管部门	统计制度	满足双控需求	增补建议
建筑能耗	城镇居住建筑能耗总量（除集中供暖外）	电力消耗总量	统计	月度	次年2~3月	中国电力企业联合会	电力行业统计报表制度	是	—
			统计	季度	次年2~3月	国家统计局能源司	能源统计报表制度	是	准确性不如电力专业统计，建议作为校验
			抽样统计推算	年度	次年5月底	住房和城乡建设部	能源资源统计报表制度	是	准确性不如电力专业统计，建议作为校验
		天然气/液化石油气/人工煤气消费总量	统计	季度	次年2~3月	国家统计局能源司	能源统计报表制度	否	需要增加镇级别统计
			统计	年度	次年2~3月	住房和城乡建设部	城镇（县城）和村镇建设统计报表制度	否	
	公共建筑能耗总量（除集中供暖外）	煤炭消耗总量	抽样统计推算	年度	次年5月底	住房和城乡建设部	能源资源统计报表制度	是	—
			统计	季度	次年2~3月	国家统计局能源司	能源统计报表制度	否	按法人分类无法满足统计需求；需要增加煤炭专项统计
		电力消耗总量	抽样统计推算	年度	次年5月底	住房和城乡建设部	能源资源统计报表制度	是	—
			统计数据拆分计算	月度统计/年度发布	次年2~3月	中国电力企业联合会	电力行业统计报表制度	否	三产中不容易拆分
			统计数据拆分计算	年度	次年2~3月	国家统计局能源司	能源统计报表制度	否	三产中不容易拆分
		天然气/液化石油气/人工煤气消费总量	统计	年度	次年2~3月	国家统计局能源司	能源统计报表制度	否	三产中不容易拆分
			统计	年度	次年2~3月	住房和城乡建设部	城镇（县城）和村镇建设统计报表制度	否	需要增加镇级别统计，要与工业不易拆分

续表

一级指标	二级指标	三级指标	统计/计算	统计频率	上报时间	主管部门	统计制度	满足双控需求	增补建议
	公共建筑能耗总量（除集中供暖外）	煤炭消耗总量	统计数据拆分计算	年度	次年2~3月	国家统计局能源司	能源统计报表制度	否	按法人分类无法满足统计需求；需要增加煤炭专项统计
			抽样统计推算	年度	次年5月底	住房和城乡建设部	能源资源统计报表制度	是	—
		电力消耗总量	统计	月度统计/年度发布	次年2~3月	中国电力企业联合会	电力行业统计报表制度	是	—
			统计	年度	次年2~3月	国家统计局能源司	能源统计报表制度	是	准确性不如电力专业统计，建议作为校验
	农村住宅能耗总量		统计	年度/不对外发布	—	农村农业部	全国农村可再生能源调查制度	否	数据质量有待考究，可作为参考数据
		天然气/液化石油气/人工煤气/煤炭消费总量	统计	年度	次年2~3月	国家统计局能源司	能源统计报表制度	是	—
			统计	年度/不对外发布	—	农村农业部	全国农村可再生能源调查制度	否	数据质量有待考究，可作为参考数据
建筑能耗	集中供暖能耗总量	热电厂供热总量	统计	年度	次年2~3月	住房和城乡建设部	城镇（县城）和村镇建设统计报表制度	否	规模以上统计口径变更为全口径统计
		区域锅炉房供热总量	统计	年度	次年2~3月	住房和城乡建设部	城镇（县城）和村镇建设统计报表制度	否	
		工业余热供热总量	统计	年度	次年2~3月	住房和城乡建设部	城镇（县城）和村镇建设统计报表制度	否	

续表

一级指标	二级指标	三级指标	统计/计算	统计频率	上报时间	主管部门	统计制度	满足双控需求	增补建议
能耗强度	城镇居住建筑能耗强度（除集中供暖外）	户均能耗强度	计算	—	—	—	—	是	—
		户均电耗强度	计算	—	—	—	—	是	—
		户均天然气能耗强度	计算	—	—	—	—	是	—
	公共建筑能耗强度（除集中供暖外）	单位面积能耗强度	计算	—	—	—	—	是	—
		单位面积电耗强度	计算	—	—	—	—	是	—
	农村住宅能耗强度	户均能耗强度	计算	—	—	—	—	是	—
		户均电耗强度	计算	—	—	—	—	是	—
		用煤占比	计算	—	—	—	—	是	—
	供暖能耗	单位面积能耗强度	计算	—	—	—	—	是	—
		单位供暖日能耗强度	计算	—	—	—	—	是	—
		热电联产与工业余热占比	计算	—	—	—	—	是	—
专项工作指标	城镇新建建筑中绿色建筑比重		统计	年度	4~6月	住房和城乡建设部	建筑节能查上报	是	—
	城镇新建建筑中节能设计标准执行率		统计	年度	4~6月	住房和城乡建设部	建筑节能查上报	是	—
	实施既有居住建筑节能改造面积		统计	年度	4~6月	住房和城乡建设部	建筑节能查上报	是	—
	公共建筑节能改造面积		统计	年度	4~6月	住房和城乡建设部	建筑节能查上报	是	—
	北方供暖单位面积能效提升率		统计	年度	4~6月	住房和城乡建设部	建筑节能查上报	是	—
	太阳能光热应用		统计	年度	4~6月	住房和城乡建设部	建筑节能查上报	是	—
	太阳能光伏		统计	年度	4~6月	住房和城乡建设部	建筑节能查上报	是	—
	空气热源		统计	年度	4~6月	住房和城乡建设部	建筑节能查上报	是	—
	浅层地热能		统计	年度	4~6月	住房和城乡建设部	建筑节能查上报	是	—

充分考虑国家宏观层面对建筑节能工作考核指标，专门设置了专项工作指标，其中包括城镇绿色建筑占新建建筑比重、新建建筑中节能设计标准执行率、实施既有居住建筑节能改造面积、公共建筑节能改造面积、北方城镇居住建筑单位面积平均供暖能耗下降比例、太阳能光热推广面积、太阳能光伏装机容量、浅层地热能推广面积、空气源热泵推广面积9个指标。

6.3.3 构建统计制度体系

基于建筑能耗总量和强度"双控"，为获取相关统计指标，根据现有数据统计情况，制定了数据信息统计制度体系，将统计分为基本信息统计、建筑面积统计、建筑能耗统计和专项工作统计4个模块（图6-2）。能耗强度主要由以上4个模块统计数据计算得到，不单独制定能耗强度统计。

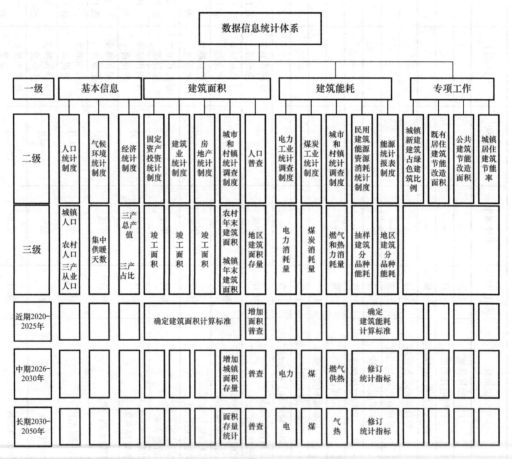

图6-2 数据信息统计制度体系

6.3.3.1 基本信息统计制度

国家统计局发布的统计调查制度已经覆盖全部基本信息指标，秉承"国家统计调查、部门统计调查、地方统计调查调查必须明确分工，相互衔接，不得重复"的原则，不需要额外建立新的统计制度。

国家统计局人口统计、气候统计和经济统计数据均在次年年初发布，例如2018年度的数据在 2019 年初发布在相关网站或者出版物上，满足数据使用要求，数据准确度高、及时性高、认可度高。

6.3.3.2　建筑面积统计制度

目前建筑面积统计的核心问题是没有数据源，通过现有统计指标计算得到的建筑面积存在数据可靠性差、数据认可度低、数据及时性差等问题。为配合建筑能耗总量和强度"双控"目标在省级制定和分解，近期（2020—2025 年）形成建筑面积计算标准，提供数据依据，但考虑到间接计算方法的缺点，中长期需要构建全口径的建筑面积存量数据统计。全口径的建筑面积存量数据统计中期可以借助 2020 年人口普查，摸清全国建筑面积存量，在此基础上测算未来 5 年（2020—2025 年）的建筑面积情况。在全国建筑面积统计口径不仅应包括有房产证的建筑面积，还应包括集体用地开发小产权房和企业自有土地开发员工内部使用房屋面积，这项全口径统计工作可以借助国土资源部主导的、在全国范围内开展的不动产登记配套实施。不动产登记以地块为基本单位开展建筑统计工作，符合建筑存量面积的统计口径，为中长期建筑面积存量（包括公共建筑、城镇居住建筑、农村住宅等）提供丰富的数据源。

6.3.3.3　建筑能耗统计制度

目前建筑能耗没有直接统计数据，专项抽样统计容易存在抽样偏差、数据质量、数据可信度等问题，因此考虑近期（2020—2025 年）可以借助现有专项抽样统计数据推算建筑能耗，但不能作为长期建筑能耗统计制度。通过前期调研，电力、热力、燃气等建筑运行供能企业对于商业建筑、居住建筑、工业企业的用能价格不同，能源销售量都有相应的台账，这为数据获取提供了数据源。结合上文描述的现有统计制度，电力、燃气（液化石油气、人工煤气、天然气）、热力（集中供热）均已开展了供热企业/相应企业管理部门的能源消耗统计，为全口径统计奠定了基础。

6.3.3.4　专项节能工作统计制度

通过计算获取专项工作统计。专项节能工作指标中北方城镇居住建筑单位面积平均供暖能耗下降比例、城镇既有公共建筑能耗强度下降比例 2 个指标通过建筑面积和建筑能耗相关指标计算得到，不用专门设置相应的统计制度。

结合节能检查开展专项统计。城镇绿色建筑占新建建筑比重、新建建筑中节能设计标准执行率、实施既有居住建筑节能改造面积、公共建筑节能改造面积、北方城镇居住建筑单位面积平均供暖能耗下降比例、太阳能光热推广面积、太阳能光伏装机容量、浅层地热能推广面积、空气源热泵推广面积 9 个指标通过一年一度的"建筑节能检查"要求各省份填报表格确定，同时用其他渠道校验。例如城镇绿色建筑占新建建筑比重指标可以通过核查"民用建筑能源资源消耗统计报表制度"季度上报绿色建筑面积情况和国家统计局的城镇新建建筑面积情况计算，核查数据准确性。

6.3.4　构建数据信息统计平台

6.3.4.1　信息统计平台功能模块

在建筑运行能耗总量和强度"双控"目标落地实施方面，建筑信息系统主要功能有三个：一是基于各省份建筑运行能耗总量和强度现状制定不同时间节点的"双控"目标指标；二是为各省份"双控"指标考核评分提供数据基础；三是基于民用建筑能耗统计、能效审计等数据开展能耗信息对标和公示工作，既有效激发出市场化改造潜力，又为绿色债券、绿色保险等提供可靠的评估数据（图6-3）。从数据信息系统在项目研究中的作用出发，分析平台应包含以下两个重要方面的作用：①为配合各部门数据及时分享到住房城乡建设管理部门，需要建立一套数据统计信息化系统平台，各省份报送到不同部门的数据可以实时传输到住房城乡建设管理部门，供双控目标制定和考核使用。②数据公示信息化系统。单栋建筑能耗信息公示为银行、保险、债券等金融机构资金注入建筑节能改造提供数据支撑，对于市场化建筑节能工作具有深远意义。建议各省份建立单栋建筑数据信息化系统，包含省级建筑能耗可视化地图，不同品种不同类型建筑能耗信息、碳排放信息、能源消费支出信息、节能改造带来的效益信息等，提升建筑业主和社会公众节能意识，提高运营管理水平，激发节能改造自发动力。

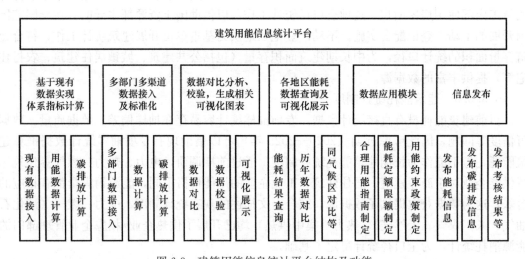

图6-3 建筑用能信息统计平台结构及功能

6.3.4.2 信息统计平台的重要作用

为充分配合能耗总量和强度目标指标实现，同时充分考虑不同指标数据获取基础和绩效评价考核实施步伐，制定了数据信息统计系统平台建设不同时间节点应配置的核心模块。

1. 实现数据校核、计算

在"十四五"时期开展建筑用能"双控"的时机还不是特别成熟，面临的主要问题是数据基础较差，没有统一总量和强度以及碳排放计算标准，因此不全面开展"双控"考核。"十四五"时期主要建立建筑面积计算标准、建筑用能总量和强度计算标准、建筑运行阶段直接和间接碳排放计算标准，构建数据校验机制等，同时反映到平台建设中，需要建设各省市目标制定模块、建筑面积计算模块、建筑能耗计算模块、建筑单位能耗计算模块、节能检查数据模块、数据校验机制、绩效评价考核等功能。协调燃气、集中供热、电力和煤炭部门数据共享事宜。

2. 实现不同渠道数据接入共享

能耗数据统计工作并非一蹴而就，在前期工作的基础上，分批次实施"双控"考核，2030年实现全部省份纳入"双控"考核。可以选择数据基础较好、第三产业较发达、统计数据较好的地区，例如可以选择北京、天津、上海、重庆、江苏、山东、陕西等地区纳入首批"双控"考核。协调住房和城乡建设部城乡建设统计中有关城镇居民燃气和集中供热数据接入平台，协调相关部门将电力和煤炭数据接入平台，建立数据持续、及时共享机制，同时在城乡建设统计制度修订中提出基于"双控"数据需求的建议。基于以上工作需要，建立燃气、集中供热、电力、煤炭数据模块，并修订能耗总量和强度计算标准；平台中各省份结果查询模块，包括数据对比分析、数据多指标查询、可视化图表生成等功能。

3. 实现数据对比、分析、考核、应用

在燃气、集中供热、电力、煤炭统计制度修订中提出基于"双控"数据需求的建议，进一步优化系统功能，提升可视化，提高数据应用效率。

6.3.5 构建数据发布机制

数据信息系统在项目研究中的作用，不仅要支持建筑能耗总量和强度"双控"相关数据发布（该部分主要体现在数据信息统计平台数据查询和发布中），更重要的是在市场化建筑节能改造工作的趋势下，需要不断地进行数据刺激，以提升建筑业主和物业管理部门节能意识，引导行为节能。同时数据刺激是高能耗建筑业主自发进行建筑节能改造的内在驱动力，未来步入建筑"存量时代"后，数据发布将发挥越来越重要的作用。数据发布机制主要从利益相关方需求和数据发布机制构建两方面开展分析。

6.3.5.1 利益相关方需求

以单栋建筑能耗数据对外公示，可以有效提升建筑管理者的节能意识和培育市场化改造驱动力，需求方是建筑业主或物业管理部门、绿色金融机构、绿色保险机构、节能服务公司、社会公众（表6-14）。对于省、市、县（区）不同层级政府管理部门而言，本地区建筑能耗整体情况，包括能耗统计情况、能耗总量、分区域及分建筑类型单耗情况是其想获取的核心信息，用于了解本区域建筑能耗基本情况，与同类型地区对标，也为开展本区域下一步节能工作指明方向。同时，这些信息公开也是社会公众监督的重要依据，建议以区域能耗分析报告形式对外公开。

需求方分析   表6-14

能耗信息形式	单栋楼宇建筑能耗	区域能耗分析报告
公示主要内容	基本信息、能耗信息	能耗统计情况、总能耗情况、分区域及分建筑类型单位能耗情况等
需求方	金融机构、节能服务公司、建筑业主、普通公众	政府管理部门、普通公众

6.3.5.2 数据发布机制构建

对于建筑能耗数据信息发布机制，充分考虑利益相关者的诉求，构建分层级数据发布机制（表6-15）。市级管理部门发布本辖区建筑能耗情况年度报告和不同类型单栋建筑实际能耗情况，服务市级建筑节能工作并为有潜力开展节能改造的建筑开展市场化改造提供数据支持。省级和全国发布建筑能耗情况年度报告，为各省份和全国掌握建筑能耗数据情况提供支撑，通过年度对比分析，可预测各省份和全国建筑能耗发展趋势，为建筑能耗强度和总量"双控"提供支撑。同时为充分发挥数据作用，建议各级政府选择性发布区域能

耗建筑年度报告、重点用能建筑能耗情况报告、公共机构能耗情况报告、学校能耗情况报告、医院能耗情况报告等，形成多元化对标路径，充分发挥数据应用价值。

数据发布机制构建 表6-15

发布机构	发布文件（必备项）	发布文件（可选项）
市级管理部门	××市建筑能耗情况年度报告＋单栋建筑能耗	××市能耗监测年度报告 ××市重点用能建筑能耗情况报告 ××市公共机构能耗情况年度报告
省级管理部门	××省建筑能耗情况年度报告	××省能耗监测年度报告 ××省重点用能建筑能耗情况报告 ××省公共机构能耗情况年度报告
国家管理部门	全国建筑能耗情况年度报告	全国能耗监测年度报告 全国重点用能建筑能耗情况报告 全国公共机构能耗情况年度报告

6.3.6 构建政策保障体系

6.3.6.1 法律法规保障

为支持住房和城乡建设部门开展民用建筑能耗总量和强度"双控"数据信息统计体系构建工作，需要联合中国电力企业联合会、煤炭企业协会、国家统计局能源司、农村农业部科教司、住房和城乡建设部多部门开展数据汇总和整合，根据现有法律法规体系，各部门没有将数据报送给住房和城乡建设部门的义务，为满足建筑能耗总量和强度"双控"数据信息体系构建要求，各部门需要深入沟通交流，形成部门间沟通协作机制，并将各部门义务、报送时间、报送频率、数据口径和数据颗粒度（特别是公共建筑）规定下来，并将其纳入《中华人民共和国节约能源法》《民用建筑节能条例》等法律法规。

除了将部门责任纳入法律法规，供电企业、供热企业、供气企业、供煤企业在出售电力、热力、燃气的时候，应建立相应的台账，并将台账尽量细化到城市居住建筑、公共建筑、集中供暖、农村住宅4个类别，为全国能耗数据统计提供数据源。该部分内容也应该纳入《中华人民共和国节约能源法》《民用建筑节能条例》等法律法规。

6.3.6.2 数据来源保障机制

1. 建立台账

数据来源保障主要体现在供能企业有对应的计量装置和台账，根据台账定期提交相应的数据，对应城镇居住建筑、公共建筑、集中供暖、农村住宅4个模块。例如电力供能企业细化第三产业统计颗粒度，实现多项加和对应到公共建筑；燃气供应企业应区分商业用燃气和工业用燃气，将燃气供应对应到公共建筑；煤炭企业应建立台账，区分工业用煤、居民生活用煤、供热用煤、商业用煤等，为建筑能耗统计数据提供支撑。

2. 建立计量装置

与其他公共建筑不同，航站楼、汽车站、火车站归属于交通运输企业用能，在行业分类中属于航空运输辅助活动中的机场、道路运输辅助活动中的客运汽车站、铁路运输辅助活动的客运火车站和货运火车站，在行业分类中属于第4级别，颗粒度最细。现有电力统计、能源统计、燃气统计中都很难达到这种颗粒度，所以不能对其进行有效拆分。为了保证数据可获取，这类公共建筑需要单独建立计量装置。

3. 建筑面积存量纳入人口普查

在目前没有建筑面积存量数据来源的情况下，应考虑将建筑面积存量指标纳入人口普查。人口普查可将建筑面积指标，包括居住建筑面积、公共建筑面积、农村住宅建筑面积、供暖面积、人均住房面积等指标归入普查范围，摸清各省份普查年份各类建筑面积存量情况。

6.3.6.3　技术保障体系

1. 建设信息化数据汇总平台

因建筑能耗统计制度上报时间、上报频率和对外公布的时间不同，为了保障数据及时汇总，保障建筑能耗总量和强度"双控"目标及时制定和省级分解，需要建立信息化数据汇总平台，该平台与中国电力企业联合会统计平台、住房和城乡建设部统计平台、煤炭统计平台、农村农业部统计平台、国家统计局能源司统计平台、民用建筑能源资源消耗统计平台衔接，将建筑能耗统计相关指标实时汇总到搭建的信息化数据汇总平台，依托信息汇总平台在线更新数据，保障数据及时性和有效性。

2. 制定统计人员培训教材和工作手册

统计工作是一项专业性较强的工作，统计人员的素质直接关系到统计数据的质量。为了保证统计数据质量，保证采集数据符合统计口径要求，加深统计人员对统计指标内涵理解和认识，应制定专业的统计人员培训教材，培训教材包括法律法规模块、制度体系模块、软件实操模块等。法律法规模块主要是为了提升统计人员和统计企业的法律责任意识，带动数据质量的提升，相关法律法规包括《中华人民共和国统计法》《中华人民共和国节约能源法》《民用建筑节能条例》《公共建筑节能条例》《企业统计信用管理办法》《统计从业人员统计信用档案管理办法》等；制度体系模块紧紧围绕建筑能耗统计制度，对统计指标进行定义和解释，对统计口径规范统一，对统计数据合理值范围有充分认识；软件操作模块接近数据上报实际操作，确保数据及时准确上报。另外，通过编制专业技术工作手册，包括统计制度及解释、统计学基本知识、数据审核方法、能耗总量和单位能耗计算方法、碳排放计算方法等专业知识，为数据审核和应用提供技术保障。

6.3.6.4　人员保障

建筑能耗总量统计工作专业性强，基层统计人员多数为身兼数职，并且人员更替频繁，对人员管理十分重要。为加强人员管理：①实施部门和人员的分层管理。各省市级能耗统计工作应指定专业部门的专人负责，落实统计责任，并汇总编制各级统计部门和人员通信录，备案并定期更新，实现责任对接到人，提高工作效率。②为保障统计工作顺利实施，应配套专业技术服务人员，例如数据采集服务人员、软件服务人员、统计上报服务人员、能耗分析服务人员等，通过开通专业QQ技术服务号、微信群、公共材料邮箱、热线电话等方式，为统计工作提供全方位服务。③配套专业培训人员，为能耗统计工作开展定期培训和重点培训，培训对象包括管理部门和统计人员，培训内容包括法律法规、统计制度、软件实操演练等。

6.3.6.5 资金保障

为保证建筑能耗总量和强度"双控"省级目标制定和分解，建筑能耗统计工作需要统计软件开发、统计人员培训、统计技术材料编制、统计配套服务、统计报送、统计数据审核、统计数据分析等多项工作，这些工作的开展都需要资金支持，为保障建筑能耗统计工作顺利开展，建筑能耗统计部门做好配套财务预算，建筑部门相关费用可以将其纳入建筑节能与绿色建筑专项经费。

6.3.6.6 激励政策保障

基于企业的建筑能耗统计制度实施开展初期，需要进行城市试点，对开展试点工作的城市给予政策支持和资金补贴；在推广阶段对统计平台建设和人员培训进行补贴，对推广较好的城市给予奖励资金。

6.4 中长期实施路径及政策建议

6.4.1 实施路径

建立建筑用能和碳排放计算方法相关标准。目前，数据是阻碍建筑领域开展建筑用能总量和强度"双控"工作的核心障碍，现在数据分散、口径不统一、数据的及时性和科学性都有待进一步提高。在部门间数据共享机制没有建立之前，建议根据现有数据情况，建立较为科学合理的建筑用能总量和碳排放计算标准，用统一的标准开展部分地区的考核和试点工作。

建立与国家统计相协调的数据共享机制。建议通过自上而下的渠道建立与国家统计局相协调的数据共享机制，并将建筑面积存量统计纳入5年一次的普查。

建立电力、热力、燃气、煤炭等部门统计共享交换机制。用电数据统计归口中国电力企业联合会、用热数据归口住房和城乡建设部、燃气数据归口住房和城乡建设部，煤炭消费归口煤炭工业协会，农村用能（商业和生物质）归口农业农村部，数据分散现象明显。在电力等统计制度中，都有数据分享给相关部门的内容。建议通过部门间"自上而下"的协调沟通，建立部门间数据共享的良好机制，服务建筑部门"双控"考核，服务碳达峰碳中和工作。

建立与其他部门相关统计制度的协同修订机制。根据国家统计局规定，统计指标不能重复统计。也就是说其他统计部门统计的数据，不能在建筑部门重新统计。但是电力等部门统计指标与建筑部门"双控"数据需求存在错配，例如公共建筑用电无法与交通部门进行有效拆分，因此无法准确计算公共建筑用能总量。建议在部门相关统计制度修订时可以统筹考虑各方需求，开展修订工作。

建议开展地区公共建筑定额/限额和能耗信息公示工作。2016年国家发布《民用建筑能耗标准》，各地区要根据该标准逐步开始制定符合地区需求的公共建筑用能定额/限额，并对公共建筑能耗信息进行公示。

构建信息统计平台。实现不同部门不同渠道数据汇总、校验、计算分析及结果输出，完成"双控"指标确定及考核，同时在平台上完成数据公示工作。

6.4.2 实施计划

现阶段"双控"相关数据基础薄弱，在2021—2025年开展建筑运行用能总量和强度

"双控"绩效评价考核的时机还不成熟，因此在"十四五"期间更注重标准和数据共享机制构建工作，为"双控"奠定最基础的技术储备。2026年之后部门间数据共享机制建立会大幅度提升数据准确性，提高数据及时性和可信度，对于"双控"考核具有重要意义。之后不断完善标准和平台模块，同时协同各部门基于"双控"需求不断修订完善统计制度，形成长效机制。

数据信息体系不仅要与目标指标和绩效评价考核衔接，还需要与专项工作实施落地衔接，这里特指既有公共建筑调试能效提升专项工作。在"放管服"和公共建筑能效提升财政资金退坡的背景下，通过数据发布（对标和公示）不断激发节能意识，提升建筑业主行为节能，同时也激发高能耗建筑业主改造意愿，是建筑节能市场化改造的内部驱动力，结合既有公共建筑调试专项工作目标，配套给出信息发布中长期路径。

数据信息体系中长期实施计划见表6-16。

数据信息体系中长期实施计划　　　　　　　　　　　　　　　表6-16

时间	类型	重点工作安排
2021—2025年	标准制定	制定建筑面积计算标准； 制定建筑用能计算标准； 制定建筑运行碳排放计算标准
	平台建设	建立"双控"数据信息平台，初期包含各省份初期目标模块、指标计算模块、指标查询模块、数据校验模块、绩效评价考核等
	信息发布机制	开展数据对标和公示制度，部分城市开展试点，覆盖面积约10亿 m²，建立公示网络平台（GIS等）
	部门协调	协调建筑纳入未来年份的人口普查； 协调住房和城乡建设部城乡建设统计部门、中国电力企业联合会、中国煤炭工业协会数据共享
2026—2030年	标准制定	修订建筑面积、建筑用能计算标准
	平台建设	实现平台对燃气、集中供热、电力、煤炭等多部门数据接入与校核
	信息发布机制	扩大建筑能耗数据发布范围，覆盖50亿 m² 公共建筑
	部门协调	在各统计制度修订中，基于"双控"目标落地出发，提出修订建议
2031—2035年	修订完善	不断修订标准，完善平台架构，进一步扩大信息发布范围（120亿 m²公共建筑），完善统计制度
2036—2050年	修订完善	不断修订标准，完善平台架构，进一步扩大信息发布范围（覆盖全部公共建筑），完善统计制度

6.4.2.1　建筑面积数据统计中长期实施计划

1.2020—2025年，制定建筑面积计算标准，并将建筑面积指标纳入人口普查

制定建筑面积计算标准。基于现有存量面积和竣工面积统计情况，确定一套标准计算方法，满足近期建筑单位能耗计算需求。建议在住房和城乡建设部科技与产业化发展中心、中国建筑节能协会建筑面积存量计算方法的基础上，通过分析评估、省级建筑存量对比、部分省份建筑面积实际存量数据调研等方式，找到合适的计算方法，并形成标准，满足近期建筑面积计算需求。

将建筑面积指标纳入人口普查。完全依靠推算或者迭代的建筑面积存量估算并非长久之计，在没有数据基础的情况下，将建筑面积存量指标纳入人口普查是一种有效途径。人口普查可将建筑面积指标，包括居住建筑面积、公共建筑面积、农村住宅建筑面积、供暖面积、人均住房面积等指标归入普查范围，摸清各省份普查年份各类建筑面积存量情况，以普查年份数据为基年，通过累加等方式计算逐年的建筑面积存量情况，为单位能耗计算奠定数据基础。

2. 2026—2030 年，基于不动产登记开展分类型建筑面积统计，并将其纳入城乡建设统计指标

我国制定并公布了《不动产登记暂行条例》，该条例可以解决建筑面积存量数据来源问题。根据定义，不动产权利登记范围包括集体土地、房屋等建筑物和构筑物所有权等在内的十类不动产，同时不动产以不动产单元为基本单位进行登记，并按照国务院国土资源主管部门的规定设立统一的不动产登记簿，其中包含不动产的坐落、界址、空间界限、面积、用途等自然状况。根据自然资源部网站消息，我国不动产登记进入倒计时。从 2020 年开始，用 3 年左右时间能够全面实施不动产统一登记制度，用 4 年左右时间能够运行统一的不动产登记信息管理基础平台，形成不动产统一登记体系。不动产登记的范围包括全国范围内合理合法的商品住宅和农村住宅，不包括小产权房屋，也不包括工业用地配套住宅房屋统计，但是对于现有不同地区、不同城市居住建筑存量和不同类型公共建筑存量的统计提供比较丰富的数据支撑。

按照自然资源部相关工作安排，到 2026 年基本完成全国不动产统一登记，构建信息管理基础平台。各地区平台数据将对全国建筑面积存量、城镇居住建筑面积、城镇公共建筑面积、农村公共建筑面积、农村住宅面积实施全面统计，保证数据来源问题。在数据来源有保障的基础上，可在住房和城乡建设部《城市（县城）和村镇建设统计报表制度》中增加不同类型建筑面积存量统计指标，及时反映各类建筑面积存量情况，为单位能耗计算提供数据基础。

3. 2031—2050 年，依据未来数据情况，不断修订建筑面积计算标准，形成数据采集的长效机制

6.4.2.2 建筑用能数据统计中长期实施计划

目前建筑能耗没有直接统计数据，专项抽样统计容易存在抽样偏差、数据质量、数据可信度等方面的问题，因此考虑近期（2020—2025 年）可以借助现有专项抽样统计数据推算建筑能耗。目前电力、燃气（液化石油气、人工煤气、天然气）、热力（集中供热）均已开展了供热企业/相应企业管理部门的能源消耗统计，为全口径统计奠定了基础。

1. 2020—2025 年，制定建筑用能、单位能耗计算、碳排放数据计算标准

为配合建筑能耗总量和强度"双控"目标在省级制定和分解，"十四五"期间需要开展建筑能耗计算标准制定。在建筑能耗数据不完善、不成体系的现状下，通过科学的理论分析计算和实地数据调研，形成标准化的建筑用能、碳排放以及单位能耗计算方法，并进行省级试点，为"双控"目标的考核提供数据基础。未来"双控"数据信息体系需要协调住房和城乡建设部城乡建设统计部门、中国电力企业联合会、中国煤炭工业协会、农村农业部将有关燃气、集中供热、电力、煤炭、农村用能（含可再生能源）数据共享，建立数据共享和采信机制。

2. 2026—2030 年，制定基于能源供应企业为核心的数据采集机制

基于能源供应企业为核心的数据采集机制见图 6-4。

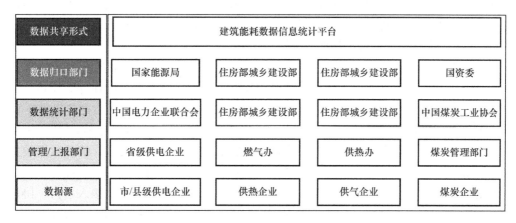

图 6-4　基于能源供应企业的数据采集机制

（1）企业部门提供数据源

从供电企业、供热企业、供气企业、供煤企业直接获取数据可以保障数据的真实性和及时性，更符合总量和强度"双控"的需求，同时供能企业在能源销售价格上区分居民用价格、商业用价格、工业用价格，不同类别因价格不同会分类统计能源消费量，对应城镇居民生活用能、农村居民生活用能和第三产业中商业建筑用能，这为能源统计提供数据支撑，所以从企业管理部门直接采集相关数据。

（2）企业管理部门报送数据

通过前期调研结果显示，燃气、电力、热力管理部门有相应数据。燃气（人工煤气、液化石油气、天然气）供应企业归燃气办管理，企业销售情况要上报燃气办。目前燃气办有人工煤气、液化石油气和天然气全口径数据，特别是液化石油气，虽然是罐装，销售使用比较灵活，但因其危险性高，管理上是非常严格的，销售给居民还是销售给餐饮行业都有明细台账。因此，管理部门的数据基础还是很好的。电力部门因经营单位比较单一，省、市、县分级别设置了电力供应子公司，机构管理清晰，数据质量高、数据上报速度快，电力数据基础好。对热力（集中供热）而言，多数北方集中供暖地区供热企业数量较少，供热办掌握全部供热数据，包括供热面积数据，都可以很好地被使用。

（3）数据统计部门制度修订和增补

中国电力企业联合会对全国各省份电力消费数据均有统计，住房和城乡建设部对各省份供热和燃气数据有统计，中国煤炭工业协会对全国煤炭生产和消费有统计。对于建筑数据信息统计系统需要依托现有统计制度，在统计范围、统计指标、统计颗粒度方面进行一些完善，形成与建筑能耗总量和强度配套的统计制度体系。建议分能源品种收集各部门建筑能耗数据，从中国电力企业联合会、住房和城乡建设部和中国煤炭工业协会上报数据汇总到住房和城乡建设部。

（4）部门之间数据分享及平台数据统计发布

住房和城乡建设部门需要通过与其他部门沟通交流，达成统计数据支撑建筑节能工作的共识，并且协调相关部门及时报送现有数据到住房城乡建设管理部门，形成现有数据共享机制。

各部门相关数据对外发布不及时严重阻碍了数据的统计。为了保证数据信息统计工作的及时性,将各部门统计数据实时传输到住房和城乡建设部的能耗信息统计平台,实现所需要数据的实时分享上传,为能耗总量和强度双控考核和未来指标制定提供数据。

6.4.2.3 信息统计平台中长期实施路径

(1) 2021—2025 年,在"十四五"时期需要建立"双控"数据信息平台,包含各省份目标指标模块、建筑面积计算模块、建筑用能计算模块、建筑单位能耗计算模块、数据校验模块以及绩效评价考核等基本功能,同时预留部分模块,为后续平台完善提供空间。

(2) 2026—2030 年,在前期工作的基础上,分批次实施"双控"考核,2030 年实现全部省份纳入"双控"考核。可以选择数据基础较好、第三产业较发达、统计数据较好的地区,例如北京、天津、上海、重庆、江苏、山东、陕西等地纳入首批"双控"考核。协调住房和城乡建设部城乡建设统计中有关城镇居民燃气和集中供热数据接入平台,协调相关部门将电力和煤炭数据接入平台,建立数据持续、及时共享机制,同时在城乡建设统计制度修订中提出基于"双控"数据需求的建议。基于以上工作需要,建立燃气、集中供热、电力、煤炭数据接入模块;平台增设各省份结果查询模块,同时根据需要应包含数据对比分析、数据多指标查询、可视化图表生成等功能。

(3) 2031—2035 年,根据指标和数据采集渠道等变化,不断优化系统功能,同时提升可视化。

(4) 2036—2050 年,根据指标和数据采集渠道等变化,不断优化系统功能,同时提升可视化。

6.4.2.4 数据发布中长期实施路径

信息发布机制构建时间节点需要和既有公共建筑调试时间节点保持一致。

(1) 2021—2025 年,在北京、天津、上海、深圳等地开展公共建筑能耗对标和公示工作。充分借鉴国外经验,建立 GIS 能耗地图,开展多场景多模式的能耗信息公示机制,覆盖公共建筑约 10 亿 m²。

(2) 2026—2030 年,在更大范围内开展公共建筑能耗对标和公示工作,覆盖约 50 亿 m² 建筑。

(3) 2031—2035 年,在更大范围内开展公共建筑能耗对标和公示工作,覆盖约 120 亿 m² 建筑。

(4) 2036—2050 年,全部公共建筑实现能耗对标和公示工作,覆盖面积约 170 亿 m²。

6.4.3 "十四五" 时期实施建议

6.4.3.1 数据缺失是"双控"实施短板,建议在"十四五"时期做好数据标准和数据获取渠道的储备工作

为满足建筑节能及低碳发展中长期规划目标和指标要求,数据信息统计体系是保证数据考核的前提,也就是说需要在开展建筑领域分省目标和指标"双控"工作初期制定数据统计系统。基于我国统计体系分散且不成体系的现状,数据统计体系的构建存在诸多困难,无法立即实现。为了保证"双控"工作在 2026 年启动,需要基于现有数据基础建立相关标准,形成"双控"指标考核数据持续、稳定、科学、合理、权威的数据计算标准方

法，保障"双控"实施初期指标考核顺利实施。

6.4.3.2 多部门数据共享机制的建立是工作重点和难点

面对目前数据不全、不准等问题，基于能源供应企业的数据统计无疑是一种全口径的、及时高效稳定的数据获取渠道，目前对于电力、燃气（天然气、液化石油气、人工煤气）、煤炭等能源供应企业的数据统计归口中国电力企业联合会、住房和城乡建设部城乡建设统计部门、中国煤炭工业协会，需要充分协调沟通，为"双控"考核提供真实可靠的数据来源。如何形成一种长期稳定的、及时高效的数据分享机制需要主管部门之间深层次的交流协商，达成共识和一致才可真正实现，这也是"双控"实施中的工作重点和难点问题，需要重点攻克。

6.4.3.3 从建筑运行能耗"双控"出发，修订统计制度

目前的统计制度还不能完全满足"双控"统计指标要求，后续需要进行部分修订。①将建筑面积统计纳入"城市（县城）和村镇建设统计调查制度"。随着《不动产登记暂行条例》的实施，各地区对不同类别建筑面积情况更加清楚，在住房和城乡建设部现有的"城市（县城）和村镇建设统计调查制度"中增加城市（县城）居住建筑、城市（县城）公共建筑面积、供暖面积、拆迁面积指标统计，从而保证各省份建筑面积数据及时有效获取。②新增"建筑能耗统计制度"。在实施中期供热、燃气、供煤、电力等能源供应企业台账细化的基础上，供热办、燃气办、电力和煤炭消费管理部门可获取不同类型建筑能源消耗数据的基础上，新增"建筑能耗统计制度"，满足不同类型建筑能源统计需求，保证数据及时、有效获取。③修订"民用建筑能源资源消耗统计报表制度"。以数据应用为导向，细化民用建筑能源资源消耗统计制度统计指标，细化数据颗粒度，逐步提升数据分析和应用。

6.4.3.4 修订相关法律法规

随着统计渠道的成熟，可以将部分规定修订到上位法中，保证后续数据采取正常进行。①构建不同部门之间能耗数据的交流机制。将各部门的义务、报送时间、报送频率、数据口径和数据颗粒度（特别是公共建筑）规定下来，并将其纳入《中华人民共和国节约能源法》《民用建筑节能条例》等法律法规，提供法律法规保障。②细化企业能源供应台账。供能企业应该建立相关台账，能源供应细化到城市居住建筑、公共建筑、集中供暖、农村住宅4个类别，为全国能耗数据统计提供数据源。该部分内容也应该纳入《中华人民共和国节约能源法》《民用建筑节能条例》等法律法规，提供法律法规保障。③民用建筑能耗信息公示纳入相关法律法规，在住房和城乡建设部近期修订的《民用建筑节能管理规定》中增加"各地应将能耗统计、能耗审计、能耗监测数据定期向社会公布，并制定本辖区民用建筑能耗信息公示实施方案"的内容。民用建筑能耗信息公示制度发布，打破数据壁垒，加强数据市场化应用。

6.4.3.5 促进数据在建筑节能领域应用

数据不仅可以用来支撑"双控"指标考核，数据本身也具有很大的价值。①建立地方不同类型公共建筑合理用能指南。利用科学合理的方法将公共建筑级别、入住率、营业时间等建筑能耗影响因素归一化和标准化，为本地区不同类型公共建筑能效对比提供合理值、先进值等参考数值，让建筑业主和运营单位充分了解自身建筑能效水平和节能潜力。②开展能效对标。例如各省份开展建筑能效"领跑者"等竞赛活动，通过资金奖励方式激

发业主开展改造。③制定公共建筑能效限额。通过能源消费的价格政策，例如居住建筑阶梯能源价格、公共建筑差别化能源价格和惩罚性能源价格等措施，强制超限额建筑业主开展能源审计和资金处罚等措施。在各省份开展公共建筑能效限额，通过数据应用，真正发挥出建筑能耗数据。

第 7 章　绩效评价及考核体系

7.1　主要研究内容及技术路线

本章主要研究建筑用能总量和强度"双控"考核指标体系，分析考核的可行性，提出考核的中长期实施路径和政策建议。

根据研究技术路线，主要内容如下：

（1）调研现有节能低碳发展绩效评价考核体系。对国内外现有节能低碳发展相关的绩效评价考核体系及其应用情况进行调研，总结其对建筑节能低碳发展绩效评价考核体系的启示。

（2）分析当前建筑节能绩效评价考核体系的现状和问题。对我国建筑领域现有节能绩效评价考核体系及其应用情况进行调研，对地方建筑节能绩效评价考核的先进经验进行调研，分析现有建筑节能绩效评价考核体系存在的问题。

（3）研究实施建筑能耗总量和强度"双控"评价考核的可行性。结合新形势下建筑节能低碳发展绩效评价考核体系需要满足的新要求，分析当前建筑节能低碳发展已有的数据和制度基础，判断实施建筑能耗总量和强度"双控"评价考核的可行性。

（4）提出更加科学的建筑节能、低碳发展绩效评价考核体系。提出建立新的建筑节能、低碳发展绩效评价考核体系的总体思路和基本原则，研究提出评价考核指标体系及其实施路径。

（5）提出落实新的绩效评价考核体系的政策建议。针对现有建筑节能绩效评价考核体系存在的问题，结合新的绩效评价考核体系的需求，提出保障新评价考核体系顺利实施的政策建议。

7.2　国内外建筑节能、低碳发展相关绩效评价考核体系现状

7.2.1　国外节能低碳绩效评价考核体系现状

从国际上的相关绩效评价指标体系看，全球、地区、国家层面的体系都有能源相关评价考核指标，主要包括能耗强度、能源结构、碳排放强度等，部分评价考核体系有碳排放总量指标，但涉及能耗总量指标和部门能耗指标的评价考核体系很少。发达国家在能源绩

效管理方面取得了良好的效果，其做法对我国节能低碳发展绩效评价考核的借鉴意义主要有以下几点：

1. 对关键能耗指标实施定量考核

相关国际组织和国家，在其可持续发展指标体系中纳入了能源消耗相关指标，提出了量化控制目标，并对其成员国或地方政府相关指标完成情况实施定量考核。

2. 增加政策和效果的透明度

西方国家为了增强公共服务的效果，非常重视政府信息的公开，我国应该重视通过包括 E-government 在内的多种方式，公开政府的任务、绩效指标进展、各级各地政府的绩效指标对比等。让公众参与到评价政府公共服务绩效的过程中，并让其有机会对与自身有关的政策提出相关建议。

3. 注重考评结果的应用

从国际经验看，无论是对政府战略目标还是政策措施执行情况的绩效管理和评价，过程固然重要，但评价结果的应用更重要。将评价过程中的主要发现作为调整和改进政策措施的潜力和落脚点，不断完善政策措施，以支撑战略目标的实现，才是政府绩效管理和评价的最终目标。

4. 强化第三方机构参与评估

国外在绩效评估的具体执行过程中，大多采用第三方机构对政府本身或任务的执行机构进行评估，同时政府出台相关的文件、标准、方法学等进行监管。这样一方面可以减少政府的工作量，增加客观性；另一方面也增加了透明度和多方的博弈。但这一过程中重要的是，政府要切实做好对第三方机构的监管工作，出台具体、可操作的技术指南。

5. 重视绩效的全面评估

对政府公共服务的评估应该是多方面的，遵循"3E"原则，不仅要考量政策的效果，还要对寿命期内政策的成本效益、对宏观社会经济的影响作全面评价，否则可能会出现政策短期有效但长期有害的现象。

7.2.2 国内节能低碳发展相关绩效评价考核体系现状

7.2.2.1 国家层面节能低碳考核指标体系现状

调研显示，我国现行几个国家层面的节能低碳绩效评价考核体系，都有一套相应的指标体系，根据需要考核的内容设置一系列考核指标，每项指标对应一个分值，使用时通常还会配备类似打分手册的相关材料，具体解释不同情况应得的分数。依据这一指标体系对各地区相关工作的落实情况进行量化评估和考核，根据总得分划定考核等级。对考核结果进行通报或向全社会公布，同时作为相关领导干部绩效考评的重要依据。

同时也可以看到，这些体系都将能源消费强度和总量作为了重点考核指标，其中强度是约束性指标，总量是预期性指标。另外，在"绿色发展指标体系""能源消耗总量和强度双控考核体系""控制温室气体排放目标责任考核体系"和"公共机构节约能源资源考核体系"中都分别纳入了建筑节能相关指标。

从当前实施情况看，能源消耗总量和强度双控考核、控制温室气体排放目标责任考核和公共机构节约能源资源考核均已开展多年，考核工作进展较为顺利，考核方式和考核指标体系也随着新情况的变化随时调整，不断完善。

我国现行的几个主要的节能低碳评价考核指标体系基本都采用了定量指标和定性指标相结合的方式。其中，定量指标主要是部门节能降碳工作的核心约束性指标或主要工作措施中的量化指标，定性指标主要用于对各项工作措施的落实进行评价。通常定量指标的数量较少，但关键指标所占的分值往往是最高的，有的甚至对考核结果有"一票否决"的作用；定性指标的数量较多，覆盖的范围很广，几乎涉及该部门开展的所有节能低碳工作。

本书对这些节能低碳评价考核体系的指标设置进行了横向对比。在能耗相关定量指标方面，国家能耗双控考核体系和公共机构节能考核体系都设置了能耗总量和强度指标，温室气体排放考核体系设置了碳强度指标，而建筑节能专项考核中没有设置能耗相关的量化指标。在建筑相关定量指标方面，国家能耗双控体系和温室气体排放考核体系都设置了绿色建筑占比和北方地区节能改造面积指标，建筑节能考核会统计相关数据，但在专项检查打分表中却未纳入该项指标。在其他主要定量指标方面，国家能耗双控考核体系和温室气体排放考核体系因为面向全社会的节能低碳工作，涉及的定量指标最全面，包括产业结构、能源结构、工业部门能源/碳强度、交通部门相关指标等；公共机构节能考核体系还设置了水耗总量和强度指标。在定性指标方面，各考核体系涉及的指标类别基本一致，仅指标的具体考核内容体现不同的部门工作要求，与其他指标体系相比，建筑节能专项检查中未明确提及的定性指标只有市场化机制和能源计量两个。

7.2.2.2 国家层面节能低碳考核指标体系现存问题

通过对现有节能绩效评价考核体系的调研分析，当前我国建筑领域节能绩效评价考核工作存在以下几方面的问题。

一是在建筑节能规划中提出了能耗相关的量化目标，但是并没有将目标分解到各地区，也没有进行考核。"十三五"时期，住房和城乡建设部首次将两项建筑单耗指标，即北方城镇居住建筑单位面积平均供暖能耗强度下降比例和城镇既有公共建筑能耗强度下降比例，纳入建筑节能和绿色建筑发展专项规划中。这是建筑节能工作从措施管理向实际能耗管理转变的具体表现。但由于能耗计量、统计等基础性工作和相关制度尚不完善，"十三五"时期并未将这两项指标任务分解到各地区，建筑节能专项检查也未对此进行考核。对于"十三五"末期该指标完成情况的评估，住房和城乡建设部只能依据相关措施落实情况进行测算。可见，"十三五"时期提出的建筑能耗相关量化指标并未真正落实在考核中。

二是专项规划提出的量化指标在专项检查中只统计完成情况，不依据量化的工作完成情况（如改造面积、绿色建筑占比等）进行打分，而是在国家节能低碳考核时才对部分量化指标完成情况进行打分。建筑节能和绿色建筑发展专项规划提出了10项量化指标，其中4项约束性指标、6项预期性指标，但均未纳入现行的建筑节能工作情况检查表和绿色建筑工作情况检查表中进行打分和考核，只是要求各地区填报部分指标的完成情况。但在国家能耗"双控"考核（其中建筑节能考核内容是住房和城乡建设部门提出的）中，却对3项约束性指标（城镇绿色建筑占新建建筑比重、既有居住建筑节能改造任务完成情况、既有公共建筑节能改造任务完成情况）进行打分；同时对其他4方面工作进行量化评估。这4方面工作中，城镇新建民用建筑节能强制性标准执行率和可再生能源建筑应用任务完成情况的打分方式和要求与建筑节能专项检查中的不同，装配式建筑发展任务完成情况和绿色建材发展任务完成情况在建筑节能和绿色建筑专项检查中未涉及。可见，纳入建筑节能和绿色建筑专项检查的指标与纳入国家能耗"双控"考核的指标并不衔接。前者是更为专业、系统的建筑节能专项考核，考核组成员都是建筑节能专家，本应考核更核心的指标，却把相关工作留给了后者。后者需要考核全社会各领域工作，涉及的面很广，考核组成员背景各异，不是每组都有建筑节能专家，因此不了解全国总体情况，特别是对于地方提出的各种特殊情况，难以准确把握具体评判标准。当前考核指标的设计，不仅降低了建筑节能专项检查的效力，也在一定程度上增加了国家能耗"双控"考核的负担。

三是提出建筑能耗总量控制目标的地区，实际并未实施总量考核。上海和北京在全国率先提出了建筑能耗总量控制目标，但深入调研发现，两地在实际执行中也只是控制了建筑领域能耗强度。上海市数据支撑条件较好，每年能够对公共建筑能耗强度指标进行考核。

四是建筑节能和绿色建筑专项检查中的定性指标有待完善。通过多个指标体系横向比较发现，建筑节能专项检查有必要在能源计量和市场化机制建设两个方面增设相关指标。此外，一些工作虽然设置了定性考核指标，但对推动实际工作的作用很有限。例如：民用建筑能效测评标识制度，据了解，该项工作的实际开展情况并不理想，考核时也只考核了部分工作内容。这类指标也需要根据具体考核要求进行调整和完善。

7.3　绩效评价考核指标体系

7.3.1　定量指标设计

结合未来建筑领域碳达峰碳中和工作需求，以及与其他指标体系的对比，笔者认为，纳入相关定量指标是当前建筑节能低碳评价考核体系的重点完善方向，包括能耗总量指标、能耗强度指标以及工作层面的相关定量指标等。本节将系统梳理建筑领域节能低碳发展需要关注的量化指标，并分析哪些指标适宜纳入评价考核体系，哪些只需要监测即可。

7.3.1.1　能耗总量指标

建筑能耗总量可以分为几个层次的指标，如：全国/地区建筑能源消费总量、建筑各分项用能总量、建筑各品种能源消费总量等。

1. 全国/地区建筑能源消费总量指标

全国/地区建筑能源消费总量指标是建筑领域国家和地区层面最核心的能耗总量指标。然而，完全依靠计量和统计获得该数据，现有各方条件尚不支撑；不同机构和方法测算得到的结果差异也较大。近期，无论对该指标进行监测还是评价考核，应该先统一一套测算方法。从现有能耗数据看，国家或省级层面的能源平衡表最具权威性，同时连续性较好。如果国家未来推行部门能源消费总量控制，用平衡表数据确定的建筑领域能源消费总量也最容易与国家目标进行衔接。为此，建议近期可以基于国家/省级能源平衡表，确定全国/各省建筑能源消费总量指标。

在建筑能源消费总量测算的基础上，还可以结合各能源品种的碳排放系数，进一步计算得到全国或各地区建筑碳排放总量。具体计算方法可以参考国家控制温室气体排放目标责任评价考核所用的方法，其中发电过程的碳排放计入终端用电侧。

2. 其他能耗总量指标

除国家/地区建筑能源消费总量指标外,其他一些能源消费量指标也较为重要,应该密切监测或逐步纳入考核。

(1) 北方城镇供暖能耗总量。在建筑四大用能类别中,北方城镇供暖是近些年来唯一一个实现强度下降的类别,预计在未来将率先实现能耗总量下降。该项用能的数据基础相对较好,民用建筑能耗统计、城乡建设统计、城镇供热协会等多个渠道都可以提供相关数据。建议尽早将北方城镇供暖能耗总量作为一个定量指标纳入建筑节能低碳发展绩效评价考核指标体系中,"十四五"时期加快完善相关基础能力和制度建设,可考虑在具备条件的地区先行尝试考核,未来在所有北方采暖地区逐步推行城镇供暖能耗总量考核。

(2) 公共建筑能耗总量。公共建筑用能以电力消费为主,能源消费计量、统计和监测都相对容易,目前国家和不少省份都建立了国家机关办公建筑和大型公共建筑能耗监测平台,获取了一部分公共建筑的能耗总量及分项数据。公共建筑用能中也包括一部分与建筑建造、设计和运行管理关系不大的用能类别,但这部分用能不占主导地位。同时,公共建筑的所有者通常是企业,有归口管理部门,因此全面推进公共建筑节能低碳发展有相应的抓手。上海市的实践也证明开展公共建筑能耗总量控制是可行的。一些研究显示,2030年之前,我国公共建筑能源消费总量还将进一步增长,但有望在2040年之前达到峰值。近期对全国及各地区公共建筑能源消费总量进行监测;中期可考虑在发达地区试行公共建筑能耗总量或增量控制,其他地区则在继续监测的基础上,对出现的异常情况及时采取应对措施。

(3) 城乡居住建筑能耗总量。这部分能耗涉及较多不受建筑节能工作影响的用能类别,并且受人民生活水平提升的影响非常显著,在一段较长时期内还有较大增长潜力。住房和城乡建设部门对此也缺乏有效管控手段,需要负责全社会节能的机构更多地依靠市场化机制和宣传教育来引导。建议中短期内对其发展变化情况进行统计监测;远期需结合实际情况再做分析。

(4) 电力消费量及电气化率。随着可再生能源进一步发展,未来我国电源结构将持续优化,非化石电源占比将持续提升。提高电气化率水平是我国推进能源转型、实现低碳发展的重要方向之一,也是建筑领域优化用能结构的重要方向。电气化率是按照热电当量法折算的电力消费量与终端能源消费总量的比值。建议对国家和地区建筑领域电力消费量和电气化率进行监测。但由于近中期建筑领域电力消费还将快速增长,电气化率提升也是必然趋势,可以考虑将建筑电气化率纳入评价考核指标体系,促进电力对化石能源的替代。

(5) 可再生能源消费量。目前,我国纳入能源消费总量统计的可再生能源量仅包括商品化、规模化的可再生能源利用,且实际并未做到全口径统计。建筑部门存在很多非商品化和未规模化的可再生能源利用。这些可再生能源利用对于降低建筑商品能源消费需求、优化建筑用能结构非常重要。目前,对于这部分用能的统计还很薄弱。建议逐步加强建筑可再生能源利用量的统计,完善相关计算方法,并对该项用能进行监测。

7.3.1.2 能耗强度指标

能耗强度是国家、地区或部门能效水平的主要表征量。就建筑领域而言,不同功能的建筑能耗强度差异很大,若只用一个所有建筑的平均能耗强度指标表征能效水平,往往难以反映出具体问题。目前学术界普遍将建筑用能划分为四大类,分别是北方城镇供暖能耗、公共建筑除供暖外能耗、城镇居住建筑除供暖外能耗和农村居住建筑能耗，可以对每类用能分别分析能耗强度。

（1）北方城镇供暖单位面积能耗。2000 年以来，北方城镇供暖单位面积能耗持续下降，主要得益于这些年我国建筑节能工作的开展。该指标可以很好地从实际能耗角度反映我国建筑节能工作成效。"十三五"时期，我国已经将北方城镇供暖能耗强度下降目标纳入了建筑节能和绿色建筑发展专项规划，但是并未开展考核。从现有能耗计量和统计情况看，该指标的数据支撑基础还是比较好的，有望通过较少的协调沟通和制度完善获得所需数据。因此，建议尽早将北方城镇供暖能耗强度指标纳入建筑节能低碳发展绩效评价考核指标体系，并将目标分解到北方采暖地区，实施评价考核。

（2）公共建筑单位面积能耗。在《建筑节能和绿色建筑发展"十三五"规划》中，我国已经提出了城镇既有公共建筑能耗强度下降目标，但是目前尚未对此实施考核。公共建筑单位面积能耗可以较好地反映建筑节能工作成效，现有能耗数据基础条件较好，建筑节能工作有抓手，上海市已经开展了公共建筑能耗强度考核，北京市已经实施了公共建筑能耗限额管理。建议逐步将公共建筑单位面积能耗强度纳入建筑节能低碳发展评价考核指标体系。"十四五"时期可针对具备条件的重点地区或重点建筑（如大型公共建筑或接入监测平台的公共建筑）先行实施能耗强度评价考核。未来结合公共建筑用能发展变化情况，适时全面推进评价考核。

（3）城乡居民户均能耗。建议中短期内暂不将其作为评价考核指标，对其发展变化情况进行统计监测；远期需结合实际情况再做分析。

7.3.1.3　其他定量指标

除以上能耗相关的定量指标外，建议对其他一些重要的定量指标也进行监测或适时纳入评价考核指标体系。

（1）人均建筑面积。合理控制建筑总面积是推进建筑节能、低碳发展的重要途径。我国尚处在城镇化快速发展阶段，未来建筑面积还将进一步增长，如何合理控制增幅和增速，目前尚缺乏有效的管控和引导措施。数据显示，我国农村人均居住建筑面积和个别省份城镇人均居住建筑面积已接近 $40m^2$，达到了当前法国、德国的水平，超过了日本、韩国的水平。未来我国应该采取一定的措施，避免人均建筑面积的过快增长。建议有关部门加强完善对城镇人均居住建筑面积、农村人均居住建筑面积、人均公共建筑面积的统计，建议对各类人均建筑面积发展变化情况进行监测，对于增长过快的类别和地区提出预警，有针对性地研究控制措施，确保全国建筑总面积合理增长。

（2）城镇供热面积。该指标主要用于配合北方城镇供暖能耗总量和强度的统计、分析、监测和评价考核。建议完善现有统计制度，细化统计指标，提高数据准确性，更好地支撑北方城镇供暖能耗的分析和考核。

（3）新建建筑施工阶段强制性标准执行率。对于保障城镇新建建筑围护结构热工性能和能源系统设计效率达到节能要求非常必要，建议继续将其纳入建筑节能低碳发展绩效评价考核指标体系中。

（4）城镇绿色建筑占新建建筑比重。这是纳入《"十三五"节能减排综合工作方案》和《建筑节能和绿色建筑发展"十三五"规划》的约束性指标，国家能耗双控和温室气体排放考核均设置了该指标。建议在新的建筑节能低碳发展绩效评价考核体系中纳入该指标，并切实实施考核。

（5）城镇超低能耗建筑占新建建筑比重。超低能耗建筑的推广是有效降低建筑用能需求、推进建筑节能低碳发展的关键途径之一。目前不少地区已经出台了推进超低能耗建筑发展的相关激励政策，未来需要逐步在全国层面加快推广超低能耗建筑。将城镇超低能耗建筑占新建建筑比重，作为一项定量指标纳入建筑节能低碳发展绩效评价考核指标体系中。近期可作为加分项，以鼓励先进地区先行推广；中远期可逐步作为强制性指标，在各地区全面实施考核。

（6）既有居住建筑节能改造面积。该指标是纳入《"十三五"节能减排综合工作方案》和《建筑节能和绿色建筑发展"十三五"规划》的约束性指标，国家能耗双控和温室气体排放考核均设置了相关指标。建议在新的建筑节能低碳发展绩效评价考核体系中纳入该指标，并将目标分解至各地区，实施考核，同时也要创新、完善相关激励机制，确保目标完成。

（7）公共建筑节能改造面积。该指标也是纳入《"十三五"节能减排综合工作方案》和《建筑节能和绿色建筑发展"十三五"规划》的约束性指标，国家能耗双控和温室气体排放考核均设置了相关指标。建议在新的建筑节能低碳发展绩效评价考核体系中纳入该指标，并将目标分解至各地区，实施考核，同时也要创新完善相关激励机制，确保目标完成。

（8）农村居住建筑采用节能措施比例。我国现有农村居住建筑基本都是非节能建筑，围护结构热工性能较差，特别是在北方地区，严重影响了农村住宅热舒适性、增加了农村住宅供暖能耗。实践证明，新建节能农房和既有农房节能改造的节能效果都十分显著，农房节能改造也已经成为农村清洁取暖的重要内容。目前农宅建设尚未纳入我国建设管理体系，农宅节能设计标准也只是推荐性标准。《建筑节能和绿色建筑发展"十三五"规划》将经济发达地区及重点发展区域农村居住建筑采用节能措施比例作为一项预期性指标提出，但并未实施考核。为加快推进农村建筑节能工作，建议将农村居住建筑采用节能措施比例继续纳入新的建筑节能低碳发展绩效评价考核指标体系中，在"十四五"时期先在重点地区实施考核，未来适时向全国范围推进考核。

7.3.2　定性指标设计

总的来说，我国现有建筑节能绩效评价考核体系中的定性指标设计较为系统全面，基本覆盖了建筑节能各项工作。通过与其他考核指标体系的对比，以及对相关建筑节能制度执行情况的深入了解，在未来的建筑节能低碳发展绩效评价考核指标体系中，还需要尽快补充和完善以下几项定性指标：

（1）能耗限额管理。能耗限额管理制度对于引导建筑合理用能非常重要。当前，建筑节能专项检查中只要求对建筑能耗限额管理制度进行研究。建议未来加快推进该项管理工作，在评价考核体系中进一步明确和提高对该项工作的要求，如：针对公共建筑用能，出台地方能耗限额标准、开展限额管理、建立超限额加价、能耗强度最低者给予奖励等制度，并对相关工作开展情况进行评价考核。"十四五"时期可在考核时对切实开展能耗限额管理的地区给予加分，未来建议从重点地区开始，逐步向全国推进，实施全面考核。

（2）能耗信息公示。现有建筑节能专项检查已要求对民用建筑能效测评标识制度的落实情况进行评价考核，但该项制度的实际执行情况很不理想。建议未来住房和城乡建设部门对该项工作的落实及相关配套制度的建设提出更加明确的要求，包括：强化和完善民用建筑能效测评标识制度、尽快出台"民用建筑能耗信息公示制度"、对建筑实际运行能耗进行公示等，并将相关工作落实情况纳入新的建筑节能低碳发展绩效评价考核指标体系中，切实开展评价考核。"十四五"时期可侧重制度建设方面的考核，未来需对建筑运行能耗公示情况进行考核。

（3）能耗计量。能耗计量是获取建筑用能数据、开展量化评价考核的基础。目前的建筑节能专项检查对建筑能耗计量工作尚未进行考核。建议明确公共建筑计量器具配备的相关要求，并实施专项检查或抽查，将相关工作落实情况纳入新的建筑节能低碳发展绩效评价考核指标体系，实施考核。

（4）能耗统计。现有建筑节能专项检查评价考核体系对民用建筑能耗统计制度的落实和公共建筑能耗监测平台建设提出了考核要求，但现有建筑能耗统计基础工作和数据情况尚不能满足未来加快推进建筑节能低碳发展的需要。因此，建议进一步明确对建筑能耗统计、报送及配套机制建设等工作的要求，并继续实施评价考核，如：要求地方建筑节能管理部门设置负责建筑能耗统计的职能处室和人员，对采取激励能耗统计措施的地区给予一定的加分等。

（5）市场化机制。有效的市场化机制是推进建筑节能低碳发展的长效机制。在国家能耗双控考核中曾针对建筑节能工作设置过该方面的考核指标，但在当前的建筑节能专项检查中却没有明确相关指标。建议抓紧研究建筑节能低碳发展的长效市场化机制，例如：建筑节能改造税收减免制度、托管型合同能源管理方式、用能权交易、碳交易交易、虚拟电厂模式、各类绿色金融创新模式等，并将相关机制建设的要求纳入建筑节能低碳发展绩效评价考核指标体系，实施考核。"十四五"时期在考核时可对先行出台相关机制的地区给予加分；未来建议逐步变为强制性要求，不再给予加分。

7.4 建筑领域开展能耗 "双控" 考核可行性分析

7.4.1 能耗统计数据支撑情况

基于国家能源统计当前统计方式和统计指标，无法准确估算出被统计到其他行业的建筑用能，只能通过简单的拆分，大致匡算全口径建筑能耗。而城乡建设统计、民用建筑能源资源消耗统计、农村农业部用能统计、电力统计、城镇供热统计和公共建筑用能监测统计都存在问题，无法匹配到省级建筑用能数据统计，无法满足考核需要。

7.4.2 省级用能数据支撑情况

从建筑领域节能绩效评价考核机制的现状看，国家虽然提出了一些能耗相关的定量目标，除了个别先进地区，如上海开展了对公共建筑用能强度的考核，大部分地区实际并未对此开展考核。

7.4.3 体制机制支撑情况

推进对建筑实际能源消费量的管理、评价和考核，还需要一系列体制机制的支撑。就当前建筑领域节能绩效评价考核，即建筑节能专项检查而言，考核内容都是住房和城乡建设部门主管的工作，工作推进有抓手；考核方式由上一级建筑节能主管部门考核下一级建筑节能主管部门，在组织机制上可操作，执行过程也很顺畅。但未来如果实施建筑能源消费"双控"考核，考核内容和考核方式可能都将面临调整，配套的体制机制需要进一步健全完善。

首先，建筑能源消费总量包含了住房和城乡建设部门无法管控的用能部分。这里的建筑能源消费总量仅指民用建筑运行能耗，它包括用于维护建筑内环境和支撑建筑内活动的各种能源消费，具体包括居住建筑和各类公共建筑中的供暖、制冷、通风、照明、炊事、生活热水、办公设备、家用电器等用能。当前的建筑节能工作和评价考核工作，主要聚焦在推进建筑围护结构热工性能的达标和提升，以及建筑集中能源供给系统能效水平的提高，从而降低建筑供暖、制冷、通风、照明等用能，但对于主要由使用者行为决定的炊事、办公设备、家用电器等用能基本没有影响和管控手段。然而这些用能都包含在建筑能源消费总量中，特别是未来家用电器、办公设备等用能还有较强劲的增长潜力，给建筑能源消费总量（或增量）控制带来较大挑战。

其次，当前住房城乡建设系统内部逐级考核的组织方式未必适用于建筑能源消费总量考核。目前建筑节能专项检查的评价考核内容，涉及的多为与房屋建造、改造相关的内容，这些都是住房和城乡建设部门有抓手的工作。而建筑能源消费总量涉及一些不受房屋建筑建造、改造影响的用能，并且房屋建设和改造完成后通常不再受住房和城乡建设部门管理，因此住房和城乡建设部门对这些用能没有管控权限。这部分用能的管理需要建筑所有者、使用者配合，对公共建筑而言，建筑所有者就是企业法人，而对法人更有约束力的管理部门则是企业所属行业的主管部门；对居住建筑而言，建筑所有者、使用者基本都是居民个人，目前尚没有任何部门能够通过行政措施直接约束居民用能，主要依靠价格机制来引导。从上海市建筑能源消费总量考核的实践看，是由市发改委牵头实施，市经信委、住建委、交通委、卫健委、教委、商务局、文旅局、机管局等行业主管部门参与，并负责落实由统计局核定的本部门的建筑能耗"双控"目标。如果全国开展建筑能耗总量管理和考核，各级住房和城乡建设部门将需要与其他部委的各级机构深入沟通、协调，联合开展工作。而当前组织机制，尚不保障该项工作可以在全国范围顺利实施。

除考核组织机制外，如何保障能耗数据的准确获取，也需要完善一系列制度。前述分析显示，现有能耗统计情况看，无论国家还是地方层面，都没有现成的、权威的、逐年连续的建筑能源消费总量数据。若近期全面实施建筑能源消费"双控"考核，首先要选择一套合适的建筑能耗总量测算方法。而从长远看，则需要加快建立健全建筑能耗计量、统计、监测，数据上传、报送，能耗标识、共享等方面的相关机制。例如，住房和城乡建设部门要求接入能耗监测平台的公共建筑必须安装能耗计量装备，但建筑建成后就不再归住房和城乡建设部门管理，一些公共建筑以计量设备损坏等借口不再上传能耗数据，影响了公共建筑用能数据的获取和用能监管。又如，不少部门和机构都拥有自己的专项用能统计，或针对某个能源品种，或针对某类用能/供能主体，他们都在一定程度上掌握着建筑能源消费数据，但是跨部门的数据共享机制没有建立，这些数据很难为住房和城乡建设部门获取，而住房和城乡建设部门自身又没有直接建立这类用能计量和统计的权限，导致很难全面、准确地摸清建筑能源消费总量。

7.4.4　短期内全面开展建筑能耗 "双控" 考核条件尚不成熟

未来深入推进建筑节能低碳发展，势必要更加关注建筑的实际用能，管理方式向建筑实际用能管理转变。因此，必须要有配套的对建筑实际用能进行评价的考核体系。但目前国家和地方层面都缺乏考核需要的建筑能源消费数据。从长远看，持续、准确地获得这些数据必须建立健全相应的能源消费计量、监测、报送、统计、共享等制度，而制度的完善不是一朝一夕的事情。此外，要实际开展建筑能耗总量和强度"双控"考核，现有的考核组织方式也面临较大挑战，适宜的考核组织方式还有待研究。

由此可见，我国在短期内全面开展建筑能耗总量和强度"双控"考核的条件尚不成熟。但可以考虑在部分基础条件较好的地区先行开展试点，或者对具备条件的某类分项用能先行开展量化考核。

7.5　中长期实施路径及政策建议

7.5.1　实施路径

建筑领域节能低碳发展是全国生态文明建设、绿色发展的重要组成部分。现有建筑节能绩效评价考核体系尚存在一些问题，已不能很好地满足新时期、新形势下加快建筑领域节能低碳发展的需要，亟待研究提出更适宜的绩效评价考核体系。新体系的重点是纳入能耗相关定量指标，并强化考核，同时尽早完善和补充一些关键的定性指标。

从建筑能源消费总量的内涵看，除了包含供暖、空调、照明、通风等受建筑节能设计和运行影响的用能类别外，还包含炊事、家用电器、办公设备等与建筑节能工作基本无关的用能类别，而住房和城乡建设部门对后者缺乏管控权限和措施。因此，建议"十四五"时期不宜对全国/地区建筑能源消费总量实施考核，可将其作为一项重要指标进行密切监测。在新的建筑节能低碳绩效评价考核指标体系中，能耗相关的定量指标设置应以北方城镇供暖能耗强度和公共建筑能耗强度指标为主，在条件适宜地区可先行尝试考核北方城镇供暖能耗总量和公共建筑能耗总量。其他定量指标建议结合建筑节能低碳重点工作设置，主要包括节能强制性标准执行率，绿色建筑、超低能耗建筑占比，以及既有建筑节能改造面积等。定性指标方面，建议尽早完善和补充能耗定额管理、能效测评标识、能耗信息公示、能耗计量统计、节能市场化机制等方面的考核指标。部分指标在近期实施考核时可先作为加分项，以鼓励先进地区先行尝试；待该项工作普及率提高后再适时取消加分。

由于评价考核工作还需要一系列配套机制做保障，这些制度的完善不是一蹴而就的。为此，本研究对新的建筑节能低碳发展绩效评价考核体系的建设和落实提出了近期、中期、远期三个阶段的具体目标，对于单项指标考核形式和数据来源也进行了分阶段设计。针对"十四五"时期，本研究在现有建筑节能专项检查指标体系的基础上，补充完善了必要的定量指标和定性指标，设定了指标分值，提出了新的建筑节能低碳发展绩效评价考核体系。

实施新的建筑节能低碳发展绩效评价考核体系，还需要完善相应的数据支撑机制、考核组织机制，以及其相关体制机制。具体提出以下实施路径：

（1）更新具体要求，强化建筑能耗计量工作。能耗计量是准确获取建筑用能数据的基础，2008 年出台的《民用建筑节能条例》对新建和改造的集中供热建筑提出了按照用热计量装置的要求，对新建和改造的公共建筑提出了安装用电分析计量装置的要求。目前一些新建、改造建筑虽然安装了计量装置，但并未使用，还有大量老旧建筑尚缺乏必要的计量装置。十多年来，在建筑节能工作推进过程中，建筑节能工作者对何时需要计量装置、安装何种计量装置都有了新的认识。因此，建议有关部门抓紧研究，对建筑能耗计量提出新的、更加科学明确的要求，并将其纳入建筑节能低碳评价考核指标体系中，予以考核。

（2）优化工作思路，完善建筑能耗统计制度。建筑领域的能源消费统计通常以建筑物为统计对象，而国家能源消费统计以及一些单一能源品种的消费统计是以法人为统计对象，这导致建筑能源统计从这些渠道搜集数据时常常碰到对象不匹配的问题。两种统计方式各有优势，以建筑物为对象的能耗统计有利于深入分析单个建筑的能效水平和节能措施效果，便于同类建筑横向对比和开展限额管理，可用于高耗能建筑和其他重点建筑的节能管理；以法人为对象的能耗统计更容易明确建筑节能责任人，有利于落实建筑节能目标和措施，更适合于建筑用能总量管控。住房和城乡建设部门可以具体结合工作需求，灵活采用不同的统计方式，以便更好地获得所需数据。对于公共建筑能耗的监测，建议也根据实际需求调整数据上传细度和频率。此外，建议对地方建筑能耗统计相关职能处室和人员的设置提出一定要求，并进行考核。建议"十四五"期间，开展全国建筑面积、建筑能源消费总量摸底，并使摸底工作制度化、常规化，如每五年开展一次。

（3）依托法规条例，建立能耗数据共享机制。建议有关部门通过修订《中华人民共和国节约能源法》《民用建筑节能条例》等上位法，明确部门间在不影响各自工作的情况下应积极共享相关能耗数据，避免重复统计，同时提高数据一致性，为尽早建立建筑能耗数据共享机制奠定法律保障。建议研究确立必要的、需要共享的具体能耗数据及其来源，抓紧完善城乡建设统计中的能源消费统计制度，使其更好地满足民用建筑能源消费统计的需求，并尽早建立住房城乡建设系统内部能耗统计数据的共享机制，实现统计结果的互联互通。

（4）完善能效测评，开展实际能耗公示。《民用建筑节能管理规定》要求国家机关办公建筑和大型公共建筑进行能源利用效率测评和标识，并将测评结果公示。当前我国民用建筑能效测评标识制度的执行情况不太理想，建议抓紧完善该项制度，并将能效测评改为能耗测评，重点推进实际运行能耗测评标识，扩充能耗测评标识机构队伍。尽快出台"民用建筑能耗信息公示制度"，对建筑实际运行能耗进行公示。

（5）推行限额管理，切实提升能效水平。《民用建筑节能管理规定》要求确立公共建筑重点用电单位及其年度用电限额；要求制定供热单位能源消耗指标，对超过能源消耗指标的供热单位要制定相应的改进措施。目前我国建筑能耗管理制度尚处于研究和示范阶段，北京市已经实施了公共建筑电耗限额管理，其他地区大多处于制度研究阶段。建议加快推进建筑用能限额管理制度，鼓励各地区针对不同类型公共建筑，出台地方能耗限额标准，对建筑实际运行能耗实施限额管理，并建立能耗强度最低者奖励、超限额加价等配套制度。能耗数据可依托公共建筑能耗在线监测平台获取，提升平台数据的价值。同时超限额加收的能源费可作为平台运行维护基金，覆盖全部或部分平台运行成本，保障平台正常运转。

（6）创新市场机制，挖掘能耗数据价值。当前的建筑用能计量、统计、监测、测评、标识等工作大多属于既耗时费力，结果价值又不大的工作。因此，相关工作的落实主要依靠行政手段，相关主体缺乏内生动力，导致工作进展情况大多低于预期。这些工作是建筑节能低碳发展的基础性工作，是未来向建筑实际用能管理转变的关键支撑，需要更好地推进。建议有关部门抓紧组织研究行之有效的市场化机制，例如建筑领域的用能权交易、碳交易等，使这些工作获得的能耗数据具有更大的价值，从而激励相关责任人和相关主体更好地推进、落实有关工作。

（7）多方协调合作，创新考核组织方式。建筑节能工作涉及的参与主体非常广泛，一些建筑节能政策措施的落实，单靠建筑节能主管部门较难推进，还需要其他部门的密切配合。未来的建筑节能低碳发展绩效评价考核也面临类似的问题。上海市在公共建筑能耗总量和强度"双控"考核的实践中，采用了"谁有抓手，谁负责"的组织方式，将各类公共建筑能耗"双控"目标任务分别下达给各类建筑所有者归属的行业主管部门或区县政府，并对相关部门负责的建筑能耗"双控"工作情况进行考核。建议相关部门借鉴上海经验，研究制定适合新考核体系需求的、可操作的目标分解方式和考核组织方式，更加有效地推进建筑节能低碳发展目标落实。

（8）完善上位法，保障新机制落实。2008年出台的《民用建筑节能条例》对建筑能耗计量、统计、测评、标识、公示等都提出了相关的要求。但十多年过去了，建筑节能工作出现了新情况，各方主体对建筑节能措施的认识更为深入，条例中的一些要求已经不能满足当前建筑节能低碳工作需要，需要抓紧修订。笔者建议，相关部门联合研究出台《建筑运行能耗管理办法》，明确能耗计量、监测、统计、上报、共享等要求，明确实施能耗测评标识、能耗限额管理、能耗信息公示等制度，明确建筑节能主管部门责任、职能、权限等，以及其他相关配合部门的职责。将执行该办法作为条款写入修订的《民用建筑节能条例》或《中华人民共和国节约能源法》，并明确及时完善更新该办法，推动建筑节能低碳发展关键措施的法制化。

7.5.2　实施计划

新的建筑节能低碳发展绩效评价考核指标体系的建设和落实，有赖于一系列配套制度的完善，因此需要一个过程。具体实施路径如下：

2021—2025年：建立健全民用建筑能耗统计机制，打通、建设、固化统计渠道，开展相关数据摸底和统计体系建设；完善建筑节能低碳发展相关政策措施；研究提出满足新时期发展要求的建筑节能低碳发展绩效评价考核指标体系，纳入必要的定量考核指标，补充完善重要的定性考核指标；完善考核组织方式，建立健全配套的考核机制。

2026—2030年：建成完善的民用建筑能耗统计体系，并依托统计数据对各项定量指标进行监测和评价考核，结合新形势、新情况持续完善定性指标考核；建成较为完备的考核配套机制，在实践中不断完善建筑节能低碳发展绩效评价考核指标体系。

2031—2035年：进一步完善民用建筑能耗统计体系，并依托统计数据对各项定量指标进行监测和评价考核，结合新形势、新情况持续完善定性指标考核；建成较为完备的考核配套机制，在实践中不断完善建筑节能低碳发展绩效评价考核指标体系。

2036—2050年：全面建成以实际用能数据为基础的建筑节能低碳发展管理体系和评

价考核体系。

表 7-1 汇总了量化考核指标的实施路径。由于当前建筑能源计量、统计尚不完善，不同量化指标需要从不同渠道获得，表中也给出了"十四五"时期各项指标的推荐数据获取渠道；到 2035 年，民用建筑能耗统计体系将成为所有量化指标的数据来源，全面支撑量化指标的考核。表 7-2 汇总了在当前建筑节能专项检查考核打分指标的基础上还需要补充完善的定性指标及其考核实施路径。建议"十四五"时期部分指标可以作为加分项进行考核，以鼓励地区先行先试；待条件成熟后，向全国范围全面推行，同时取消加分。

定量评价考核指标及其实施路径　　　　　　　　　　　表 7-1

指标名称	2021—2025 年		2026—2050 年
	考核形式	数据来源	考核形式
考核类指标			
北方城镇供暖能耗总量	鼓励有条件地区先行考核，作为加分项	城乡建设统计和民用建筑能耗统计	全面考核
公共建筑能耗总量	监测	能耗在线监测平台	发达地区先行考核，其他地区监测、预警
北方城镇供暖单位面积能耗	考核	城乡建设统计和民用建筑能耗统计	考核
公共建筑单位面积能耗	选择具备条件的重点地区或重点建筑先行考核	能耗在线监测平台	适时全面推进评价考核
新建建筑施工阶段强制性标准执行率	考核	现有数据来源	考核
城镇绿色建筑占新建建筑比重	考核	现有数据来源	考核
城镇超低建筑占新建建筑比重	鼓励有条件地区先行考核，可作为加分项	建筑节能专项检查统计表	逐步推进全面考核
既有居住建筑节能改造面积	考核	现有数据来源	考核
公共建筑节能改造面积	考核	现有数据来源	考核
农村居住建筑采用节能措施比例	重点地区考核	现有数据来源	逐步推进全面考核
监测类指标			
建筑一次能源消费总量	监测、对比	国家/地区能源平衡表	监测、对比
建筑终端能源消费总量	监测	国家/地区能源平衡表	监测
城乡居住建筑能耗总量	监测	国家/地区能源平衡表	监测、预警
电力消费量及电气化率	监测	国家/地区能源平衡表	监测
可再生能源消费量	监测	民用建筑能耗统计和农村用能统计	监测
城乡居民户均能耗	监测	国家/地区能源平衡表	监测
人均建筑面积	监测	城乡建设统计	监测、预警
城镇供热面积	统计	城乡建设统计	统计

补充完善的定性评价考核指标及其实施路径　　　　　表 7-2

指标名称	2021—2025 年	2026—2050 年
能耗限额管理	考核，作为加分项	逐步实现全面考核
能耗信息公示	考核，侧重制度建设情况	考核，侧重能耗公示情况
能耗计量	考核	考核
能耗统计	考核，可考虑对部分措施给予加分	考核
市场化机制	考核，作为加分项	逐步实现全面考核

7.5.3　"十四五"时期实施建议

就"十四五"时期而言，建议在现有建筑节能专项检查指标体系的基础上，补充完善必要的定量指标和定性指标，形成新的建筑节能低碳发展绩效评价考核体系（表 7-3）。表 7-3 中纳入了本研究提出的定量考核指标，补充完善了定性考核指标，就原有考核条目的调整、原有考核内容的完善，以及加分项的设置等情况进行了说明，并设定了指标分值。

推荐的"十四五"时期建筑节能低碳发展绩效评价考核指标体系　　　　表 7-3

考核类别	考核内容	考核指标	分值	备注
目标完成情况（30 分，另有 2 分加分）	能耗总量目标（1 分加分）	北方城镇供暖能耗总量	1	加分项
	能耗强度目标（10 分）	北方城镇供暖单位面积能耗	5	只考核北方地区
		公共建筑单位面积能耗	5	先考核具备条件的重点地区
	节能建筑推广目标（20 分，另有 1 分加分）	新建建筑施工阶段强制性标准执行率	4	
		城镇绿色建筑占新建建筑比重	5	
		城镇超低建筑占新建建筑比重	1	加分项
		既有居住建筑节能改造面积	4	
		公共建筑节能改造面积	4	
		农村居住建筑采用节能措施比例	3	
措施落实情况（70 分，另有 1 分加分）	管理体制建设（11 分）	管理体制	5	
		协调机制	3	
		考核评价机制	3	
	配套政策制定（17 分）	地方法规	5	
		专项规划	2	
		经济政策	6	
		标准体系	4	
	重点工作推进情况（26 分）	新建建筑执行强制性标准	4	将原来的新建建筑市场准入制度考核内容并入
		新建建筑执行绿色建筑标准	6	将原来的绿色建筑专项检查中的相关内容纳入
		既有居住建筑节能改造	6	将原来的既有建筑节能改造制度考核内容并入
		公共建筑节能监管体系建设	6	完善能耗定额管理方面的考核内容，提高考核要求，可具体设置加分项
		可再生能源应用	4	

考核类别	考核内容	考核指标	分值	备注
措施落实情况（70分，另有1分加分）	法规制度执行（8分，另有1分加分）	民用建筑能效测评标识制度	2	完善考核内容，提高考核要求
		民用建筑能耗信息公示制度	2	完善考核内容，提高考核要求，逐步推行能耗信息公示
		民用建筑节能技术、产品、工艺推广限制淘汰制度	2	
		民用建筑能耗计量统计及节能运行管理制度	4	增加能耗计量方面的考核内容，完善能耗统计方面的考核内容，提高考核要求
		建筑节能低碳发展市场化机制建设	1	新补充的考核指标，加分项
	执法检查（4分）	执法检查	4	
	宣传培训（2分）	宣传培训	2	

参 考 文 献

[1] 中国建筑节能协会. 中国建筑能耗研究报告 2020 [J]. 建筑节能（中英文），2021，49（02）：1-6.

[2] 江亿，胡姗. 中国建筑部门实现碳中和的路径 [J]. 暖通空调，2021，51（05）：1-13.

[3] 林波荣. 建筑行业碳中和挑战与实现路径探讨 [J]. 可持续发展经济导刊，2021（Z1）：23-25.

[4] 中国建筑节能协会. 中国建筑能耗研究报告 2019 [J]. 建筑，2020（07）：30-39.

[5] 清华大学建筑节能研究中心. 中国建筑节能年度发展研究报告 2020 [M]. 北京：中国建筑工业出版社，2020.

[6] 王庆一. 2020 能源数据 [R]. 北京：绿色创新发展中心，2020.

[7] 胡姗，张洋，燕达，郭偲悦，等. 中国建筑领域能耗与碳排放的界定与核算 [J]. 建筑科学，2020，36（S2）：288-297.

[8] 白一飞，刘加平，张伟荣，等. 以城市街区建筑为对象的低碳技术方法 [J]. 工业建筑，2020，50（07）：166-174.

[9] 赵冬蕾，刘伊生，刘珊珊. 中国区域建筑业碳排放脱钩态势及脱钩潜力研究 [J]. 建筑节能，2020，48（06）：105-111.

[10] 杨斯慧，刘菁，杨天娇，等. 碳交易过程中的公共建筑碳排放核算研究 [J]. 建筑科学，2020，36（S2）：326-330.

[11] 李小冬，朱辰. 我国建筑碳排放核算及影响因素研究综述 [J]. 安全与环境学报，2020，20（01）：317-327.

[12] 张仲宸，周浩，林波荣，等. 基于数据挖掘的办公建筑运行阶段碳排放分析 [J]. 建筑节能，2020，48（11）：1-6.

[13] 中国建筑节能协会. 中国建筑能耗研究报告 2018 [J]. 建筑，2019（02）：26-31.

[14] 清华大学建筑节能研究中心. 中国建筑节能年度发展研究报告 2019 [M]. 北京：中国建筑工业出版社，2019.

[15] 蔡伟光，蔡彦鹏. 全国建筑碳排放计算方法研究与数据分析 [J]. 建设管理研究，2019（02）：61-76.

[16] 刘兴华，廖翠萍，黄莹，等. 基于 STIRPAT 模型的广州市建筑碳排放影响因素及减排措施分析 [J]. 可再生能源，2019，37（05）：769-775.

[17] 清华大学建筑节能研究中心. 中国建筑节能年度发展研究报告 2018 [M]. 北京：中国建筑工业出版社，2018.

[18] 彭琛，江亿，秦佑国. 低碳建筑和低碳城市 [M]. 北京：中国环境出版社，2018.

[19] 刘菁，赵静云. 基于系统动力学的建筑碳排放预测研究 [J]. 科技管理研究，2018，38（09）：219-226.

[20] 杨远程，路宾，何涛，等. 北京农村地区冬季供暖系统碳排放研究 [J]. 建筑科学，2018，34（12）：87-91.

[21] 刘菁. 碳足迹视角下中国建筑全产业链碳排放测算方法及减排政策研究 [D]. 北京：北京交通大学，2018.

[22] 张孝存. 建筑碳排放量化分析计算与低碳建筑结构评价方法研究 [D]. 哈尔滨：哈尔滨工业大

学，2018.

[23] 清华大学建筑节能研究中心. 中国建筑节能年度发展研究报告 2017 [M]. 北京：中国建筑工业出版社，2017.

[24] 谷立静，张建国. 重塑建筑部门用能方式，实现绿色发展 [J]. 中国能源，2017，39 (05)：21-25 +33.

[25] 刘菁，刘伊生，杨柳，等. 全产业链视角下中国建筑碳排放测算研究 [J]. 城市发展研究，2017，24 (12)：28-32.

[26] 住房和城乡建设部科技发展促进中心. 中国建筑节能发展报告 2016 [M]. 北京：中国建筑工业出版社，2016.

[27] 清华大学建筑节能研究中心. 中国建筑节能年度发展研究报告 2016 [M]. 北京：中国建筑工业出版社，2016.

[28] 彭琛，江亿. 中国建筑节能路线图 [M]. 北京：中国建筑工业出版社，2016.

[29] 罗智星. 建筑生命周期二氧化碳排放计算方法与减排策略研究 [D]. 西安：西安建筑科技大学，2016.

[30] 郭洪旭，黄莹，赵黛青，等. 基于情景分析的广东省建筑节能减排潜力研究 [J]. 环境科学与技术，2015，38 (12)：305-310.

[31] 冯博，王雪青. 中国各省建筑业碳排放脱钩及影响因素研究 [J]. 中国人口·资源与环境，2015，25 (04)：28-34.

[32] 冯博. 建筑业二氧化碳排放及能源环境效率测算分析研究 [D]. 天津：天津大学，2015.

[33] 张春晖，林波荣，彭渤. 我国寒冷地区住宅生命周期能耗和 CO_2 排放影响因素研究 [J]. 建筑科学，2014，30 (10)：76-83.

[34] 冯博，王雪青，刘炳胜. 考虑碳排放的中国建筑业能源效率省际差异分析 [J]. 资源科学，2014，36 (06)：1256-1266.

[35] 刘秋雁. 绿色建筑全生命周期成本效益评价研究——基于碳排放量的角度 [J]. 建筑经济，2014 (01)：97-100.

[36] 林波荣，刘念雄，彭渤，等. 国际建筑生命周期能耗和 CO_2 排放比较研究 [J]. 建筑科学，2013，29 (08)：22-27.

[37] 任宏，卢媛媛，蔡伟光，等. 我国建筑领域碳排放权交易框架研究 [J]. 城市发展研究，2013，21 (08)：70-76.

[38] 祁神军，张云波. 中国建筑业碳排放的影响因素分解及减排策略研究 [J]. 软科学，2013，27 (06)：39-43.

[39] 李兵. 低碳建筑技术体系与碳排放测算方法研究 [D]. 武汉：华中科技大学，2012.

[40] 纪建悦，姜兴坤. 我国建筑业碳排放预测研究 [J]. 中国海洋大学学报（社会科学版），2012 (01)：53-57.

[41] 蔡伟光. 中国建筑能耗影响因素分析模型与实证研究 [D]. 重庆：重庆大学，2011.

[42] 徐安. 我国城市化与能源消费和碳排放的关系研究 [D]. 武汉：华中科技大学，2011.

[43] 谷立静，郁聪. 我国建筑能耗数据现状和能耗统计问题分析 [J]. 中国能源，2011，33 (02)：38-41.

[44] 尚春静，储成龙，张智慧. 不同结构建筑生命周期的碳排放比较 [J]. 建筑科学，2011，27 (12)：66-70+95.

[45] 陈国谦. 建筑碳排放系统计量方法 [M]. 北京：新华出版社，2010.

[46] 国家发展和改革委员会. 中国 2050 年低碳发展之路：能源需求暨碳排放情景分析 [M]. 北京：科学出版社，2009.